SAFETY CULTURE

새로운 안전문화

이론과 실행사례

양정모

박영사

헌 사[獻辭]

과거

사랑하는 부모님께서 저를 낳아 주시고 어려운 환경에서도 가르침을 주셨고, 형님들의 보살핌으로 잘 성장하게 된 것을 감사하게 생각합니다.

서울과학기술대학교의 권영국 교수님의 선도적인 가르침에 많은 학문을 일깨울 수 있었습니다.

현재

사랑하는 아내 기은희님의 지원과 도움으로 제가 이 책을 쓸 수 있었습니다.

미래

사랑하는 다연이가 이 세상을 건강하고 행복하게 살아 줄 것을 기대합니다.

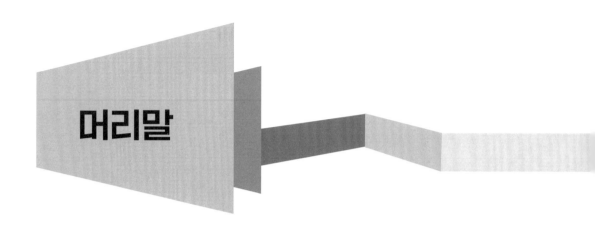

해외에는 안전문화와 관련한 책자가 다양하게 존재하는 데 반해, 국내는 몇 권 정도 있는 것이 현실이다. 이로 인해 기업의 안전을 책임지는 CEO, 임원, 관리감독자, 안전관리자 그리고 기업의 안전을 감독하는 관련기관 종사자는 다양한 정보를 접하기 어려운 것이 현실이다. 더욱이 안전문화의 근간이 되는 안전보건경영시스템에 대한 실행 원리(principles)와 사업장 실행사례를 반영한 안전문화 관련 책자가 별로 없어 안전보건 관계자의 산업재해 예방활동이 일관성 없이 비효율적으로 운영되고 있다고 생각한다.

산업재해 예방 활동은 구성원이 무의식 중에 인식하는 근본적인 가정(underlying assumptions)과 구성원이 공통으로 갖는 믿음과 가치(espoused beliefs and values)를 통해 결과나 행동으로 이어지는(artifacts) 복잡하고 역동적인 과정이다. 그리고 기계, 전기, 화학, 건축 등의 공학 분야와 인문학, 심리학, 법학 등 다양한 분야의 학문이 융합되어 조직의 체계와 활동을 변화시키는 활동으로 무엇보다 실행원리(principles)가 중요하다.

원리(principle)는 현재 운영하는 업무나 새로운 업무를 할 때 일관성과 동기를 부여하며, 합리적인 관점에서 사람들의 행동을 유지시키고 개선시키는 일의 본질로서 안전보건경영시스템을 기반으로 하는 안전문화 수준향상 활동에 필수 불가결한 사항이다.

이 책은 안전보건경영시스템을 기반으로 효과적인 안전문화 구축에 필요한 이론과 원리를 설명하고, 저자가 27년 이상 외국계 기업과 국내기업의 현장과 본사에서 경험한 내용을 구성하였다.

이 책은 안전문화의 정의, 안전문화의 중요성과 특징, 경영층의 리더십, 근로자 참여, 안전문화 구축 방향설정, 조직, 책임, 유해 위험요인 확인 및 개선, 위험인식 수준 향상, 검사와 감사, BBS Program 적용, HFACS-OGAPI 적용, 사고·조사 분석 그리고 대책수립, 안전보건경영시스템 평가 등 14개 장으로 구성되어 있다. 그리고 안전문화와 안전탄력성, 하인리히 이론에 대한 맹목주의와 신비주의에 대한 의견, 안전메시지 및 저자가 취득한 안전보건 관련 자격증을 별첨하였다.

　책자를 발간하면서 아쉬운 점은 사정으로 인하여 저자가 경험한 많은 사례를 담지 못한 점이다. 책의 부족한 점이 있다면 pjmyang1411@daum.net으로 알려주기 바란다. 그리고 안전문화 관련 사업장의 실행사례, 관련의견과 정보를 공유하기 위하여 네이버 카페에 새로운 안전문화(https://cafe.naver.com/newsafetyculture)를 개설하여 운영하고 있으니, 관심이 있는 독자는 가입신청을 해 주기 바란다.

· 차례 ·

제1장

안전문화의 정의

I 문화란

⚙ 1 문화의 정의

문화란 지식, 신앙, 예술, 도덕, 법률, 관습 등 인간이 사회의 구성원으로서 획득한 능력 또는 습관의 총체이다. 이러한 개념에 대한 정의는 지난 50여 년간 인류학계에 큰 영향을 끼쳤으나 인류학의 발전과 더불어 문화의 정의는 더욱 많아졌다.[1] 그리고 문화에는 습득된 행동, 마음속의 관념, 논리적인 구성, 통계적으로 만들어진 것, 심리적인 방어기제 등 164가지나 되는 요소가 있는 것으로 알려져 있다.[2] 하지만, 문화가 실제인지 추상인지가 중요한 것이 아니고 이것을 어떻게 과학적으로 해석하느냐가 중요하다고 볼 수 있다.[3]

문화를 가장 쉽게 이해하는 방법은 국가, 직업, 조직 등 넓은 의미의 범주에서 관찰을 통해 이해하는 것이다. 국가별로 서로 다른 언어, 질병 치료 방법, 종교, 자녀 양육, 음식, 예술, 축하, 농담, 예의, 의복, 작업 방식이 존재하고 있어 문화의 특징을 잘 설명해 주고 있다.

⚙ 2 문화의 3가지 수준[4]

가. 인위적 결과물(artifact)-눈에 보이고 느낄 수 있는 결과

인위적 결과물은 우리가 다른 문화를 가진 새로운 집단과 마주했을 때 보고 듣고 느낄 수 있는 현상이다. 인위적 결과물에는 그 그룹의 물리적 환경, 건축, 언어, 기술과 제품, 예술적 창조물, 의복 및 감정적 표현에 구현된 스타일 등이 포함되어 있다. 이 인위적 결과물 중에는 집단의 풍토가 있으며, 풍토는 문화의 징후를 나타낸다. 관찰된 행동 양식과 의식 또한 그러

---

1 영국의 인류학자 Edward Burnett Tylor, 원시문화
2 미국의 인류학자 Alfred Kroeber, 문화의 성질
3 미국의 인류학자 Leslie A. White, 문화의 개념
4 Schein, E. H. (2017). *Organizational Culture and Leadership*. John Wiley & Sons.

한 행동이 일상적인 것으로 만들어지는 조직적인 과정의 인위적 결과물이다. 인위적 결과물은 일반적으로 우리가 가장 잘 볼 수 있는 것들이다.

나. 표현되는 믿음과 가치(espoused beliefs and values)

표현되는 믿음과 가치는 조직이 일하는 방식으로 이해할 수 있다. 이것은 인위적 결과물보다 더 깊은 요인으로 조직의 가치와 행동, 헌장, 비전과 사명 선언문 등으로 공유되는 유형으로 조직 문화에 대한 통찰력을 얻을 수 있다.

표현되는 믿음과 가치는 조직의 핵심 도덕으로도 간주할 수 있고 조직이 업무를 수행하는 방식에 대한 일종의 청사진 역할을 한다.

다. 근본 가정(taken-for-granted underlying basic assumptions)

근본 가정은 표현되는 믿음과 가치보다 더 깊은 요인으로 문화의 기반이 되는 토대이다. 근본 가정은 종종 설명하기 어렵고 무형이며 조직이 작동하는 방식에 익숙해진 사람들만 실제로 이해하는 경우가 많다. 만일 당신이 어떤 조직에 새로 참여하여 적응에 오랜 시간이 걸린다는 상황을 가정해 보면, 여기에 오랫동안 있었던 사람이 당연하게 여기는 근본 가정을 아직 파악하지 못했기 때문이다.

근본 가정은 일반적으로 보이지 않지만 종종 강력한 영향을 발휘한다. 아래 그림은 인위적 결과물, 표현되는 믿음과 가치 그리고 근본 가정으로 구성된 문화의 3가지 수준이다.

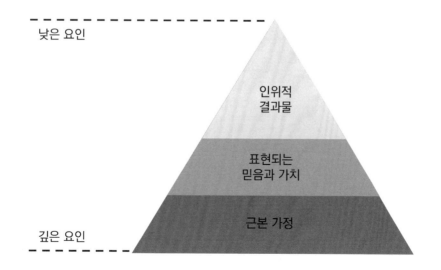

II 조직문화

1 조직문화의 정의

조직문화는 조직의 기대사항이 반영된 경험, 철학과 사람의 행동을 이끄는 가치를 포함한다. 그리고 사람의 자아상, 내부 작동, 외부 세계와의 상호 작용, 미래의 기대로 표현된다. 조직문화에는 조직이 공유하는 가치, 리더십 및 기대치, 성과 관리 및 참여 수준이 포함된다. 따라서 조직은 유연하고 좋은 문화를 구축하여 사람이 긍정적인 잠재력을 발휘하도록 지원한다.

2 조직문화와 안전[5]

조직문화와 안전은 상관관계가 있을까? 이러한 상관관계 확인은 실제 조직을 대상으로 연구하기 전까지는 알 수 없는 경험적인 측면이다. 하지만 알려진 여러 연구에 따르면 아래 그림과 같이 조직문화는 조직구조와 서로 영향을 주고받으면서 성숙한다. 그리고 안전은 조직구조의 영향을 받는다고 알려져 있다 결국 조직문화는 안전문화의 형태로 만들어져 안전에 지대한 영향을 준다.

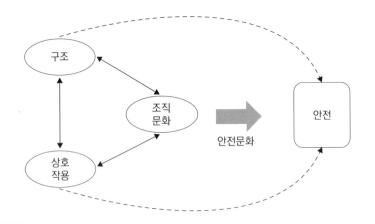

---

5 Antonsen, S. (2017). *Safety culture: theory, method and improvement.* CRC Press.

III 안전문화(safety culture)

 1 안전문화의 3가지 수준

1986년 4월 우크라이나 체르노빌 원자력발전소에서 원자로가 멈춘 것을 가정한 실험 도중, 정지 중이었던 4호기가 제어불능으로 노심이 녹아 폭발하는 사고가 발생하였다. '안전문화'라는 용어는 체르노빌 원전사고 조사를 담당했던 IAEA의 국제원자력안전자문그룹(INSAG)이 작성한 '사고 후 검토회의 요약'(1986년)에서 처음으로 사용되었다.

당시 안전문화와 관련한 Turner(1998), Rasmussen(1997), Reason(1997) 그리고 Leveson(2004) 등과 같은 많은 전문가들의 이론이 있었지만, 국제원자력기구(IAEA)는 Shein이 제시한 문화 모델을 안전문화 이론에 접목하였다.

가. 근본 가정(taken-for-granted underlying basic assumptions)

근본가정은 사람이 무의식적으로 어떤 행동을 하게 하는데 많은 영향을 주는 요인이다. 아래는 안전과 관련이 있는 근본가정의 예시이다.

- 근로자, 계약자 및 공공의 안전이 모든 상황에서 최우선 과제라고 믿는 것이다.
- 관리자들의 책임에 안전이 포함되어 있다.
- 안전과 관련한 경계심을 늦추지 않는다.
- 사람이 실수하는 상황을 정상적이라고 생각하고 개선의 기회로 삼는다.
- 법적인 준수는 최소한의 요구사항이라고 생각한다.
- 공정한 안전 문화를 구축한다.

나. 표현되는 믿음과 가치(espoused beliefs and values)

안전과 관련한 가치(value)는 조직에서 구성원의 행동을 유도하는 주요 원칙으로 안전보건경영시스템 운영의 핵심적인 역할을 한다. 아래는 안전과 관련한 믿음과 가치의 예시이다.

- 구성원의 근로조건에 안전과 관련한 내용이 있다.
- 모든 사람은 안전과 관련한 책임이 있다.
- 모든 사람은 안전에 관한 질문과 문제를 제기할 수 있다.
- 사업장의 잠재적인 유해 위험요인을 개선 대상으로 선정한다.
- 조직에는 안전소통을 위한 열린 채널이 있다.
- 모든 아차사고를 보고하고 조사한다.
- 안전한 작업을 시행하기 위한 효과적인 교육 훈련 프로그램을 구비한다.
- 안전성과를 주기적으로 보고하고 측정한다.

다. 인위적 결과물(artifact)

인위적 결과물은 형식적, 문서적, 물리적 요소를 다루지만 비형식적 요소 또한 포함한다. 안전과 관련한 인위적 결과물은 아래의 예시와 같다.

- 조직의 안전보건 정책, 목적 그리고 성명서
- 시스템 문서와 절차
- 안전성과 보고서
- 공장 설계 문서와 안전 고려사항
- 외부에 공개한 안전관련 자료
- 안전가이드라인 또는 핸드북
- 안전포스터
- 사업장의 안전게시판
- 안전문화 설문서
- 안전시상
- 정형화된 안전보호구와 작업복

안전과 관련한 경영층, 관리감독자 그리고 근로자의 좋은 행동 유형은 아래와 같다.

- 경영층

경영층은 가시적인 리더십을 보이고 안전에 대한 헌신, 의사소통, 안전과 관련한 문제 제기, 안전에 대한 긍정적인 태도, 관리방식 개선, 신뢰와 공감대를 형성한다.

• 관리감독자

관리감독자는 안전에 대한 긍정적인 태도 보유, 안전과 관련한 문제 제기, 안전 대책 수립 지원, 안전개선을 위한 동기부여, 팀 간 신뢰 구축, 안전개선을 위한 열린 마음가짐, 학습하는 자세 그리고 스스로 안전한 행동의 전파자가 되어야 한다.

• 근로자

근로자는 회사의 안전규정과 절차 준수와 작업장 주변의 유해 위험요인에 대한 보고와 개선을 해야 한다.

 ## 2 안전문화의 정의

1998년 국제원자력기구(IAEA)가 발행한 안전보고서 제11호에 따르면 "안전문화란 조직의 안전 문제가 우선시되고, 조직과 개인이 그 중요성을 분명히 인식하고, 조직과 개인이 이를 바탕으로 항상 그리고 자연스럽게 생각과 행동을 취하는 것을 의미한다. 그것은 가능한 행동의 체계이다."라고 하였다. 영국 보건안전청(HSE)은 "안전문화는 개인과 집단의 가치관, 사물에 대한 태도, 감정, 전문기술, 기능, 행동 패턴의 결과로서 윤곽을 파악하는 것"이라고 하였다. 미국화학공정안전센터(AICHE CCPS)는 "안전문화는 아무도 보고 있지 않을 때 조직이 행동하는 방식"이라고 하였다.

영국의 사회심리학자 James Reason은 'Managing the risks of organizational accidents'라는 책자에서 안전문화는 공유된 문화, 보고문화, 공정 문화, 유연한 문화 및 학습문화로 구성된다고 하였다.[6]

가. 공유된 안전문화

시스템을 관리하고 운영하는 사람들은 시스템 전체의 안전을 결정하는 인적, 기술적, 조직적 및 환경적 요인과 관련한 최신 지식을 가지고 있다. 경영층은 사람들이 그들의 운영 영역에 내재한 위험을 이해하도록 문화를 조성해야 한다.

나. 보고문화

관리자와 근로자는 징벌적 조치의 위협 없이 중요한 안전 정보를 자유롭게 공유한다. 근

---

6 Reason, J., & Reason, J. T. (1997). Managing the risks of organizational accidents Ashgate Aldershot.

로자가 할 수 있는 실수에 대하여 위험을 느끼지 않고 자유롭게 보고할 수 있어야 한다. 보고문화는 결국 조직이 비난과 처벌을 처리하는 방식에 달려 있다. 자유로운 보고에 대한 비난이 존재한다면, 자율적인 보고는 이루어지지 않는다. 다만, 무모함이나 고의적인 행동이나 실수는 비난이 불가피하다.

다. 공정 문화

불안전한 행동에 대한 수용 가능한 범위와 수용 불가능한 범위를 설정하고, 구성원이 따르고 신뢰하는 분위기를 조성한다. 근로자의 불안전한 행동의 배후 요인을 확인하지 않고 무조건 처벌하는 사례는 용납될 수 없다는 인식이 필요하다. 그리고 불안전한 행동으로 인해 사고를 일으킨 결과에 대해서 무조건 면책하지 않는다는 기준을 유지해야 한다. 공정문화 설계를 위한 전제조건은 수용할 수 있는 행동과 수용할 수 없는 행동의 범위를 설정하는 것이다.

라. 유연한 문화

유연한 문화는 의사결정의 긴급성과 관련자의 전문성에 따라 의사결정 과정이 유연하다는 것을 의미하다. 조직이 특정한 위험에 직면했을 때 안전한 방향으로 조직을 재구성할 수 있는 문화로 안전 탄력성(resilience)의 성격과 유사하다.

마. 학습 문화

조직은 안전 정보시스템을 활용하여 안전한 결론을 도출할 의지와 역량을 보유해 주요 위험을 개선해야 한다. 위험성 평가와 사고조사를 통한 실제적 학습이 필요하다.

③ 안전문화의 구조(structure)

Krause(1990), Reason(1997), Guldenmund(2000), Cooper(2000) 및 Geller(2001) 등은 안전문화 구축에 필요한 구조를 설명하였다.[7,8,9,10,11] Krause(1990)는 비전, 가치, 공통의 목표 그리고 근본 가정이 필요하다고 하였다. Reason(1997)은 공유된 문화, 보고문화, 공정 문화, 유연한 문화 및 학습 문화가 필요하다고 하였다. Guldenmund(2000)는 행동과 안전 포스터 등 가시적인 결과물, 방침과 절차 등 표현되는 믿음과 가치 그리고 볼 수 없는 핵심 근본 가정이 필요하다고 하였다. 아래 그림은 Krause가 제시한 안전문화 구조 모형이다.

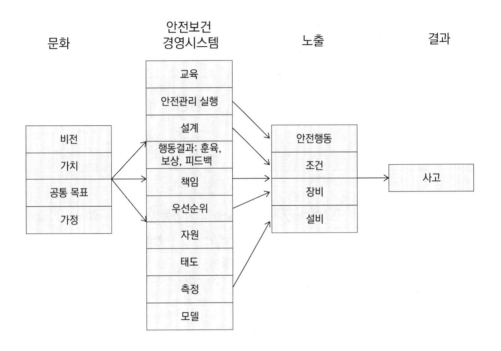

Cooper(2000)는 안전문화의 구조에 안전보건관련 절차를 포함하는 상황(situation), 심리와

7 Krause, T. & Hidley, J. H.(1990). "The behavior−based safety process", New York: VAN NOS−TRAND REINHOLD.

8 Reason, J., & Reason, J. T. (1997). Managing the risks of organizational accidents Ashgate Aldershot.

9 Guldenmund, F. W. (2000). The nature of safety culture: a review of theory and research. *Safety science*, 34(1−3), 215−257.

10 Cooper, M. D. (2000). Towards a model of safety culture. *Safety science*, 36(2), 111−136.

11 Geller, E. S. (2017). *Working safe: How to help people actively care for health and safety*. CRC Press.

가치 등을 포함하는 사람(person) 그리고 행동(behavior)이 있다고 하였다. 아래 그림은 Cooper 가 제시한 안전문화 구조 모형이다.

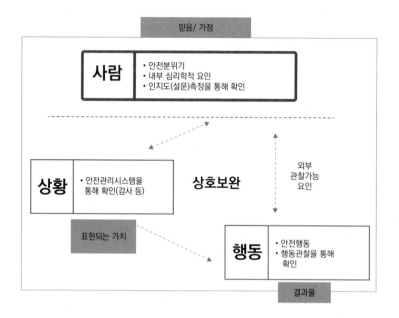

Geller(2001)는 안전문화의 구조에 도구와 장비 등을 포함하는 환경(environment), 기술과 동기 를 포함하는 사람(person) 그리고 적극적인 보살핌을 포함하는 행동(behavior)이 있다고 하였다.

아래 그림은 Geller가 제시한 안전문화 구조 모형이다.

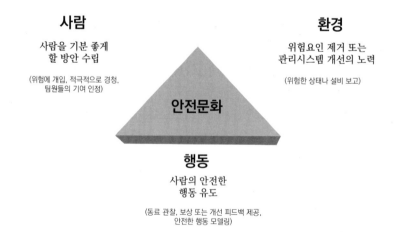

술한 안전문화의 표현되는 가치와 인위적 결과물의 영역에 가깝다. 따라서 안전풍토는 안전문화 요인 중 관찰이 가능한 부분으로 안전이 관리되는 방식에 대한 근로자의 공유된 인식을 반영한다. 안전풍토는 근로자가 어떤 순간 인지 과정을 거쳐 행동으로 옮기는 상황으로 안전보건경영시스템과 긴밀한 관계가 있어 산업재해 예방에 효과가 있다.[22 · 23 · 24]

안전풍토는 현장 근로자에게 안전에 대한 우선순위를 부여하도록 하여 안전한 행동을 유도한다.[25] 안전풍토 수준 측정 항목으로는 근로자의 안전교육 인지도와 작업장 위험 인지도, 안전실행이 승진에 미치는 정도, 경영층의 안전관리 태도, 작업시간이 안전에 미치는 영향, 안전관리자의 조직상 역할 그리고 안전위원회가 조직에서 갖는 위상 등이 있다.[26] 또한 근로자의 작업장 위험인지도, 감독자의 안전관리 수준, 안전에 대한 근로자의 만족도 그리고 경영층의 안전수준 등 50가지를 측정하여 안전풍토를 평가할 수 있다.[27] 그리고 경영층 공약, 안전 우선순위, 소통, 안전 규정, 현장의 불안전한 요인, 참여, 안전 우선 순위, 위험요인 인식 그리고 작업환경 측정을 통해 안전풍토를 측정할 수 있다. 또한 조직책임, 근로자의 안전 태도, 안전 감독과 안전대책 항목을 통해 안전풍토를 측정할 수 있다.[28 · 29 · 30]

22 Schein, E., & Schein, P. (2017). Organizational Culture and Leadership. 5. painos. Hoboken.

23 Guldenmund (2010).Understanding and Exploring Safety Culture, researchgate. pp. 1−71.

24 Chen, Q., & Jin, R. (2013). Multilevel safety culture and climate survey for assessing new safety program.Journal of Construction Engineering and Management,139(7), 805−817.

25 Cooper, M. D., & Phillips, R. A. (2004). Exploratory analysis of the safety climate and safety behavior relationship. *Journal of safety research*, 35(5), 497−512.

26 Zohar, D. (1980). Safety climate in industrial organizations: theoretical and applied implications. *Journal of applied psychology*, 65(1), 96.

27 Hayes, B. E., Perander, J., Smecko, T., & Trask, J. (1998). Measuring perceptions of workplace safety: Development and validation of the work safety scale. *Journal of Safety research*, 29(3), 145−161.

28 Cox, S. J., & Cheyne, A. J. (2000). Assessing safety culture in offshore environments. *Safety science*, 34(1−3), 111−129.

29 Varonen, U., & Mattila, M. (2000). The safety climate and its relationship to safety practices, safety of the work environment and occupational accidents in eight wood−processing companies. *Accident Analysis & Prevention*, 32(6), 761−769.

30 Neal, A., & Griffin, M. A. (2004). Safety climate and safety at work.

제2장

안전문화의
중요성과 특징

I 안전관리 접근 방식

　산업재해를 줄이기 위한 오래된 방식은 설비의 신뢰성을 높여 기계적 결함이나 기술적인 문제를 줄이는 한편, 인간실수를 감소시킬 수 있도록 작업자의 행동에 관심을 기울이는 것이었다. 이러한 대책으로 인하여 산업재해가 줄었지만 지속적으로 발생하는 산업재해를 막기에는 부족한 점이 있었다.

　선진국이 주축이 되어 이러한 상황을 개선하기 위한 방안은 설비의 신뢰성을 높이는 방법은 지속적으로 유지하되, 모든 사람들이 안전관리 활동에 참여하도록 하는 안전보건경영시스템 구축과 운영으로 사고예방에 좋은 효과가 있었다. 하지만 지속적으로 발생하는 산업재해는 안전문화라는 새로운 관리 방식을 등장시킨 원동력이 되었다.[1,2,3,4]

　아래 그림은 시대적으로 적용되고 있는 기술 기반의 안전관리, 시스템 기반 그리고 안전문화 기반 안전관리 접근방식을 보여준다.

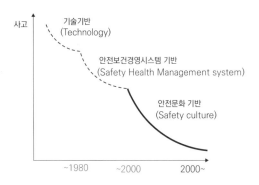

1 Straughen, M., Williams, S., Wilkinson, M., Robb, R., Richardson, R., Smith, J., & Fleming, M. (2000). Changing Minds, A practical guide for behavioural change in the oil and gas industry, pp. 5-6.

2 Turney, R. D., & Alford, L. (2003, June). Improving human factors and safety in the process industries:The PRISM project. In *INSTITUTION OF CHEMICAL ENGINEERS SYMPOSIUM SERIES*(Vol. 149, pp. 397-408). Institution of Chemical Engineers; 1999.

3 Holstvoogd, R., van der Graaf, G., Bryden, R., Zijlker, V., & Hudson, P. (2006). Hearts and Minds programmes the road map to improved HSE culture. In *INSTITUTION OF CHEMICAL ENGINEERS SYMPOSIUM SERIES*(Vol. 151, p. 176). Institution of Chemical Engineers; 1999.

4 Health and safety executive. (2007). HSE Human factors briefing note no.7 safety culture, pp. 1-2.

II 안전문화의 중요성

 ① 사고로 인한 피해

　2020년 고용노동부의 산업재해 현황 통계를 보면, 사업장 2,719,308개소에 종사하는 근로자 18,974,513명 중에서 4일 이상 요양해야 하는 산업재해자가 108,379명이 발생(사망 2,062명, 부상 91,237명, 업무상 질병 요양자 14,816명)하였다. 산업재해로 인한 근로 손실일수는 55,343,490일에 달한다. 그리고 산업재해로 인한 직접 손실액(산재 보상금 지급액)은 5,996,819백만 원으로 전년 대비 8.45% 증가하였다. 이에 대한 간접손실액은 23,987,276백만 원에 이른다.[5]

　여기에서 간접손실액 산출기준은 직접 손실액을 4배 곱한 비용으로 1926년도 하인리히가 설정한 계상 기준에 의해 산출되었다. 하지만 그동안의 임금인상, 기회비용 및 보험비용 증가 등을 따져보면, 아래 그림 사고비용 빙산과 같이 손실비용은 적정손실액의 8배에서 36배까지 계상하는 것이 현실적이라는 연구가 있다.[6]

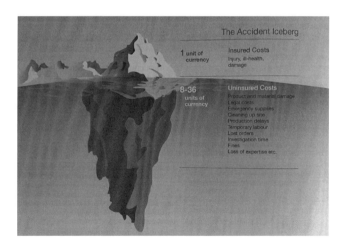

5　고용노동부 (2020). 산업재해 현황분석.

6　Hughes, P., & Ferrett, E. (2013). *International Health and Safety at Work: The Handbook for the NEBOSH International General Certificate*. Routledge.

이런 사정으로 살펴보면 고용노동부가 계상한 간접손실액은 훨씬 높은 수준일 것으로 판단한다. 사고로 인한 직접 비용에는 보험금 청구, 건물과 장비 피해 및 근로자의 부재 등이 있다. 그리고 사고로 인한 간접 비용에는 아래와 같은 손실이 존재한다.

- 영업이익 손실
- 근로자 대체
- 영업권 상실과 기업 이미지 악화
- 사고 조사 후속 조치
- 생산 지연과 사고 조사 등으로 인한 초과 근무 수당 지급
- 사고보고를 위한 서류 작성 비용
- 법령 위반으로 인한 과징금
- 공공기관의 점검 대응
- 구성원 사기 저하로 인한 생산성 하락

전술한 바와 같이 산업재해는 기업의 도덕(ethics)적 가치, 법규 준수 그리고 경제적 손실과 긴밀한 관계가 있으며, 회사 경영의 존폐를 가른다. 따라서 안전문화를 기반으로 하는 사고예방 활동이 절실하게 요구된다.

 ## 2 안전보건경영시스템 기반의 안전문화 구축

안전보건경영시스템을 기반으로 하는 안전문화는 산업재해 예방에 가장 효과적인 방안으로 해외에서 잘 알려져 있다. 안전문화가 중요한 이유는 조직의 의사결정자가 안전을 고려한 정책을 수립하여 사고예방 활동을 적극적으로 지원하고, 근로자는 유해 위험요인을 인식하여 사고 예방 활동을 하는 데 많은 영향을 주기 때문이다.

안전보건경영시스템은 계층별 사람들의 안전보건 관련 책임을 명확히 구분하여 해당업무를 안전하게 수행하도록 하는 안전절차를 표준 문서로 구성하고 있다.

안전절차를 표준 문서로 구성한 내용을 얼핏 보면, 이상적으로 보이지만 현실은 그렇지 않다. 그 이유는 안전절차가 실제 작업현장의 상황을 모두 반영하기에 어려울 뿐 아니라 수시로 바뀌는 작업상황을 감안하기 어렵기 때문이다. 더욱이 본사나 경영층(blunt end에 위치한)의 예산 삭감, 인력 감소 및 공사 단축 등의 지시를 받은 현장 책임자는 계획한 일정을 급히 줄이기 위한 방도를 찾아야 하고, 그 결과는 고스란히 근로자(sharp end에 위치한)의 안전작업에 많은

영향을 주기 때문이다. 이러한 상황을 '상정된 기준(work as imagine)과 실제작업(work as done)에서 효율과 안전을 절충(efficient thoroughness trade-off)' 하는 과정이라고 표현할 수 있다.[7]

전술한 상황에서 안전한 작업을 수행하기 위한 방안은 결국 조직의 모든 계층에 있는 사람들이 안전과 관련한 근본가정과 믿음과 가치에 반영된 안전문화를 통해 경영층과 관리감독자가 리더십을 발휘하여 근로자의 안전 행동을 유지하고 지지하는 것이다.

특히 시대가 복잡하고 다양화되는 최근에는 IT 활용 등으로 인한 자동화의 결과인 인력 감소와 다양한 조직이나 사람들의 업무에 잠재되어 있는 많은 변동성(variability)으로 인하여 예상하기 힘든 유형의 사고가 발생하고 있다. 따라서 안전보건경영시스템을 기반하는 안전문화 구축과 운영에 학습(learn), 예측(anticipate), 대응(response) 그리고 감시(monitor)능력을 가진 안전 탄력성(resilience)을 포함하는 방안이 절실히 필요하다.

---

7 Hollnagel, E. (2017). *The ETTO principle: efficiency-thoroughness trade-off: why things that go right sometimes go wrong*. CRC press.

III 안전문화의 특징(characteristics)[8]

안전문화는 조직구성원의 신념, 태도, 가치관으로 구성되어 있고 회사가 안전을 확보하기 위하여 소유하거나 이용하는 조직, 관행, 관리 및 방침을 포함하고 있다. 아래는 안전문화의 특징을 요약한 내용이다.

- 안전문화란 조직이 계속해서 경영해 가는 자동차의 '엔진'과 같다. 즉, 안전문화는 경영진의 특성과 현재의 경영상황과 관계없이 회사에서 가장 중요한 목표로 설정되어 시스템이 개선되어 간다.
- 안전문화를 통해 구성원은 운영상의 유해위험요인을 확인할 수 있다. 안전문화는 유해위험요인으로 인해 좋지 않은 결과가 예상되는 상황을 위해 비상대책을 마련하는 것으로 경계하는(wary) 문화이다.
- 안전문화는 '위기(edge)'에 걸려 넘어지는 일 없이 위기와 관련한 정보를 아는 것이다.
- 정보에 입각한 안전문화는 구성원의 실수와 아차사고를 자진해서 고백할 수 있는 신뢰의 분위기를 조성하는 것에 의해서만 달성된다. 이것에 의해 비로소 시스템은 실수를 유발하는 상황을 식별할 수 있다. 과거의 사건과 아차사고를 수집하고 분석하여 공유하는 것으로 조직은 안전한 활동과 불안전한 활동의 경계가 어디에 존재하는지를 알아낼 수 있다.
- 정보에 입각한 문화는 비난 받거나 받지 않을 행동을 구별하고 합의하여 이해한 공정의 문화(just culture)이다. 불안전한 행동은 때로는 제재조치를 취하는 것이 정당할 것이다. 이런 일은 빈도가 낮을 것이지만 필요한 일이다.
- 안전문화란 국소적인 해결책보다는 지속적이고 광범위한 시스템 개선을 지원하기 위하여 재발방지(사후대응) 대책과 선제적인 대책 둘 다 이용되는 학습 문화이다.

---

8 정진우 (2020). 안전문화 이론과 실천.

- 아무리 안전성을 높이는 노력을 하더라도 재해가 빈발하는 때도 있고, 별다른 노력을 하지 않고 있어도 재해가 전혀 발생하지 않는 때도 있다. 재해가 발생하지 않는 시기를 '흔들리지 않는 배'라고 말할 수 있다. 흔들리지 않는 기간은 구성원들의 안전에 관한 관심과 자원의 투입량이 줄어들 가능성이 커진다. 재해의 아픈 경험을 떠올리고 싶지 않은 것은 인지상정이고, 재해가 발생하지 않으면 잘 운영되고 있다고 생각하는 경향이 있기 때문이다.

  그러나 배의 흔들리지 않는 상태는 길게 지속되지는 않는다. 이것은 역사가 증명하고 있다. 갑자기 재해가 다발하고 손을 쓸 수 없을 정도로 안전이 열화되어 있는 것을 깨닫고 나서 깜짝 놀란다. 따라서 안전문화에서는 '두려워하는 것(재해의 기억)을 잊지 않고 노력을 계속하는 것'이야말로 항상 유념해야 할 점이다. 즉, 결과에 크게 연연하지 않고 충실하고 끈기 있게 노력해 가는 '프로세스(과정)'를 실행하는 것이 매우 중요하다고 하였다.

- 안전은 같은 것을 반복하여 우직하게 실시하는 것도 물론 중요하지만, 세상의 환경 기술은 급변하고 사람의 의식도 크게 변화하고 있는 점을 고려해야 한다. 혁신을 일으키기 위해서는 어떤 것에도 의문을 품고, "어떻게 하면 좋아질까?", "지금까지의 방법으로 충분할까?", "지금까지는 괜찮았지만, 앞으로도 괜찮을까?"라는 관점이 중요하듯이, 안전문화를 위해서도 지금까지 해오던 방법에 의문을 품고 한 번 더 재확인하는 자세가 중요하다. 거기에서 안전에 대한 흥미와 동기부여가 생긴다. 이러한 것이 없으면, 어떠한 안전활동도 유명무실해지고 효과보다 실시에 따른 부담이 커지고 역효과가 발생할 위험이 크다.

- 안전문화는 달성된 결과라고 보기보다는 달성하기 위하여 끊임없이 노력해야 하는 목표이다. 중요한 것은 도착보다는 여정으로 안전문화의 조성이 어디서 뚝 떨어지는 것이 아니라 저 멀리서 지난(至難)한 과정을 거쳐 찾아오는 것이라는 것을 시사한다.

미국의 Mark Middlesworth가 2015년도에 '굉장한 안전문화가 있는 조직의 25가지 징후'를 발표하였다. 조직은 아래와 같은 안전문화와 관련한 징후를 파악하여 볼 것을 추천한다.[9]

1. 조직의 모든 수준에서 눈에 띄는 안전 리더십이 있다.
2. 조직 전체의 모든 구성원이 건강 및 안전 주제에 대한 실무적인 지식이 있다.
3. 조직이 달성하고자 하는 안전문화에 대한 명확한 정의가 있다.
4. 안전에 대한 우선 순위를 둔다.
5. 건강과 안전을 확보하기 위한 재정적 투자가 있다.
6. 문제가 발생하기 전에 개선 기회를 식별하고 해결한다.
7. 건강 및 안전 주제로 정기적인 의사 소통이 있다.
8. 공정한 징계 시스템이 마련되어 있다.
9. 건강과 안전과 관련한 정기적인 근로자의 참여가 있다.
10. 관리자는 구성원의 안전보건을 확보한다.
11. 안전보건이 회사의 중요한 일이라고 자부한다.
12. 안전보건 활동으로 인하여 조직의 경영이익이 실현된다.
13. 회사의 안전보건 정책에 대한 만족도가 높다.
14. 안전은 모든 회의 의제에서 우선 순위가 높다.
15. 구성원은 관리자에게 안전 문제를 보고하는 것이 편하다고 생각한다.
16. 안전보건 관련한 정기적인 감사가 있고 외부 감사자가 참여한다.
17. 안전행동에 대한 보상과 인정이 주기적으로 시행되어 구성원의 동기를 부여한다.
18. 안전은 고용의 조건이다.
19. 관리자와 감독자는 제기된 안전 문제에 긍정적으로 대응한다.
20. 안전은 비용이 아니라 투자로 간주된다.

---

9 Mark, Middlesworth. (2015). Do You Have an Awesome Safety Culture? Retrieved from: URL: https://www.shrm.org/resourcesandtools/hr-topics/risk-management/pages/awesome-safety-culture.aspx.

21. 부상 및 질병을 정확하고 상세하게 보고하기 위한 기준이 있다.

22. 안전보건 성과를 측정할 수 있는 고도화된 지표가 있다.

23. 조직은 필요할 때 중요한 변경을 할 의지가 있다.

24. 안전 문제는 적시에 효율적으로 처리된다.

25. 안전보건을 확보하기 위한 자원과 예산이 배정되어 있고, 적시에 활용이 가능하다.

제3장

경영층의 리더십

1987년 알루미늄 대기업 Alcoa는 기발한 아이디어를 가진 새로운 CEO(O'Neill)를 영입하였다. 그는 주주, 기자와 이사회 사람들이 모인 장소에서 CEO로서 첫 번째로 연설하였다. 하지만, 이 첫 번째 연설은 완전한 실패였다.

월 스트리트에서 멀지 않은 호텔 연회장에서 연설이 시작되었고, 사업을 하는 투자자와 분석가들이 참여하였다. 지난 몇 년 동안 알루미늄 제조 대기업은 실적이 좋지 않았기 때문에 투자자들은 긴장했고 많은 사람들이 이 새로운 CEO가 영업이익을 극대화해 줄 참신한 아이디어를 갖고 있을 것이라고 믿었다.

연설에서 신임 CEO의 첫 마디는 "근로자 안전에 관해 이야기하고 싶습니다."였다. 연회장의 분위기는 싸늘하게 바뀌었다. 모든 사람의 기대와 에너지가 사라진 것처럼 보였고 조용했다. 그는 이러한 분위기에서 매년 수많은 Alcoa 근로자들이 너무 심하게 다쳐서 생산을 효과적으로 할 수 없다는 말을 이어갔다. 그리고 그는 Alcoa를 미국에서 가장 안전한 회사로 만들어 부상 없는 작업장을 만드는 것이 목표라고 발표하였다.

I want to talk to you about worker safety!!

Every year, numerous Alcoa workers are injured so badly that they miss a day of work. Our safety record is better than the general workforce, especially considering that our employees work with metals that are 1500 degrees and we have machines that can rip a man's arm off. But it's not good enough. I intend to make Alcoa the safest company in America. I intend to go for zero injuries

October 1987

Source: "Is this the best CEO speech ever..? Digicast.com.au, M. Claire-Ross, Sept. 2012

Paul O'Neill — CEO, Alcoa

그의 첫 연설이 끝났을 때, 대부분 청중은 여전히 어리둥절하고 혼란스러웠다. 몇몇 베테랑 투자자들과 비즈니스 언론인들은 회의를 정상적으로 되돌리도록 노력하였다. 그들은 손을 들고 회사의 자본 비율과 제품의 재고 수준에 대해 질문하였다. 하지만 CEO는 "Alcoa가 어떻게 하고 있는지 이해하려면 작업장 안전 수칙을 살펴봐야 합니다."라고 주저하지 않고 답하였다.

회의가 끝나자 당황한 참석자들은 서둘러 자리를 비웠다. 몇 분도 안되어 투자자들은 동료와 고객에게 Alcoa의 제품을 주문하지 말도록 권유하였다. 기자들은 새로운 CEO가 어떻게 정신을 잃었는지에 대한 기사 초안을 작성하고 있었다.

당시 Alcoa는 알루미늄 업계에서 최고의 안전 기록을 보유하고 있었지만 재무 성과는 좋지 않았다. Alcoa는 약 100년 전에 설립되었으며, 미국에서 알루미늄 생산을 사실상 독점했었다. 그러나 반독점 규제, 더 치열한 경쟁, 공급 과잉으로 인해 재정 위기를 맞게 된 것이다.

CEO는 Alcoa와 모든 직원이 프로세스에 더 깊이 집중할 필요가 있다는 믿음으로 전략을 설정했다. 그는 안전관리를 통해 근로자의 마음을 얻을 수 있을 것으로 판단하였다. 프로세스의 모든 단계를 이해하고 잠재된 위험을 확인하고 개선한다면, 근로자들의 동기 수준을 높일 수 있을 것으로 생각하였다. 그래서 그는 위험(hazards)요인과의 전쟁을 선포한 것이다.

그는 사업 프로세스에 존재하는 위험 정도를 "허용가능한 위험(tolerable risk)"[1] 정도로 관리

---

1 허용가능한 위험(risk)은 IEC(International Electrotechnical Commission: 국제전기기술위원회) 기관이 제

될 수 있도록 개념을 설정하였다. 당시 그는 이 전쟁을 승리로 이끌 수 있도록 모든 근로자에게 사업장에 존재하는 위험을 찾는 것이 중요하다고 설득하기 시작하였다. 그리고 그는 영업이익 극대화보다는 우선 근로자의 안전 확보가 우선이라고 강조하였다. 그러나 그의 이러한 전쟁은 순식간에 여러 관계자의 질책과 검증을 받게 되는 어려운 현실에 처하게 되었다.

그의 임기 약 6개월 후, CEO는 한밤중에 애리조나에 있는 공장 관리자의 전화를 받게 된다. 알루미늄 생산 과정에서 알루미늄 파편이 기계에 있는 큰 암(arm)의 경첩에 끼어 작동을 멈춘 상황이었다. 이것을 본 신입 근로자는 즉시 수리를 제안하였다. 그는 알루미늄 파편 걸림을 제거하기 위해 안전 벽(fence)을 뛰어넘었다. 그가 파견 걸림을 제거하자 기계가 다시 작동하기 시작하였는데, 이때 육중한 기계의 암이 그의 머리를 강타하여 사망하는 사고가 발생한 것이다.

사고가 발생하고 하루가 끝나갈 무렵 CEO는 공장 경영진과 회의를 하였다. 그리고 그는 다음과 같이 말하였다. "우리가 이 사람을 죽였어요", "이 사고는 저의 리더십 문제입니다", "제가 그의 죽음을 방치하였습니다", "그리고 그것은 지휘계통에 있는 여러분 모두의 문제입니다"라고 말했다. 그리고 그는 사고는 절대 용납될 수 없는 중차대한 일이라고 강조하였다.

그 회의에서 CEO와 경영진은 사고가 일어난 모든 세부 사항을 살펴보았다. 그들은 CCTV에 촬영된 사고 장면을 반복해서 보았다. 그들은 사고와 관련하여 여러 근로자가 저지른 수십 가지 이상의 실수 목록을 작성하였다. 그리고 사고 당시 두 명의 관리자는 재해자가 안전 벽을 뛰어넘는 것을 목격하였지만, 막지 않았던 것도 확인하였다. 이러한 일련의 과정들은 안전관리의 심각한 문제를 보여주는 것이었다.

작동이 멈춘 기계 수리를 하기 전에 관리자에게 보고하는 절차가 없었다. 또한 사람이 안전 벽 내부에 있을 때 기계가 자동으로 멈추지 않았던 설비적인 문제이기도 하였다.

사고 조사 이후 효과적인 예산 반영으로 주요 문제가 신속하게 개선되었다. 공장의 모든 안전 난간은 밝은 노란색으로 다시 칠해졌다. 새로운 안전정책과 절차가 만들어졌다. 특히 CEO는 관리자가 근로자의 안전 개선 아이디어를 듣고도 무시하거나 개선하지 않으면 그 책임을 묻겠다고 선언하였다.

이러한 그의 노력에도 불구하고 사고는 계속 일어났다. 멕시코의 한 공장에서 일산화탄소가 누출되어 150명의 직원이 중독되어 응급 진료소에서 치료받았지만, 다행히 사망자는 없었다. 당시 공장을 담당하는 임원은 안전관리 성과를 유지하기 위하여 해당 사고를 보고하지 않았다. 하지만, 이러한 사실을 다른 경로를 통해 접한 CEO는 정확한 원인 조사를 위해 조사 팀을 멕시코로 보냈다. 조사 팀은 사실을 수집하고 검토한 결과, 공장 임원이 의도적으로 사고를 은폐했다고 결론 지었다. 그 결과 공장의 임원은 해고되었다.

시하는 기준이다.

CEO의 지속적인 노력으로 인해 조직의 안전보건경영시스템과 안전문화 수준은 점차 향상되었다. 안전을 확보한다는 것은 공정이나 작업에 잠재된 유해 위험요인을 조사하고 개선하는 과정으로 생산 프로세스를 검토하는 과정이다. 공정이나 작업이 안전하다는 것은 곧 공장을 보다 효율적으로 운영할 수 있다는 것이다.

CEO의 위험과의 전쟁은 사고율을 줄이는 데 그치지 않고 회사 전체 생산 프로세스를 개선하는데 많은 도움이 되었다. 2000년 CEO가 Alcoa를 떠날 무렵 회사 수익은 그가 새로운 CEO로서 일을 시작했을 때보다 5배나 많았다. 그리고 회사의 시장 가치는 30억 달러에서 270억 달러 이상으로 증가하였다. 이것은 거의 불가능한 반전이었다.

CEO가 부임 당시 영업이익을 창출하려고 안전을 기반으로 하는 생산 프로세스를 개선하지 않는 다른 방식을 취했다면, 이러한 성과를 창출하기는 어려웠을 것이다. 그는 위험과의 전쟁에서 Alcoa를 승리로 이끌었고, 수많은 근로자의 생명을 구함과 동시에 Alcoa를 구했다.

골드만 삭스의 연구결과에 따르면, 작업장 안전보건을 적절하게 관리하지 못한 기업은 2004년 11월부터 2007년 10월까지 적절하게 관리한 기업보다 재정적으로 더 나쁜 성과를 냈다고 보고하였다. 투자자들은 보고서에서 회사가 작업장 안전보건 관리를 했다면 동일 기간에 수익을 더 높일 수 있을 것이라고 조언했다.[2]

리버티 뮤추얼 보험회사가 시행한 설문조사에 따르면, 재무 최고책임자(CFO)의 60%는 사고예방에 1달러를 투자할 때마다 2달러 이상을 회수한다고 하였고, 40% 이상은 작업장 안전프로그램 운영으로 생산성이 좋아진다고 하였다.[3] 미국 안전전문가 협회는 안전보건에 대한 투자와 그에 따른 투자 수익 사이에는 직접적인 상관 관계가 있다고 하였다.[4]

2 Goldman Sachs JBWere Finds Valuation Links in Workplace Safety and Health Data. Goldman Sachs JBWere Group, (October 2007). See Press Release).

3 Chief Financial Officer Survey. Liberty Mutual Insurance Company, (2005).

4 White Paper on Return on Safety Investment. American Society of Safety Engineers (ASSE), (June 2002).

II 리더십

 1 리더십이 중요한 이유[5]

경영층의 리더십은 안전문화를 구축하고 수준을 향상시키기 위한 핵심 요인으로 시스템의 요소(element)를 상호 유기적으로 작동하기 위한 중요 항목이다.

2 리더십 기대사항

경영층은 효과적인 리더십을 발휘하기 위해 아래와 같은 요건을 갖추어야 한다.[6,7]

- 경영층은 안전하고 건강한 작업장을 제공한다
- 안전보건 정책과 목표를 수립하고 전사에 공유한다.
- 안전보건경영시스템 요구사항을 조직의 사업 절차에 통합하는 것을 보장한다.
- 안전보건경영시스템 유지에 필요한 자원을 사용할 수 있도록 보장한다.
- 안전보건경영시스템 요구사항 준수의 중요성을 전달한다.
- 안전보건경영시스템이 의도한 결과를 달성하도록 보장한다.
- 안전보건경영시스템 개선에 기여한 사람을 지지하고 포상한다.
- 지속적인 개선을 보장하고 촉진한다.
- 근로자가 어떠한 위험 없이 사고, 위험, 기회를 보고하도록 보장한다.
- 근로자의 협의 및 참여를 위한 절차를 수립하고 구현하도록 보장한다.
- 안전보건 위원회 구축과 운영을 지원한다.

---

5 Roughton, J., & Mercurio, J. (2002). *Developing an effective safety culture: A leadership approach*. Elsevier.

6 OSHA. (2016). Recommended Practices for Safety and Health Programs.

7 고용노동부. (2022). PSM 사업장의 안전문화 정착과 산업재해 예방을 위한 안전보건관리체계 구축 우수사례.

3 리더십이 안전보건경영시스템에 미치는 영향

Deming은 품질 문제에 있어 경영자의 책임이 85%에 달한다고 주장하였다. 그는 문제가 발생한 이후 수습하는 방식의 해결보다 PDCA(Plan, do, check and action) 사이클에 따라 장기적인 안목에서 시스템을 개선할 것을 강조하였다.

Deming은 품질보증 분야에서 세계적인 명성을 얻은 사람으로 사고방지를 위해서는 사람보다는 시스템에 집중해야 한다는 85-15원칙을 주장하였는데, 이것은 안전 분야에도 적용되고 있다. 그는 1,700건이 넘는 사고 조사 보고서를 검토한 결과, 문제의 15%는 사람과 관련이 있었고 85%는 경영자의 책임 그리고 리더십과 관련이 있다고 주장하였다.

 ## 4 리더십 수준향상 방안

영국 보건안전청(HSE)이 발간한 작업 안전보건 선도(leading health and safety at work)−경영층을 위한 리더십 활동(leadership actions for directors and board members) 안내서에는 안전보건과 관련한 리더십과 관련한 요구사항을 계획(plan), 이행(deliver), 모니터(monitor) 및 검토(review)로 설명하고 있다.[8]

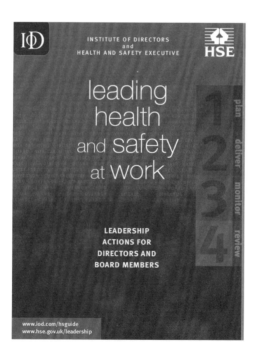

---

8 Health and Safety Executive (2007). leading health and safety at work, 1−12.

가. 계획(plan)단계

안전보건경영시스템 구축과 관리 계획 수립 시 효과적이고 일관성 있는 안전보건 정책을 세우는 것이 중요하다. 경영층은 안전보건을 중요한 요인으로 인정하고 계획단계에서 필요한 요구사항을 결정하고, 각종 회의에서 안전보건을 정례적인 안건이 되도록 지원한다. 그리고 경영층은 안전 리더십을 명확히 정의하고 관련 목표를 설정한다.

나. 이행(deliver) 단계

안전보건경영시스템 운영을 효과적으로 시행하기 위한 실천단계이다. 이 단계에서 유해 위험요인 정보수립, 안전보건과 관련한 중요 결정사항 그리고 설계변경과 관련이 있는 사항을 평가하고 이행한다.

다. 모니터링(monitor) 단계

모니터링은 안전보건 목표와 성과를 일관성 있게 확인하여 개선할 수 있는 단계이다. 안전보건경영시스템의 요소를 유기적으로 운영하기 위해서는 각각의 활동을 구체화하고 지표화하는 것이 필요하다. 설정된 목표를 주기적으로 검토하고 관련 법령과 공정변경 등의 변경에 대한 모니터링이 필요하다.

라. 검토(review) 단계

경영층이 조직에서 운영되는 안전보건경영시스템 요소의 운영 효과를 확인하여 개선을 위한 지원을 하는 단계로 최소 1년에 한 번 이상 정기적인 검토가 필요하다.

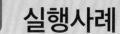 

 국내사례

가. 0000 공사[9]

0000 공사는 ESG 경영에서 안전(Safety)이라는 가치를 특별히 강조하여 ESSG 경영을 선포했다. ESSG 경영이란, 기존의 ESG 경영에서 S를 더한 Environment, Safety, Social, Governance(환경, 안전, 사회, 지배구조)라는 경영방식으로 국민과 근로자의 안전을 최우선으로 여기는 안전 중심 경영을 표명하고 있다.

CEO를 포함한 경영진은 전국에 있는 사업장과 함께 '안전 멘토링 제도'를 시행한다. 경영진이 사업장에 방문해 안전관리 현황을 점검하고 근로자와 소통하는 제도로서 2021년도에는 86회를 진행하였다. 이러한 0000 공사 경영진의 높은 안전보건 리더십으로 현장의 안전보건 관리 수준이 개선되고 있다.

나. 0000 자동차 공장[10]

경영층 주관으로 '안전검토위원회(SRB: safety review board)'를 운영한다. 이 제도는 2017년 10월부터 CEO와 모든 조직의 부사장과 임원이 참여하는 활동이다. 위원회는 매월 1회 시행하는 기준으로 지난 2년간 연간 안전보건 정책, 안전사업 계획, 위험성평가, 연간교육 계획과 법규 검토 등의 의제를 다루었다.

안전검토위원회를 시행하는 과정에서 리더는 중점안전순찰(SOT, safety observation tour)과 안전대화순찰(SCT, safety conversation tour)에 참여한다. 중점안전순찰은 추락위험, 전기위험, 협착 위험, 밀폐공간 위험 등 특정 위험을 대상으로 점검을 시행하고 개선하는 과정이다. 안전대화순찰은 현장에서 근로자와의 면담을 통한 안전 제안 및 건의 사항을 접수하는 과정이다. 이 순찰을 통해 근로자들의 위험 인식 수준이 높아지는 효과가 있었다.

---

9 고용노동부 (2021). 산업재해 예방을 위한 안전보건관리체계 가이드북.

10 고용노동부 (2022). 산업재해 예방을 위한 안전보건관리체계 구축 우수사례집.

다. OLG 기업-CEO의 가시적인 안전보건 리더십 활동

(1) 안전 메시지

이 회사의 CEO는 임원, 관리감독자 그리고 근로자를 정기적으로 대강당에 초청하여 안전보건과 관련한 성과를 공유하였다. 특히 기본안전수칙(safety golden rules)의 중요성을 일깨우기 위하여 본인이 직접 안전모, 안전화, 안전벨트를 착용한 상태에서 관련 정보를 공유하였다. 그리고 CEO는 주기적으로 현장에 방문해 근로자들과 함께 오전 Tool box meeting을 시행하였다. 이러한 CEO의 가시적인 리더십은 전 조직에 공유되었다.

CEO는 안전 메시지를 주간단위로 전 구성원에게 메일과 핸드폰 메시지로 보내 안전의식을 다시 한번 챙기는 활동을 하였다. 이 활동은 'Safety Greeting Program'으로 CEO가 많은 관심을 갖고 추진했던 활동이었다. 아래 'Safety Greeting Program' 품의 서류를 보면 CEO의 관심 사항이 아래 그림과 같이 기재되어 있다. 'Very good, 금요일 아침 휴무일 전 Safety Greeting을 구성원에게 보내 Safety Remind 바랍니다.'

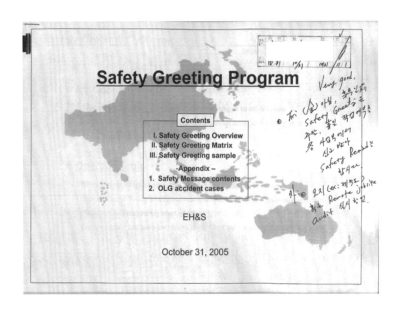

Safety Greeting 구성 내용은 안전 메시지, 기본안전수칙 준수, 중대산업재해 평가에 대한 조언, 사고사례 공유 및 무재해 달성 일자 기념 등으로 구성되어 있다.

주요 내용에는 '단순히 조심하세요, 다치지 마세요, 기준준수' 등의 선언적인 내용이 아닌, 구체적인 안전 행동 기준이었다. 아래 그림은 기본안전수칙의 중요성을 일깨우기 위한 주간 안전 메시지 예시이다. 독자의 이해를 돕기 위해 주간 단위로 구성원에게 보냈던 메시지 내용 중 일부를 별첨에 설명하였으니 참고하기 바란다.

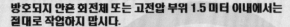

Weekly Safety Greeting

방호되지 않은 회전체 또는 고전압 부위 1.5 미터 이내에서는 절대로 작업하지 맙시다.

지난주 목요일 OO 법인의 작업자가 로프 상태를 점검하던 중, 중심을 잃고 회전하는 쉬브와 와이어로프 사이에 손가락이 끼어 골절상을 입었습니다. 참고로, 2005년부터 지금까지 발생한 13건의 사고 가운데 손가락 관련 사고가 절반 이상을 차지했습니다.

더 큰 사고로 이어지지 않은 것이 천만다행입니다만, 손가락 사고는 중대재해도 다루어진다는 사실을 명심합시다.

오늘은 무사고 <u>5일째</u> 입니다.

Last week, a SVC mechanic at Sigma Hong Kong injured his left hand by being caught between the rotating sheave and the wire rope while carrying out an emergency callback repair. From 2005 until now, 7 cases out of 13 have been related with finger injuries.

As a matter of fact that all finger injuries are treated as a serious accident by standard.

As of today, company wide we have achieved   <u>5 days</u>   work without any accident.

CEO는 주기적으로 구성원과 협력업체 종사자에게 안전과 관련한 메시지를 전달하였다. 아래 그림은 사고사례를 상기시키는 내용으로 모든 구성원의 가정과 주요 협력업체 근로자의 가정으로 보냈던 편지의 내용이다.

『안전』은 "가정"에서부터 시작됩니다.

여러분 안녕하십니까?

주변 환경의 많은 어려움 속에서도 가정의 안녕과 가족의 건강을 위해 헌신적인 노력과 열정을 쏟아 주시는 가족 여러분께 회사를 대표하여 깊은 감사의 말씀을 드립니다.

최근, 회사는 불행하게도 3건의 사망 사고를 경험하였습니다. 이에 대한 근본적인 원인은 우리가 지켜야 할 기본을 준수하지 않은 데에서 기인되었습니다.

회사는 과거 수년 동안 안전교육과 감사 등을 강화해 왔습니다만 가정의 도움 없이는 사고를 근절할 수 없다는 것을 절실히 깨닫게 되었습니다.

따라서 저는 가족 여러분께 아래와 같이 당부 드리고자 합니다.

"안전이란" 회사에서뿐만이 아니라 모든 가정에서도 함께 시작되고 생활화 되어야 합니다. 아침에 여러분의 가족이 출근할 때 가족의 건강과 안전을 당부하고 퇴근 후 힘든 하루를 격려해 주는 따뜻함이 여러분의 가족에게는 큰 용기가 되고 힘이 됩니다.

여러분,

안전은 타협하거나 보여주는 것이 아닙니다. 바로 본인 자신과 가족의 행복이자 미래입니다.

『여러분의 가족이 출근할 때와 꼭 같거나 그 보다 더 건강하고 즐거운 마음으로 가정으로 돌아가는 것』이 것이 바로 회사의 가장 중요한 경영철학입니다. 저는 다시 시작하는 마음으로, 초심에서 "안전"을 되짚어 보고자 합니다. 또한 가족 여러분의 관심과 응원을 다시 한번 부탁 드리겠습니다.

끝으로, 여러분의 건강과 가정의 행복을 진심으로 기원 드립니다.

감사합니다.

OLG 기업

사 장 O O O

(2) 안전 감사결과 검토와 개선

CEO는 본사 안전보건 전담부서가 사업부문을 대상으로 하는 중대산업재해 예방 감사 결과를 검토하였다. 감사 점수가 미흡한 지역의 책임자에게 별도의 개선을 해줄 것을 요구하는 내용을 자필로 기재하여 회신하였다. 자필내용에는 '안전을 좀 더 신경 써 주시고 점수가 90% 이상 나올 수 있도록 관리' 해달라는 등의 내용이었다.

(3) Cross Safety Talk Meeting 개최

CEO는 주기적으로 현장을 관리하는 감독자들과 'Cross Safety Talk Meeting'을 시행하였다. 주요 주제는 현장 안전점검 개선 방안, 협력회사 인센티브 제공 방안, 효과적인 안전교육 시행, 감독자의 중대산업재해 예방 감사 기술 향상 교육 시행과 같은 내용이었다. 미팅은 CEO가 있는 본사 대회의실에서 시행되었다. CEO가 안전에 대한 관심을 갖고 리더십을 가시적으로 보여주는 여러 활동을 한 결과, 본사의 인력부서, 법무부서, 재무부서 그리고 사업부문을 총괄하는 임원은 자발적으로 해당 부서의 안전과 관련한 사안을 살피는 기회가 되었다.

(4) 불시 안전점검 시행

CEO는 주기적으로 공사 현장에 방문하여 '불시 안전점검'을 시행하였다. 이 안전점검은 사업부문에 사전에 공지하고 시행하는 점검이 아니었다. 본사 안전 전담부서는 매일 사업부문으로부터 접수하고 있는 공사 현황(이 정보를 통해 본사 안전 전담부서는 불시 안전감사를 시행하였음)을 CEO에게 안내하고 CEO는 공사 현장을 무작위로 선정하여 방문하였다.

2005년 6월 1일 CEO가 두 군데 현장을 방문하였는데, 한 곳은 근로자의 안전의식과 현장 책임자의 안전 관리감독이 좋았던 반면, 한 곳은 그렇지 못해 CEO가 직접 불시 안전점검 결과를 해당 사업부문장에게 통보하고 관리 개선을 요청한 적도 있었다. CEO의 불시 안전점검은 간헐적으로 시행되었지만, 사업부문장은 항상 CEO가 불시에 방문할 것을 대비한 준비를 철저히 하였다. CEO의 이러한 가시적인 리더십은 조직 그리고 사업장의 안전문화에 많은 영향을 주었고, 근로자가 안전한 행동을 할 수 있도록 하는 요인으로 작용하였다.

(5) 본사 임원과 해외법인장 대상 8 Hours Safety Activity 시행

CEO와 국내 본사 임원과 해외법인장은 한 달에 최소 8시간 이상의 안전활동을 해야 하는 '8 Hours Safety Activity' 프로그램에 참여하였다. 이 활동은 본사 안전담당 부서의 제안으로 CEO가 흔쾌히 승인한 프로그램이었지만, 초기에는 여러 부서의 반대와 어려움이 존재하였다. 그 이유는 인력, 재무, 법무, 홍보 등의 부문을 맡고 있는 임원들은 안전에 대한 경험이나 역량이 없으므로 한달에 8시간 이상 안전과 관련한 활동을 한다는 것은 어렵다는 주장이었다.

이러한 사정을 감안하여 본사 안전담당 부서는 국내 본사 임원과 해외법인장을 대상으로 안전활동과 관련한 활동과 점검 체크리스트 등을 안내하고 별도의 안전교육을 시행하였다. 초기에는 여러 어려움이 존재하였지만, 시간이 지나면서 임원들은 자신의 조직과 관련한 안전관리 현황을 파악하고 개선하는 좋은 기회가 되었다. 이러한 활동을 꾸준히 진행하자 본사의 임원들은 안전의 중요성을 인식하였고, 사업부문이 요청하는 안전관련 투자 등의 검토를 적극적으로 지원하였다.

(6) Safety Stand Down Day 행사 개최

CEO는 주기적으로 'Safety Stand Down Day' 행사를 주관하였다. Stand Down은 어떠한 시점에서 경보상태, 잠시 중단 혹은 전열 재정비 등을 한다는 의미를 갖고 있다. 군대에서는 군사작전을 일시 중지하는 행사 등으로 해석되고, 안전분야에서는 CEO와 경영층이 일선 작업자와 직접 안전 문제에 대해 이야기하는 시간을 갖고 개선하는 일련의 활동으로 알려져 있다.[11]

1차 Safety Stand Down Day행사는 2004년 11월 10일에 시행되었다. 이때 본사와 전국에 있는 임원, 관리자, 협력업체 대표 등 관계자 700명이 한자리에 모였고, CEO는 특별한 안전방침을 추가하여 강조하였다. 그 방침은 "사장을 포함한 모든 임직원은 현장 방문 시 안전모, 안전화, 안전벨트를 착용하지 않으면 현장을 출입할 수 없다"였다. 그리고 CEO는 추락사고 예방을 위하여 '2미터 기준(2 meters rule)'을 강조하였다. 2미터 기준은 언제 어느 곳에서나 전면, 후면 그리고 옆면 주변 2미터 지점 추락의 위험이 존재하는 경우 반드시 안전벨트를 착용하고 고리를 지지점에 체결하는 것이다.

그리고 그는 모두가 보고 있는 강단에 마련된 안전벨트 지지점(그림의 강단 좌측)에 자신이 착용하고 있던 안전벨트 고리를 거는 모습을 시연하였다. 행사에 참석한 임원, 관리감독자, 협력업체 대표들은 CEO가 안전벨트를 직접 거는 모습을 보고 감명을 받았던 것으로 저자는 기억한다.

---

11 OSHA. (2014). 2014 National Safety Stand-Down Press Coverage. Retrieved from: URL: https://www.osha.gov/stop-falls-stand-down/highlights/2014/press.

(7) 안전보건 교육 프로그램 검토

CEO는 본사 안전담당 부서가 주관하는 중대산업재해예방 감사자 양성교육을 통과한 사람에게 줄 수료증에 본인이 친히 서명을 하여 감사자의 역할이 중요하다는 사실을 강조하였다. 이 교육은 3일간의 과정으로 이루어지며, 필기시험과 현장시험으로 구성된 까다로운 과정으로 과정에 참여하여 합격을 하지 못하는 사람들도 있었다. 아래 그림은 CEO의 서명이 들어간 감사자 합격 수료증이다. 본사 안전보건 전담부서가 주관한 이 교육에 서비스 현장과 공사현장과 관련이 있는 감독자가 참석하였다.(699명 수료)

CEO는 본사 안전담당 부서가 주관하는 안전리더십 교육을 수료한 사람에게 줄 수료증에 본인이 친히 서명을 하여 관리자의 안전리더십을 강조하였다. 교육은 3일간의 과정으로 이루어지며, 안전보건경영시스템 요소별 정의, 목적, 실행 사례 등으로 구성되어 있다. 교육생이 교육을 수료하기 위한 조건은 교육에서 배웠던 내용을 기반으로 각자의 업무에 맞게 적용한 결과를 CEO에게 대면 보고(보통 교육생 4인 1조 혹은 3인 1조로 구성하고, 서로 다른 분야 사업 출신들을 조원으로 구성)하는 것이다.

아래 그림은 CEO의 서명이 들어간 관리자 안전리더십 교육 수료증이다. 본사 안전보건 전담부서가 주관한 이 교육에 2000년부터 2008년까지 1,017명이 참여하여 수료하였다.

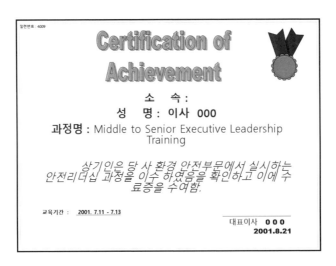

(8) 저자가 보는 CEO의 안전보건 리더십

CEO는 00전자 해외 법인장 등 영업과 마케팅 분야에서 업무를 하셨다. 그리고 그는 OLG 기업이 외국계 투자 기업에게 인수합병되면서 초대 CEO로 선임된 분이며, 영문학을 전공하셔서 영어가 유창했다. 저자는 2000년도 초반 현장에서 본사로 이동한 직후 CEO를 만났다.

OLG 기업의 사업장 위험수준은 통상적인 수준을 넘어 매우 위험한 수준으로 2000년도 초반 많은 중대산업재해가 발생했었다. CEO는 OLG 기업과 같은 위험한 사업장에 대한 관리 경험이 없었기 때문에 지속적으로 발생하는 중대산업재해가 발생하는 이유를 알고 싶어 하셨다. 당시 본사 안전담당부서 직원들은 여러 중대산업재해 발생 현장 출장으로 인하여 저자가 CEO를 만날 수밖에 없었다. 저자는 당시 CEO와 같이 높은 분을 만나본 경험이 없었기 때문에 어떤 답변을 해야 할 지 몹시 긴장했었다.

CEO를 처음 본 순간 압도당하듯이 답변을 이어갔다. 그의 질문은 "왜 사고가 발생합니까", "사람들은 왜 기준을 준수하지 않나요", "사고를 예방하기 위해서는 무엇을 해야 하나요" 등이었다. 어떻게 답변을 했는지는 정확히 기억이 나지 않지만 나름대로 경험했고 생각했던 것을 답변한 것으로 기억한다. CEO는 마지막으로 자신이 이 분야를 잘 모르니 잘 알려 달라고 요청하셨다. 이것이 처음으로 CEO와 대화를 나누었던 기억이다.

안타깝게도 중대산업재해는 지속적으로 발생하였다. 이러한 과정에서 미국 본사는 CEO에게 사고보고를 직접 해 줄 것을 지시하였다. CEO는 본사 안전담당 부서로 하여금 이제까지 발생했던 사고를 분석하고 어떤 개선 대책이 있었는지 그리고 어떤 개선대책을 세울지 보고해 달라고 지시하셨다.

본사 안전담당부서가 사업부문과 함께 개선대책 보고서를 작성하고 CEO에게 검토 받는 과정은 고난의 연속이었다. CEO는 이제까지 발생한 여러 중대산업재해의 개요, 원인, 대책 수립 과정 등을 충분히 이해하고 미국 본사에서 직접 보고해야 했으므로 보고서 슬라이드 한 장 한 장을 직접 검토하셨다. 본사 안전담당부서의 기획담당 차장(이성희 차장, 저자와 막역한 사이로 저자가 많은 부분을 배울 수 있도록 도와준 동료) 저자는 CEO와 같은 테이블에서 CEO 지시에 따라 보고서 내용을 수정하고 관련 사진을 넣는 등의 지난한 과정을 가졌다. 저자의 기억으로는 약 일주일 정도 보고서를 보완하는 작업을 거듭한 것으로 기억한다.

CEO는 담배를 끊은 지 오래되셨는데 다시 담배를 피우신다고 재떨이를 가져다 달라는 요청을 해서 저자가 갖다 준 기억이 난다. 당시 CEO는 기획담당 차장과 저자에게도 담배를 권유했지만, 예의상 담배를 피울 수는 없었다.

어렵게 작성한 보고서를 아시아 태평양 지역 본사에 보내고 수정사항을 보완한 이후 최종적으로 미국 본사에 송부하였다. CEO는 사고보고를 위하여 미국으로 향하는 비행기를 타야 했는데 당시 저자가 기억하는 CEO의 모습은 너무 힘들고 지쳐 보였다.

약 2주 후 CEO는 본사 안전담당자들에게 식사 제안을 하셨고, 저자는 그 자리에 가서 새로운 사실을 알게 되었다. 미국 본사 CEO가 개선대책 보고를 잘 받았다는 것이었다. 하지만 사고를 예방할 수 있는 효과적인 방안을 수립해 달라는 요청이 있었다는 것이다. 식사 자리에서 CEO는 본사 안전담당 부서가 보고서를 잘 만들어 주어 자신이 계속 근무할 수 있을 것 같다고 하시면서 웃으셨다. 당시 저자는 CEO가 사고보고를 위해 미국 본사까지 가시게 했다는 간접적인 죄책감이 있었지만, 다행이라고 생각했다.

CEO가 미국에 다녀오시고 난 이후 안전관리 활동은 한층 힘을 받았다. 그리고 본사 안전담당 부서의 인력이 충원되었다. 저자가 CEO를 2000년도 처음 보았던 때에 비하면 2004년은 CEO의 안전 리더십은 타의 추종을 불허할 정도의 수준으로 발전하였다. 그리고 OLG 기업의 안전문화 수준은 획기적으로 향상되었고, 사고예방 활동은 고도화되어 좋은 성과를 이루어 냈다.

② 해외사례

영국 보건안전청(HSE)이 발간한 작업 안전보건 선도(leading health and safety at work)−경영층을 위한 리더십 활동(leadership actions for directors and board members) 안내서는 안전보건 리더십의 중요성을 잘 설명하고 있다. 자세한 내용은 아래 표와 같다.

영국에 있는 NHS Trust라는 회사는 환자 안전, 건강증진 그리고 장애인 보호와 관련한 사업을 하는 회사이다. 이 회사의 경영층은 안전보건을 중요한 안건으로 채택하고, 안전보건체계를 구축하여 운영하였다. 이와 같은 체계에 따라 근로자에게 모든 사고를 자유롭게 보고할 수 있는 분위기를 조성한 결과 2년 동안 재해율 16% 감소와 산업재해 보험료 10%가 감소하는 성과가 있었다.

영국에 있는 British Sugar라는 회사는 사료, 토마토 가공 등을 하는 회사로 900여 명의 구성원이 근무하는 대규모 기업이다. 이 회사에서 3명의 근로자가 사망한 이후 경영책임자는 모든 관리자에게 안전보건과 관련한 책임을 강화하였다. 그리고 안전보건에 관련한 성과보고 결과를 매달 이사회에 송부하도록 결정하였다. 또한 매년 높은 수준의 인전보건 목표설정과 사고 예방 활동을 시행하였디. 이러한 활동으로 2년 동안 43%의 재해가 감소하였고 1년 동안 주요 안전보건 관련한 문제가 63% 감소하는 성과가 있었다.

영국의 Mid and West Wales Fire and Rescue Service라는 회사는 소방과 응급구조 관련한 서비스를 하는 회사이다. 경영책임자는 안전보건이 회사의 경영에 기초가 된다는 것을 구성원들에게 강조하였다. 그리고 경영층은 주기적으로 설정된 안전보건 목표를 확인하고 개선하여 연간 2억 상당의 보험료를 절감하였다. 그리고 2년 동안 근로 손실사고가 50% 감소하였고 3년 동안의 재해율이 50% 감소하였다.

영국의 도매회사인 Sainsbury라는 회사는 외부 감사결과, 보다 효과적이고 통일된 안전보건경영시스템 운영이 필요하다는 조언을 받았다. 이 회사는 외부 감사의 조언을 참조하여 조직의 안전보건 비전(vision)을 검토하였다. 그리고 경영층은 적절한 안전교육을 이수하였다. 그 결과 근로 손실사고가 17% 감소하였고, 구성원의 사기와 자부심이 향상되었다.

아래 표는 경영층의 긍정적인 리더십으로 좋은 성과가 있었던 추가적인 사례이다.

회사	정보	리더십	성과
AMEC	· 근로자 13,000명이 근무 · 설계, 배달, 에너지 및 인프라 자산과 관련한 사업	· 안전보건 관련 사항 모니터링 실시 · 매월 경영진 회의 안건으로 안전과 관련한 사항 포함 · 사업장 외에도 가정과 관련한 안전계획 수립	· 근로손실 사고 감소 · 사고 빈도율이 약 50% 감소 · 근로 손실일 49% 감소
ANC Express	· 근로자 1,534명이 근무 · 운송과 배달과 관련한 사업	· 안전보건 위원회 개최(매년 5회) · 정기적인 현장 검사 및 안전보건 회의 참석 · 매월 안전보건 성과확인(안전지표 등) · 안전보건 캠페인 등 참여	· 지난 2년 동안 책임보험료 63% 절감 · 지난 4년 동안 근로손실일 53% 감소 · 근로자 사기 증대와 이직 감소
De La Rue plc	· 근로자 6,000명이 근무 · 종이 제조와 관련한 사업	· 격월로 안전 보고서를 근로자에게 공유 · 현장 방문 · 근로자 격려	· 2002년 이후 근로손실일 65% 감소 · 지난 3년간 재해 23% 감소

제4장

근로자 참여

Ⅰ 근로자 참여가 중요한 이유

안전보건경영시스템이 훌륭하게 갖추어 있어도 실행의 주체인 근로자의 참여가 없다면 사고예방의 효과는 낮을 것이다. 근로자를 효과적으로 안전보건 활동에 참여시키기 위해서는 근로자가 안전보건 활동에 대한 발언권을 갖고 있다고 느끼게 하고, 그들의 의견을 진지하게 받아들여야 한다. 그렇게 되면 근로자는 자신의 안전과 조직의 안전을 확보하려는 노력을 할 것이다.

근로자의 참여를 이끌어 내는 효과적인 방안으로는 효과적인 안전보건 프로그램 운영, 안전보건과 관련한 자유로운 의견 개진 분위기 조성 그리고 쉽게 안전보건 정보를 접할 수 있도록 하는 조치 등이 있다.

근로자가 안전보건 활동에 참여해야 하는 중요한 이유는 근로자가 사업장에 존재하는 위험을 가장 잘 알고 있기 때문이다. 근로자는 사업장에 존재하는 여러 유해 위험요인을 확인하고 적절한 대책을 수립하고 작업에 임한다. 하지만 때로는 공정단축을 지시 받거나 근로자 스스로 시간을 단축하기 위해 별도의 대책을 적용하지 않고, 해당위험을 수용하고 작업하는 경우가 있다. 이로 인해 많은 사고가 난다.

하지만 회사의 경영층 그리고 관리자는 근로자가 이러한 위험상황을 알려주지 않는 한 인지하기 어려운 것이 현실이다. 따라서 이러한 문제의 대안은 근로자가 자발적으로 위험요인을 수시로 보고할 수 있도록 하는 것이 매우 중요한 일이다.

다음에 설명할 근로자 참여 가이드 라인을 참조하여 사업장에 적합한 근로자 참여 프로그램이 마련되어 시행된다면 보다 효과적인 사고예방 활동이 될 것이다.

Ⅱ 근로자 참여 가이드 라인[1]

① 근로자가 안전보건 프로그램에 쉽게 참여할 수 있는 조치

근로자가 안전보건 프로그램에 참여할 수 있도록 시간과 자원을 제공한다. 그리고 프로그램에 참여하는 사람들의 행동을 긍정적으로 강화(reinforce)할 수 있는 보상을 제공한다. 일반적으로 근로자를 참여시킬 수 있는 안전보건 프로그램에는 정리 정돈, 안전 검사, 안전 관찰, 안전보건 위원회, 사고 조사 등이 있다.

② 근로자가 안전보건 문제를 보고하도록 권장하는 분위기 조성

근로자는 작업장의 유해 위험요인을 가장 잘 알고 있으므로 그들에게 해당 위험을 자유롭게 보고할 수 있는 분위기를 조성해야 한다. 분위기 조성 방안에는 부상, 질병, 사건, 사고 그리고 위험을 비난이나 책임 추궁없이 자유롭게 보고할 수 있는 체계를 구축하는 것이다.

③ 근로자가 회사의 안전보건 정보에 접근할 수 있는 조치

근로자가 쉽게 안전보건 관련 정보를 접할 수 있는 방안을 마련한다. 이러한 정보에는 보호구 장비 제조업체의 안전 권장 사항, 작업장 안전 검사 보고서, 사고 조사 보고서, 작업장 위험성평가 결과, 안전교육 현황, 정부의 안전보건 관련 점검 결과와 조치 현황 그리고 안전보건 투자현황 등이 있다.

---

1 OSHA. (2016). Recommended Practices for Safety and Health Programs

4 **안전보건 프로그램의 모든 측면에서 근로자의 참여 제고**

안전보건 프로그램 설계와 운영 단계에서 근로자를 참여시켜 유해 위험요인을 폭넓게 확인한다. 근로자를 참여시키는 방안에는 프로그램 개발 및 목표설정 단계에 참여 요청, 위험요인 발견 시 보고 요청, 안전검사에 시행에 참여 요청, 안전 절차 검토 요청, 사고조사에 참여 요청, 안전교육 프로그램 개발에 참여 요청, 프로그램 개선 평가에 참여 요청 그리고 의료 감시활동에 대한 참여 요청 등이 있다.

5 **근로자의 참여 장벽 제거**

근로자를 자유롭게 참여시키기 위해서는 그들의 조언이나 요청사항을 항상 들어주고 있다는 믿음의 분위기를 조성해야 한다. 근로자의 참여 장벽을 제거하기 위한 방법에는 근로자의 요청사항에 대한 정기적인 피드백 제공, 근로자의 참여를 촉진하는 보상제도 운영 그리고 자유로운 의견개진과 관련한 보복성 조치가 없다는 정책 수립 등이 있다.

6 **안전보건 위원회 개최**

안전보건 위원회는 체계적이고 조직적인 근로자 참여 프로그램이다. 효과적인 안전보건 위원회 운영을 통해 회사 전체에 안전보건과 관련한 요구사항과 개선사항을 결정하여 공유할 수 있다. 안전보건 위원회에 본사에 있는 인사, 재무, 품질, 영업, 기획부서, 법무 등 지원부서의 책임자가 참여할 경우 안전보건 관련한 많은 지원을 얻을 수 있다.

7 **근로자 의견 청취 원칙(golden rules)**

- · 안전보건 사안을 항상 공유한다.
- · 다른 사람의 의견을 경청한다.
- · 문제를 공감하고 같이 해결한다.
- · 사안을 동일한 시각으로 보고 정보를 공유한다.
- · 서로 적합한 시간에 토론한다.
- · 결정은 같이한다.

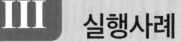

III 실행사례

① 국내사례

가. 00 000000(석유화학제품 제조, 근로자 200명이 근무)[2]

이 회사는 소통과 참여로 안전과 신뢰를 쌓는 안전보건 강조주간을 운영하고 있다. 상반기와 하반기 1회씩, 월요일 출근길에 공장장과 팀장들이 정문에서 안전 구호를 외치고 직원들에게 비타민제 등을 나눠주는 안전 캠페인 등의 다양한 프로그램을 진행한다.

이 프로그램은 모든 임직원이 함께 소통하며 현장의 의견을 공유하는 양방향 프로그램으로 전 직원을 대상으로 안전 표어를 공모하고, 선정된 표어는 현장에 부착한다. 점심시간 직전 5분간 분임 대표자가 사내 방송에서 안전과 관련한 건의 사항 등을 자유롭게 이야기한다. 가장 인기 있는 프로그램은 안전 워크숍이다. 10여 명으로 구성된 분임조들이 특정 사고사례를 선정해 문제점과 해결방안을 토론하고, 그 결과를 발표하면 임원과 안전 담당자가 검토하고 회신하는 방법으로 진행된다.

여기에서 발굴한 우수한 제안은 대부분 이행되어 참여자들은 성취감을 느낄 수 있고, 우수 근로자는 인사고과에서도 좋은 점수를 얻을 수 있어 직원들이 적극적으로 참여한다. 안전에 관한 문제 제기만큼은 회사가 반드시 해결해준다는 신뢰가 있어야 근로자들에게 안전 규칙 준수를 요구할 수 있다는 근로자의 의견도 있었다.

나. 국내 한 대기업

사내 인트라넷 등 전산망을 이용하여 안전보건 법규, 유해 위험 물질 및 사고 발생 현황 등을 공유하는 활동을 시행하고 있다. 또한 작업 전 해당 관리감독자와 근로자가 서로 모여 작업과 관련한 유해 위험정보와 안전 작업 계획을 공유하고 개선하는 안전 미팅(TBM, tool box meeting)을 시행하고 있다.

그리고 안전한 작업을 위한 안전 제안 활동을 시행하고 있다. 이 활동의 제안 양식은 간소

---

2 고용노동부 (2021). 산업재해 예방을 위한 안전보건관리체계 가이드북.

화되어 쉽게 제안을 할 수 있는 장점이 있다. 접수된 제안은 사내 심의 위원회를 거쳐 표창과 함께 시상을 한다.[3]

다. OO OOO(화학제품 생산기업)[4]

대표이사는 '21년에 SHE팀(Safety, Health, Environment)을 대표이사 직속으로 두었다. 그리고 사업장의 유해 위험요인을 직접 확인하고 적극적으로 대응하기 위해 SHE위원회를 만들었다. SHE위원회 참석자는 주기별로 다르지만, 분기는 대표이사와 부서장이 참석하고, 매월 회의는 대표이사와 SHE팀원이 참석한다.

SHE위원회에서는 위험성평가와 현장점검 등을 통해 발견된 유해·위험요인을 확인하고 개선계획을 수립한다. 유해 위험요인 개선에 필요한 예산 편성을 통해 집행하고 부서별로 그 실적을 집계한다.

특이할 만한 사항으로는 SHE위원회에 대표이사가 참여하면서 안전보건 예산이 이전보다 100%나 증가하였다. 이 위원회의 핵심은 대표이사가 안전보건에 관한 사항에 직접 대응하면서 조치에 필요한 안전 예산을 배정하고 집행한다는 점이다. 또한, 각 부서에서 제안한 의견들을 종합하여 대표이사가 안전보건 경영방침을 마련하고 주기적으로 개정하여 모든 구성원이 공감할 수 있게 한 것도 주목할 만하다.

SHE위원회의 매월, 매분기 활동은 모든 근로자가 볼 수 있도록 인트라넷에 게시하거나, 작업장, 식당 게시판 등에 공유한다. 안전보건과 관련한 의견을 제시한 근로자는 자신의 의견이 어떻게 반영되었는지 확인할 수 있어 참여의 효과가 컸다.

라. OLG 기업

OLG 기업은 안전문화 수준을 높이기 위해 구성원이 안전활동에 참여할 수 있는 여러 프로그램을 운영하였다. 그중 효과가 있었던 몇 가지 사례를 소개한다.

(1) 안전 골든벨 행사

2007년 10월 4일 건설분야, 서비스 분야, 공장 분야의 근로자와 관리감독자 400명을 대상으로 안전과 관련한 골든벨 행사를 시행하였다. 행사는 위험성평가 경진대회, 위험요인 찾기 대회, 줄다리기 그리고 안전과 관련한 퀴즈 풀기 등으로 구성되었다. 사업부문은 이 행사의

---

3 고용노동부 (2022). PSM 사업장의 안전문화 정착과 산업재해 예방을 위한 안전보건관리체계 구축 우수사례.

4 고용노동부 (2022). 경영책임자와 관리자가 알아야 할 중대재해처벌법 따라하기, 중소기업 중대산업재해 예방을 위한 안내서.

중요 내용인 위험성평가 경진대회를 참여하기 위하여 사전에 많은 시간을 투자하여 연습을 하면서 안전의식을 고취하였다. 안전과 관련한 퀴즈 풀기 우승자는 특별한 시상을 받았다.

(2) Safety Hero 시상 제도 운영

전사 안전보건 담당 임원은 사업장 구성원과 협력업체 근로자를 대상으로 매월 1명을 선발하여 시상하는 'Safety Hero' 제도를 시행하였다. 선정 기준은 안전관리 노력도, 기여도, 명확도, 파급도, 공감도로 구성되어 있다. 본사 안전담당 부서는 해당 사업부문으로부터 우수자를 접수하고 포상 심의 위원회를 개최하였다. 아래 좌측 그림은 Safety Hero로 선정된 우수자에게 주었던 금 5돈으로 만들어진 시상품 모습이고, 우측 그림은 Safety Hero 우수자 사진이다. CEO는 전사 안전보건 위원회에서 Safety Hero 시상을 직접 하였다.

(3) 안전 수필과 사생대회 개최

구성원과 협력업체 근로자가 안전에 대한 생각을 하고 그 중요성을 공감하도록 하는 '수필 작성과 사생대회'가 열렸다. 가족(85개)이 참여하여 사생대회에 제출한 작품은 53점이었고 수필에 제출한 작품은 51개였다. 공정한 심사를 하기 위하여 사내 평가위원 외에 외부평가 위원도 별도로 위촉하였다. 대상은 120만원 상당의 노트북, 우수상 4명은 45만원 상당의 디지털 카메라, 장려상 10명은 25만원 상당의 MP3를 수여하였다.

아래 그림은 우수작으로 선정된 그림으로 별도의 포스터 형태로 제작하여 본사와 전국에 있는 사업소 및 협력업체 사무실에 게시하여 구성원의 안전의식을 북돋워 주었다.

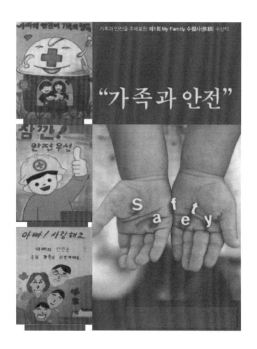

② 해외사례

가. 뉴질랜드에 있는 한 공장(Tauroa's window and door factory)[5]

작업자들은 유리 테두리 기계와 공기압력 그라인더를 포함하여 높은 소음이 나는 기계를 사용하고 있다. 회사는 작업장 소음을 효과적으로 관리하고 소음으로 인한 청력 손실을 예방하기 위해 최선을 다하고 있다.

모든 근로자는 귀마개와 같은 청력 보호 장비를 사용하고 있고, 관리자는 근로자가 이 장비를 올바르게 사용하고 있는지 확인하고 있다. 회사는 이러한 상황에서 공정 작업자인 Joey를 소음 관리자로 임명하였다. Joey는 소음 관리 정책을 개발하기 위해 다른 관리자, 감독자, 안전보건 담당자를 포함한 근로자들과 협력하였다. Joey는 어떤 장비와 기계에서 소음이 발생하는지, 어떤 종류의 소음이 발생하는지 그리고 어떤 시간에 소음이 발생하는지 근로자들에게 문의하였다.

회사는 소음 관련 외부 전문가를 사업장에 배치하여 Joey를 지원해 주었다. 소음 전문가는

---

5 WorkSafe New Zealand (2016). Worker Engagement, Participation and Representation.

소음을 제거, 격리 또는 최소화하기 위한 엔지니어링 기술을 권장하였다. 이때 여러 근로자와 개선 방안을 논의하였는데, 한 작업자는 높은 소음 수준에 지속해서 노출되지 않도록 업무 순환 제도를 제안하였고, 또 다른 근로자는 시끄러운 공기압력 네일 건을 사용하는 대신 특정 구성 요소를 접착하는 방식을 추천했다.

공장의 모든 근로자는 소음의 영향으로부터 동료를 보호해야 한다는 것을 잘 알고 있었다. 그리고 관리자와 경영층은 소음을 개선하려는 노력을 하였다. Joey는 안전보건과 관련한 업무를 하지 않지만, 여러 근로자들의 건강을 위한 일이었으므로 자발적으로 소음 개선 활동에 참여하였다. 그리고 회사는 비용이 소요되는 개선 방안을 적극적으로 추진하여 개선하였다.

나. 인도에 있는 OOO 기업[6]

회사는 안전보건과 관련한 필요한 안전 장비를 근로자에게 제공하고 적절한 교육 프로그램을 운영하고 있다. 하지만 근로자는 일을 쉽고 빠르게 하려고 기준을 준수하지 않는 사례가 있었다. 이런 과정에서 중대산업재해가 발생하였다. 이에 따라 CEO와 경영층은 불시에 현장에 방문하여 근로자와 만나 안전에 대한 개선의견을 듣고 시스템과 제도를 개선하였다. 하지만, 이러한 개선에도 불구하고 사고예방 효과는 그다지 크지 않았다.

구성원이 사고로 인해 재해를 입거나 중대재해를 당한다면, 다친 구성원과 함께 어려움에 처하는 것은 가족이므로 구성원 안전보건 확보에 더해서 가족을 안전활동에 참여시키는 방안을 검토하였다. 즉 근로자가 속해 있는 가정에서부터 시작된 안전인식은 사업장까지 지속되어 구성원을 가정으로 건강하게 돌려보낼 수 있다는 판단이었다. OOO 기업은 이러한 획기적인 아이디어를 실행에 옮기는 방안을 설정하고 'My Safety' 프로그램으로 명명하였다.

회사의 안전보건 담당 부서는 My Safety 프로그램에 참여하고 싶은 구성원과 가족들을 모집한 결과, 26개 가족이 선정되었다. 선정된 26개 가족은 1,360명의 구성원과 3,525명의 가족 구성원을 만나 안전과 관련한 행사를 하였다. 행사에서 공유되었던 내용은 아래와 같다.

- 간단한 안전관련 프레젠테이션
- 가족모임에 참여하는 여성과 주부들을 위한 가정 안전 퀴즈 시행 및 시상
- 가족 안전모임에서 촬영한 사진 공유
- 안전 서약
- 가족 안전회의 기록 공유
- 최근 2년간 안전성과 공유
- 아이들의 그림 그리기 대회 사진

---

6 OLG 기업 모회사의 인도 법인

인도 15개 도시에서 가족 모임이 개최된 이후로 사고 발생률과 근로 시간 손실 사고 건수가 현격하게 줄어 들었으며, 일부 지역에서는 1년 동안 기록 가능한 사고가 발생하지 않았다.

안전이라는 주제는 구성원들이 거추장스럽고 하기 싫은 일로 여겨졌으나, My Safety 프로그램을 운영한 이후 구성원의 안전인식은 크게 변화되었다. 또한 My Safety 프로그램의 일부로 시행된 My Story는 구성원이 겪은 위험상황이나 사고위험을 자유롭게 기재하여 동료들에게 공유하는 내용으로 구성되어 있다. 아래 그림은 2003년 발행된 My Story로 구성원이 작업 중 다칠 수 있었던 사례에 대해서 조심하겠다고 가족에게 다짐하는 내용으로 구성되어 있다.

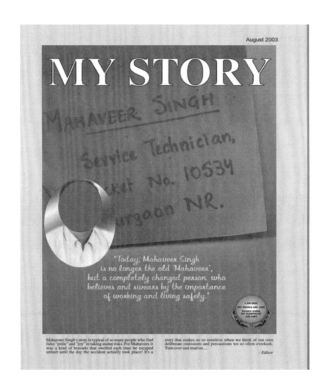

제5장

안전문화 구축 방향설정

I 안전보건 관리 목표 설정

1 설정 원리

　가족과 함께 여행을 하기 위한 계획이 없다면 어떤 일이 벌어질까? 승객을 태운 여객기 조종사가 이륙과 착륙 계획이 없다면 어떤 일이 생길까? 아마도 이런 일은 거의 없을 것이다. 그 이유는 여행자 그리고 조종사는 성공을 염두에 두고 여러 상황을 검토하여 좋은 계획을 수립하기 때문이다.

　안전보건 측면에서의 계획 설정은 어떻게 해야 할까? 먼저 조직이 갖고 있는 특징, 안전분위기 수준, 안전관리의 수준 등을 고려하여 목표를 설정하는 것이 합당할 것이다. 이러한 목표설정에는 일반적으로 안전 활동과 관련이 있는 성과 측정 결과를 활용할 것을 추천한다. 아래 그림은 이러한 과정을 보여주는 그림이다.[1]

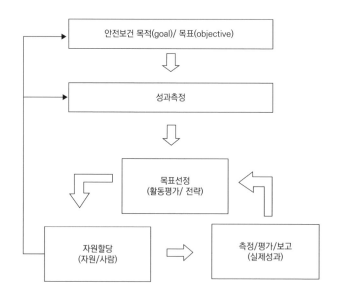

---

[1] Audrey, W., Susan, H., & Hugh, L., & Elaine, M. (2013). Safety target setting final report, U.S. Department of transportation. Federal Highway Ministration, 1–54.

안전보건 목표 설정 과정은 조직의 안전보건 성과(performance)를 기반으로 구체적인 활동목표를 설정하고 업데이트 하기 때문에 시간이 지나면서 안정된다. 그리고 목표설정과 성과달성 과정을 거치면서 관리목표가 확장된다.

목표 달성을 위해 필요한 핵심 요소는 'SMART'이다. SMART는 영문의 앞 글자들을 조합한 것으로 Specific은 구체적, Measurable은 측정가능, Attainable은 도달 가능, Realistic은 실질적이라는 의미이고 마지막으로 Timely는 적기라는 의미를 포함하고 있다.

Specific에는 구체적인 목표를 달성하기 위한 다섯 번의 왜라는 질문(5 Whys)을 통해 목표를 설정한다는 의미가 담겨있다. Specific한 목표 설정의 사례는 사고를 사전에 예방할 수 있는 선행지표(leading indicator)에 안전감사 3회 시행 그리고 경영책임자가 안전 메시지 안내 3회 이상 등으로 설정하는 사례와 같다. 또한 사고 발생의 결과인 후행지표(lagging indicator)에 근로손실사고를 3건 미만 등으로 관리하겠다는 수치(numerical)를 포함하는 방법 등이 있을 수 있다.

Measurable한 목표설정은 목표의 성과 정도를 측정하기 위한 기준을 수립하는 과정으로 '어떻게', '얼마', '언제' 완료되는지 등의 내용을 포함하는 방법 등이 있을 수 있다.

Attainable한 목표 설정은 계획한 수치를 얻을 수 있도록 가용한 자원, 능력 그리고 기술을 찾는 과정이다. 이때 목표를 너무 높게 설정하면 도달하기 어려울 것이고, 너무 낮게 설정하면 도달이 쉬울 것이다. 도달할 수 없는 목표를 설정한다면, 도달할 수 없는 목표를 달성하기 위해 하지 않은 일을 한 것처럼 꾸미는 서류상의 활동이 존재할 것이다.

Realistic은 조직과 구성원이 안전보건 목표의 가치를 깨닫고 적극적인 활동을 하는 등의 실질적인 과정을 포함한다. 이때 목표는 안전보건경영시스템 요소(element)와 유기적이고 실질적인 관계가 있어야 한다.

Timely한 목표 설정은 계획한 목표 달성 시점을 명확하게 설정하는 과정이 담겨있다. 시간을 정하지 않으면 목표 달성에 대한 간절함이 없고 우선순위를 정할 기준이 없을 것이다. 시기에 맞는 목표 달성을 위해서는 조직 구성원과 유관 조직과의 긴밀한 조정이 필요하다.

② 가이드 라인

- 사업 또는 사업장의 유해 위험요인의 특성과 조직 규모에 적합하도록 수립
- 측정이 가능하고 성과평가가 가능하도록 수립
- 안전보건에 관한 목표와 경영방침 간의 일관성 유지
- 위험성평가 결과 반영
- 근로자의 의견과 협의내용 반영

- 모니터링과 의사소통 내용 반영
- 업데이트한 목표 반영

조직이 안전보건 목표를 설정하는 단계에서 특히 고려해야 할 사항은 아래와 같다.

- 무엇을 할 것인가?
- 어떤 자원을 활용할 것인가?
- 누가 책임질 것인가?
- 언제 완료할 것인가?
- 모니터링 지표를 포함한 성과 평가는 어떻게 할 것인가?
- 목표 달성 조치를 조직의 통합적인 업무 절차에 어떻게 반영할 것인가?

 3 **실행사례**

가. 국내사례

(1) 00 000(국내 한 대기업)의 목표설정

안전보건 목표는 조직 전체의 목표에서 15%를 차지하고 있다. 안전보건 목표(KPI, key performance indicator)는 '선제적 안전보건관리'로 부르고 근로자의 인체사고 예방과 사고예방 과제 이행으로 구성되어 있다.[2]

KPI명	선제적 안전보건 관리		
Target	인체사고 건수: 0건(협력업체 포함)+과제 이행율 100%	비중	15%
Target 설정근거	1. 석유생산본부 목표(인체사고 2건 이하)를 토대로 인체사고 건수는 0건으로 목표 설정 2. 실질적인 안전관리 역량강화 가능한 과제발굴/실행		
상세 실행계획	SHE의식 강화 / 이행환경 조성(안전행동수칙 HAPPY-5 강화) [환경조성] 구성원 체감 불안요소 파악과 개선 [문화강화] 안전보호구 착용 캠페인(분기별 개선 항목 선정 및 집중 관리) [문화강화] 리더의 솔선수범: 현장 작업감독 강화(행동기반안전확립, 공장장 월 1회, 팀장 주 1회) [절차보완] SHE규정의 현장 실행력 제고: 작업 허가절차 등 검토 및 개선사항 도출		

---

2 고용노동부. (2022). PSM 사업장의 안전문화 정착과 산업재해 예방을 위한 안전보건관리체계 구축 우수사례.

5 Scale	구분	5수준 (100)	4수준 (90)	3수준 (70)	2수준 (50)	1수준 (0)
	인체사고(5%)	0건	0건	1건	2건	2건 초과
	과제 이행률(5%)	–	100%	90%	80%	80% 미만
	환경사고(5%)	0건	1건	2건	3건	3건 초과

(2) OLG 기업의 안전보건관리 목표설정

　OLG 기업은 안전보건관리 목표를 3개년 단위로 구분하여 수립하였다. 목표를 3개년 단위로 설정했던 이유는 안전보건과 관련한 목표를 1년 단위로 설정할 경우, 유해 위험요인 관리의 불확실성과 거시적인 시각의 목표설정이 어렵기 때문이다. 3개년 단위로 목표를 설정할 경우, 1년 간의 안전보건 목표와 성과를 기반으로 2개년 그리고 3개년 목표를 수정해 가면서 탄력성 있는 관리를 할 수 있다.

　3개년 계획에 포함되는 주요 내용은 조직의 방침, 성명서, 프로그램 전략, 안전보건 목표, 연간 계획 검토사항, 안전보건 위원회 운영, 안전보건 관련 교육과 당해 년도의 안전보건 관리 계획 등이 있다. 인체사고와 관련한 안전보건 목표는 기록가능한 총 사고율(TRIR, total recordable incident rate, 기록가능한 사고 건수에 200,000시간을 곱한 값에 실제 근무한 시간으로 나눈 값), 근로손실 사고율(LTIR, lost time incident rate, 1일 이상 근로 손실사고 건수에 200,000시간을 곱한 값에 실제 근무한 시간으로 나눈 값) 그리고 강도율(SR, severity rate, 근로 손실일에 200,000시간을 곱한 값에 실제 근무한 시간으로 나눈 값) 등이 있다. 아래 표는 000 회사의 사업부문별 인체사고와 관련한 안전보건 목표이다.

부문		구성원	근무시간	총사고율 (TRIR)	근로손실사고율 (LTIR)	강도율(SR)
현장	A	274	720,072	0.28	0.28	19.28
	B	957	2,615,540	0.21	0.14	9.35
	C	104	242,112	0.84	0.84	16.50
공장(해외)		427	990,000	0.42	0.21	3.76
본사		294	633,672	0.28	0.00	0.00
회사전체		2,056	5,201,396	0.46	0.294	9.778

아래 표는 2014년 중대산업재해 예방 감사 점수, 안전보건경영시스템 감사 점수, 중대산업재해 건수, 기록 가능한 총사고율, 근로손실 사고율 그리고 근로손실 강도율과 관련한 실적을 기반으로 2015, 2016 및 2017 3개년 계획을 수립한 내역이다.

목표	2014 성과	2015	2016	2017
중대산업재해예방 감사 점수	80	85	90	95
안전보건경영시스템 감사 점수	75	80	85	90
중대산업재해	1	0	0	0
기록가능한 총사고율(TRIR)	0.51	0.45	0.40	0.30
근로손실 사고율(LTIR)	0.23	0.20	0.17	0.15
근로손실 강도율(SR)	13	10	7	5

안전보건 목표 설정 시 검토하는 내용으로는 안전보건경영시스템 요소(element)인 방침과 리더십, 조직, 계획수립, 책임, 안전보건 교육 훈련계획, 유해 위험요인 확인 및 개선 등의 검토사항과 추진방향 등이 있다.

회사의 안전보건 목표가 설정되면 본사 안전보건 담당 임원은 전사 안전보건위원회개최를 요청하고 CEO는 이를 승인한다. 아래 그림은 위원회에 참석한 CEO, 안전보건 담당 임원, 공장장, 설치, 서비스, 주차, 중국법인장, 인력부문장, 재무부문, 법무부문, 마케팅 본부와 홍보 본부의 책임자의 검토 서명이다.

President
EH&S
Operation
New-Equipment
Service
Motor / Parking
China
IBD
Human Resource
Finance
General Counsel
Marketing
Communication

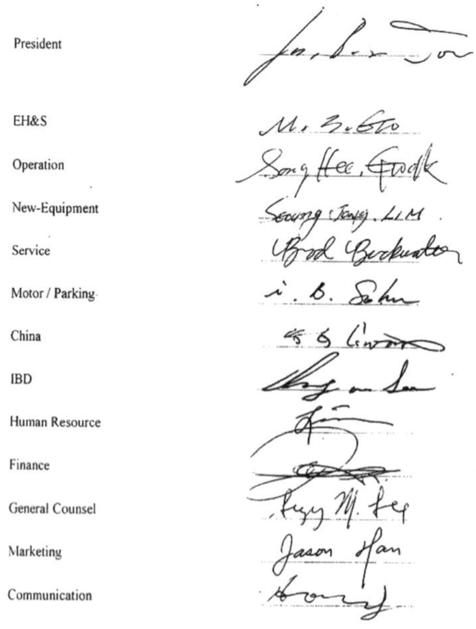

나. 해외사례

(1) 영국 NEBOSH(National Examination Board of Safety and Health)가 발간한 국제 작업 안전보건(International Health and Safety at Work) 책자에 수록된 안전보건 목표 설정 내용 예시[3]

---

1. 이사회

1년 이내에 고소작업으로 인한 모든 심각한 부상을 제거한다. 이사회는 이 목표를 달성하기 위하여 사내 전문 지식이나 외부 조력자의 조언을 제공한다. 필요 시 이 과제를 수행하게 할 구성원을 챔피언으로 설정할 수 있다.

2. 이사회 책임자는 조직의 안전보건위원회와 협의하여 아래의 구체적인 목표를 설정한다.

a) 중대산업재해를 6개월 이내에 50% 수준으로 줄이고 12개월 이내에 없앤다.

b) 현장관리자는 고소작업과 관련한 위험을 진단한다. 위험한 고소작업을 없애기 위한 방안을 찾고 그 결과를 1개월 이내 이사회에 보고한다.

3. 현장관리자는 안전책임자 및 현장 안전보건 위원회와 협의하여 아래의 내용을 정할 수 있다.

a) 부서 감독자는 작업 시작 전 고소작업과 관련한 위험을 평가한다. 모든 장비가 안전하게 작동되는지 확인한다.

b) 고소작업자에 대한 교육을 시행한다.

---

3 Hughes, P., & Ferrett, E. (2013). *International Health and Safety at Work: The Handbook for the NEBOSH International General Certificate*. Routledge, 29–34.

II 안전보건 경영방침 설정

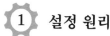

1 설정 원리

CEO는 회사의 특성, 가용할 자원, 안전문화 수준, 안전관리 수준 그리고 안전보건 전담 조직 존재 여부를 검토하여 안전보건에 관한 비전(vision)을 수립하고 이에 상응하는 안전방침 (policy)을 수립한다. 비전(vision)은 안전보건과 관련한 목적(goal)을 달성하기 위한 장기적이고 이상적인 이미지이고, 방침은 비전을 실현하기 위하여 지향하여야 할 방향을 의미한다.

안전보건 방침은 안전활동에 있어 기본적인 접근방식을 의미하며, 반(半)항구적으로 회사의 안전에 대한 사고방식을 정리한 것이다. 따라서 안전보건 방침은 전년도 실적을 고려하여 수정하고 매년 발표하는 통상적인 다른 분야의 방침과는 다르다.[4]

CEO는 안전보건 방침이 관리감독자와 근로자의 안전행동에 영향을 주고, 안전보건경영시스템의 효과를 결정하는 중요한 요소임을 인지하여 자신의 활동적이고 적극적인 참여와 헌신 (commitment)을 피력해야 한다. CEO가 설정한 비전을 구체화시켜줄 안전보건 방침에는 안전보건과 관련한 명확한 목표, 조직, 준비사항이 명시되어야 한다. 이러한 과정을 거쳐 만들어진 안전보건 방침은 최종적으로 CEO의 서명을 거쳐 게시되고 문서화되어 근로자에게 공유된다.

2 가이드라인

회사의 안전보건 방침에 포함되어야 할 내용은 아래와 같다.

- 부상과 질병 예방을 위한 안전한 근무 조건을 제공하겠다는 약속을 포함한다.
- 조직의 목적, 규모 및 맥락에 적합한 유해 위험 요인을 포함한다.
- 안전보건 목표를 설정하기 위한 체계를 제공한다.
- 법적 요건과 기타 요건을 이행하겠다는 약속을 포함한다.

---

4 정진우. (2020). 안전문화 이론과 실천, 교문사, 222-227.

- 위험을 제거하거나 줄이겠다는 약속을 포함한다.
- 안전보건경영시스템을 지속적으로 개선하겠다는 약속을 포함한다.
- 근로자와 근로자대표와 안전보건에 관한 협의를 하겠다는 약속을 포함한다.

③ 실행사례

가. 국내사례

(1) SK바이오텍(주)의 안전보건환경 방침

이 회사는 인간 존중과 환경보존의 이념을 바탕으로 안전보건환경 경영이 모든 경영 활동에 있어 핵심 요소임을 인식하고 무재해 추구와 친환경 경영을 통해 기업의 지속 가능한 발전을 추구한다는 방침을 선포하였다.

(2) 삼성전자주식회사의 환경 안전 방침

이 회사는 환경, 안전, 건강을 중시하는 경영 원칙에 따라 인류의 풍요로운 삶과 지구환경 보전에 기여하고 지속 가능한 사회 구현을 선도한다. 그리고 모든 제품 개발 시 임직원, 고객의 안전 및 환경 보호를 최우선으로 고려하여 생산한다는 방침을 선포하였다.

(3) LG화학의 환경보건안전방침

이 회사는 환경보건안전이 차별화된 경쟁력을 확보하기 위한 기본요소임을 인식하고, 명확한 목표와 강한 실행력을 바탕으로 환경보건안전 성과의 지속적 개선을 위한 방침을 선포하였다.

(4) OLG 기업의 안전보건 성명서(statement)

CEO는 조직에 맞는 비전과 안전보건방침을 수립한 이후 안전보건방침을 이행하기 위한 별도의 안전보건 성명서(policy statement)를 작성하고 공포하였다. 안전보건 방침이 안전보건 관리를 위하여 누가, 무엇을, 어디서 그리고 어떻게 하는가에 대한 접근방식과 조직이 보유한 진정한 가치를 제공한다면, 안전보건 성명서는 안전보건 정책의 본질을 전달하고, 측정가능한 수치와 함께 즉각적인 조치와 행동을 유도하는 간결한 문장으로 구성된다.

안전보건 방침 성명서에는 조직이 바라는 안전보건 목적(goal, 측정하기 어려운 대상)과 목표(objective, 측정할 수 있는 대상)로 구분하여 설정한다. 목적은 변하지 않는 반(半)항구적인 회사의 안전에 대한 사고방식으로 조직이 도달하고자 하는 종착지이다. 아래 내용은 설정된 안전보건 목표를 달성하기 위해 마련한 안전보건 성명서로 연초 전사에 공지하였다. 한편, 목표는 목적 달성을 구체적으로 지원하는 대상으로 매년 안전보건 성과 검토를 통해 조정할 수 있는 대상이다.

안전보건 성명서(statement)

한 해를 시작하면서, 나는 환경, 보건 그리고 안전의 최고 수준을 달성하고 지속적인 지도력을 부여하기 위한 안전보건 방침 성명서를 공포합니다.

최근에 우리는 중대산업재해를 경험하였습니다. 사실, 안전에는 지름길이 있을 수 없으며, 우리는 "ALL SAFE"한 작업환경을 만들기 위해 안전 규칙을 준수해야 합니다.

안전 프로그램은 안전보건 방침과 정부 법규에 따라, 우리를 위한 안전한 작업 조건과 작업환경을 지키기 위해 만들어집니다. 구성원은 작업절차, 안전 수첩에 요약된 규칙들을 준수해야 합니다.

관리감독자는 규칙과 절차에 따라 안전 프로그램에 참여하고, 구성원에 대한 적절한 훈련의 제공 그리고 적합한 안전장치를 사용하도록 지도하여야 합니다.

각 지역의 관리자는 규칙과 절차가 잘 지켜지고 있는지를 확인하기 위해 현장과 공장을 대상으로 불시 안전감사를 시행해야 할 책임이 있습니다.

만일, 구성원이 규정과 절차를 위배하였을 때는 징계절차에 의해 최소한의 처벌을 받도록 하겠습니다.

금년도 우리의 안전보건 목표는 아래와 같습니다.

- □ 사망/중대재해사고 = Zero
- □ 총 사고율(TRIR) = 0.28
- □ 근로손실 사고율(IR) = 0.22
- □ 강도율(SR) = 17.48
- □ 중대산업재해예방감사 점수= 100%

안전한 작업을 위한 여러분의 제안을 언제나 환영하고 지지합니다. 세계에서 가장 안전을 중요시하는 기업으로 만들어 나가기 위해 안전보건 위원회나 직속 관리자에게 여러분의 제안을 말씀하십시오. 안전을 생각하고, 안전을 실천하고, 안전하세요.

나는 이러한 목표가 달성될 수 있도록 여러분의 적극적인 지원을 기대합니다.

20 . .
대표이사 사장

나. 해외사례

(1) 유럽 안전보건청(European Agency for Safety and Health at Work)의 안전보건 비전

현명하고 지속할 수 있으며, 생산적이며 포용적인 경제를 보장하기 위해 삼자 조합주의(tripartism), 참여 및 위험예방 문화를 기반으로 유럽에서 건강하고 안전한 작업장을 촉진하는 인정받는 지도자가 된다.

(2) OLG 기업의 안전보건 비전

우리는 우리 산업 외에도 전 세계 모든 산업으로부터 안전보건의 우수성에 대해 인정받는 지도자가 된다. 작업장에 위험 요소가 없고, 직원이 다치지 않고, 제품과 서비스에 대한 안전 표준을 설정한다. 이러한 우리의 약속과 기록이 타의 추종을 불허할 때까지 우리는 만족하지 않을 것이다.

(3) 영국 BP의 보건안전방침

회사는 구성원과 협력회사 근로자에게 위험이 있고, 안전한 작업환경을 제공하는 데 전념한다는 방침을 선포한다.

(4) 독일 SIEMENS의 환경보건안전방침.

회사는 이익과 배당금이 인본적이고 안전한 작업조건 하에서 달성될 때만 가치가 있다고 믿는다. 환경, 건강 및 시스템의 여섯 가지 지침에 기초하여 건강한 문화를 성취하기 위한 방침을 선포한다.

Siemens believes that profits and dividends have value, only if they are achieved under humane and safe working conditions. We are committed to strive towards achieving a culture of Zero Harm based on six guiding elements of our Environment, Health and Safety (EHS) Management system*.

We at various management levels are responsible and accountable for:
- Integrating EHS aspects into manufacturing & project management processes and commit to continual improvement of the EHS Management system and EHS performance.
- Considering career development at individual level based on EHS performance.
- Fulfilling compliance obligations and requirements from interested parties.
- Ensuring that our products, services and processes (including outsourced) are controlled or influenced during its entire life cycle stage as appropriate.
- Environment protection & prevention of pollution and implementing measures to reduce the carbon footprint.
- Integrating the "HOW" aspect in achieving & reviewing the EHS Objectives, and implementing corrective and Preventive measures which are sustainable.
- Ensuring competent employees, suppliers and contractors are deployed for doing the job safely and are periodically evaluated to monitor EHS Performance.
- Developing & implementing sustainable Health Management Systems as per Global standards.

Each Siemens employee, supplier & contractor is expected to:
- Comply to "Safety essential guidelines" and actively participate in recognizing and mitigating EHS risks & opportunities at workplaces.
- Adhere to safe work practices and Siemens EHS requirements.

Sunil Mathur
Managing Director and Chief Executive Officer
Siemens India
January 2018

* Siemens EHS Management System: Six Guiding elements
1) Leadership & Commitment   2) Risk & Opportunity Management   3) Preventive Actions   4) Contractor Management   5) Training   6) Continual Improvement.

(5) 영국 NEBOSH(National Examination Board of Safety and Health)가 발간한 국제 작업 안전보건(International Health and Safety at Work) 책자에 수록된 안전보건 성명서

- 안전보건과 관련한 기준을 설정하여 성명서를 작성한다.
- CEO가 주관하는 안전보건 활동을 포함한다.
- 유해위험요인을 관리할 수 있는 요구조건을 포함한다.
- 비상대응 절차와 관련한 요구조건을 포함한다.
- 계약자와 근로자가 준수해야 할 조건을 포함한다.
- 구체적인 안전보건 목표를 포함한다.

제6장

조직

I 안전보건관리자

 1 회사가 안전보건관리자를 선임해야 하는 이유

　일반적으로 CEO는 안전보건관리 이외에도 인사관리, 재무관리, 품질관리, 생산관리 및 기획관리 등 다양한 분야의 사안을 검토하고 의사를 결정하는 위치에 있다. CEO는 본사에 인력부서와 기획부서를 두고 회사 경영의 비전과 전략적인 목표를 설정한다.

　그리고 회사의 경영 목표를 달성하기 위한 실무 조직을 두어 관련 전문가를 배치하는 것이 통상적인 예이다. 마치 회사의 인력운영과 관련한 사항은 인력(인사) 전문가에게 맡기고, 재무와 관련한 사항은 재무 전문가에게 맡기고, 기획과 관련한 사항은 기획 전문가에게 맡기는 이치와 같다. 마치 군대에서 전투를 이기기 위한 참모 조직에 다양한 분야의 전문가를 선임하는 이치와 같을 것이다.

　안전보건 분야도 인사, 재무, 법무 등과 같이 회사의 경영목표 달성을 위해서는 반드시 배치해야 하는 조직이며, 관련 전문가를 선임해야 한다. 회사가 안전보건관리자를 선임해야 하는 이유는 아래 표의 내용과 같다.

- 근로자가 근무를 마치고 건강하게 집으로 가는 것은 도덕적인 사유로 합당하다.
- 안전관리를 통한 근로자 보호는 기업의 사회적 책임이다.
- 근로자는 안전과 관련한 가치와 문화를 중요하게 생각한다.
- 사고로 인한 기소처분, 벌금부과 그리고 CEO, 경영책임자의 구속을 막는다.
- 질병과 사고로 인한 생산 가동 중지로 인한 피해를 줄인다.
- 근로자를 사고로부터 보호함으로써 결근율을 줄여 효율적인 생산을 도모한다.
- 열악한 안전보건 성과는 수익성에 직접적인 영향을 미친다(회사 폐업 등).
- 좋은 안전 성과는 경쟁 우위의 원천이다.
- 좋은 안전 성과는 기업의 평판과 브랜드에 대한 신뢰를 구축한다.
- 고객은 안전보건을 준수한 기업이 생산한 제품과 서비스를 더 많이 구매한다.

---

② 안전보건관리자의 일반적인 업무

안전보건관리자는 사고로 인한 법적 처벌, 손실 비용 보상, 회사의 이미지 실추에 영향을 주는 조직의 안전보건 관련 유해 위험요인을 검토하고 개선하는 전문가로서의 업무를 수행한다. 안전보건관리자의 주요 책임은 모든 근로자에게 안전한 작업장을 제공하고 위험이 없는 근무 환경을 보장하도록 회사에 적합한 안전보건경영시스템 체계를 구축하는 것이다. 그리고 이를 효과적으로 운영하기 위하여 CEO와 경영층이 참여하는 위원회에 의사 결정 사항을 상정하고 승인을 얻는 것이다(안전관리자가 근무하는 장소나 상황에 따라 전술한 업무가 다를 수 있다).

안전보건관리자는 회사와 사업장에 잠재된 유해 위험요인, 불안전한 작업조건 그리고 근로자의 불안전한 행동을 확인하고 개선하는 일을 지원한다. 특히 사고조사에 다양한 사고분석 방법(순차적, 역학적 그리고 시스템적 방법 등)을 적용하여 사고의 직접원인, 기여요인 그리고 근본원인을 합리적으로 찾아 동종 사고를 막기 위한 조언을 한다. 이러한 여러 전문적인 업무 외에도 조직의 안전문화 수준이 높아지도록 지도하고 조언하는 역할을 한다.

안전보건관리자는 회사의 안전보건 비전과 안전보건 목적과 목표를 달성할 수 있도록 안전보건경영시스템 체계를 구축한다. 회사의 안전보건경영시스템 체계가 효율적으로 운영될 수 있도록 계획 수립(plan), 실행(do), 점검 및 시정조치(check)와 결과 검토(action) 단계별 결과와 동향을 CEO에게 보고해야 한다. 아래의 내용은 안전보건관리자가 해야할 업무 내용이다.

- 수용할 수 있는(tolerable) 수준의 위험(hazard)을 관리할 수 있도록 위험을 평가한다.
- 안전관리 활동을 검토할 위원회를 구성하고 관리한다.
- 전사 안전보건 교육 계획 수립을 지원하고 이행을 확인한다.
- 조직 운영과 생산과 관련한 안전보건 절차와 기준 수립을 지원한다.
- 안전보건 정책, 목표 및 안전 절차 준수 여부를 확인하기 위한 감사를 시행한다.
- 법규, 규정 및 절차 준수 등을 보장하기 위한 모니터링과 개선을 시행한다.

전술한 안전보건관리자의 일반적인 업무는 주로 본사나 대규모 사업장의 참모조직을 중심으로 설명한 내용으로 회사 규모나 사업장 상황에 따라 업무가 다를 수 있다. 또한 산업안전보건법 상의 안전보건관리자의 업무는 기본적으로 수행해야 하는 업무임을 밝힌다.

③ 안전보건관리자의 역량

안전보건관리자는 전문가로서 CEO(회사나 상황에 따라서는 사업소장, 현장소장, 기관장, 안전보건 책임자 위치에 있는 사람일 수도 있다)를 보좌하고 회사의 안전보건경영시스템 체계 구축과 운영을 해야 한다. 안전보건관리자는 아래 표에 열거된 역량을 갖추어야 한다.

- 신뢰할 수 있는 사람이어야 한다.
- 우수한 행정력과 의사소통 기술을 보유해야 한다.
- 안전보건과 관련하여 진정한 관심을 가져야 한다(의사가 환자를 대하듯).
- 사업장의 질문이나 요청사항에 대하여 적시에 응답이 가능해야 한다.
- 규정 위반을 하는 사람에게 적시에 교정을 요청한다.
- 모든 실수는 예견이 가능하고 관리 및 예방이 가능하다는 신념을 갖는다(to error is human).
- 모든 업무를 사람에게 맞춘다(fitting the task to the man)
- 다양한 분야의 공학(전기, 기계, 건설, 화공, 소방, 인간공학 등) 이론과 실무를 겸비해야 한다.
- 심리학, 인문학 그리고 법학 이론을 이해하여야 한다.
- 국내와 해외의 안전보건 관련 정보원과 문헌을 지속적으로 검색하고 신 기술 동향을 파악하여 사업장에 적용한다.
- 국내나 해외의 다양한 학회에 참여하여 벤치마크를 한다.
- 안전보건과 관련한 학과나 대학원에 진학하여 사고예방 역량을 고도화 한다.
- 해외와 국내 안전보건 관련 자격증을 취득한다.
- 외국어 역량을 개발한다.
- 마이크로 소프트 오피스의 엑셀, 파워포인트 및 워드 등을 잘 다룬다.
- 작업행동이나 상황을 잘 관찰할 수 있어야 한다.
- 문제해결 능력이 있어야 한다.
- 안전보건 관련 법령을 충분히 이해하고 법 조항을 찾을 수 있어야 한다.
- 안전보건 교육 훈련프로그램을 기획하고 효과적으로 전파해야 한다.
- 다양한 사고조사 기법(순차적, 역학적 및 시스템적 방법)을 이해하고 활용한다.
- 안전보건 경영시스템에 안전탄력성(resilience) 4능력(학습, 예측, 감시 및 대응)을 반영한다.
- 이외에도 업무에 필요한 다양한 역량을 갖추어야 한다.

II 전사 안전보건 위원회

 개요

　안전보건과 관련한 업무는 회사 전 분야에 걸쳐 복잡하고 유기적으로 연결되어 있으며, 중요한 의사결정이 상시 필요하다. 따라서 CEO가 있는 본사에 산업안전보건법 제24조에 따라 노사가 참여하는 산업안전보건위원회 설치와는 관계없이 CEO가 위원장이 되고 인사, 법무, 재무, 품질, 영업, 기획부서 등의 경영진으로 구성된 '전사 안전보건 위원회'를 조직한다.

　효과적인 안전보건 위원회를 구축하고 운영하기 위해서는 위원회 헌장(charter)을 마련하여 참여자의 권한과 책임을 구분한다. 헌장은 위원회가 존재하는 이유를 설명하는 문서이며, 조직 변경에 따라 수정될 수 있다. 아래 표는 효과적인 전사 안전보건 위원회 운영과 관련한 요구조건이다.

> · 위원회의 목적을 명확히 정의한다.
> · 위원회의 책임과 권한을 정의한다.
> · 위원회 운영의 성과를 측정한다.
> · 위원회에 참석하는 위원을 선정한다.
> · 위원회 참석 위원의 리더십 행동을 결정한다.
> · 위원회를 언제까지 운영할지 결정한다.
> · 위원회 회합 시기, 장소 그리고 주를 정한다.
> · 위원회 운영 예산을 책정한다.
> · 위원회에 어떤 자원과 전문 지식이 필요할지 결정한다.
> · 위원회의 의결사항을 경영진과 근로자에게 효과적으로 알린다.

아래 표는 안전보건 위원회 헌장(charter) 예시이다.

---

000 안전보건 위원회 헌장

· 안전보건 위원회 이름:
· 회의일자:
· 문제서술: 개선 기회와 문제 설명
· 안전보건 위원회의 목표: 위원회가 추구하는 목표를 설명
· 배경: 어떤 일이 일어났는지 설명
· 범위: 위원회가 해결해야 할 범위 설명
· 위촉기간:
· 프로세스 소유자:
· 지원자:
· 팀 리더:
· 간사:
· 회의록 작성자:
· 위원명단:
· 자료:
· 위원회 서약:
 − 우리는 안전보건 위원회의 헌장을 읽고 이해한다.
 − 우리는 우리의 역할과 책임을 이해하고 취해야 할 조치에 대하여 합의한다.
 − 위원회 헌장에 대한 수정이 필요할 경우, 수정 내용을 검토하여 합의한다.

(안전보건 위원회 구성원의 서명)

그리고 전사 안전보건 위원회를 실무적으로 지원하기 위한 '안전보건 소위원회' 구성을 추천한다. 추천할 만한 소위원회의 종류에는 홍보, 안전 검사, 작업 위험 분석, 후속 조치, 교육과 훈련, 규칙과 절차, 임시위원회 등이 있다.

 ② 실행사례(OLG 기업과 해외 기업)

가. 전사 안전보건 위원회

OLG 기업 전사 안전보건 위원회 위원장은 CEO이고 위원은 부문장과 공장장 등 관련 임

원 등으로 구성되고, 안전보건 전담 조직의 장은 간사의 역할을 맡았다. 아래 표는 전사 안전보건 위원회가 심의하고 의결하는 사항이다.

- · 안전보건 비전, 방침, 목표, 계획 및 안전보건 활동
- · 필요한 자원을 지원하고 적절한 재정 승인
- · 안전보건 활동 목표 검토 및 성과 검토
- · 안전보건 관리 방향 공유
- · 안전보건 소위원회와 협업
- · 유해 위험요인 파악과 안전절차 검토
- · 근로자의 안전보건 활동 참여 여부 확인과 개선
- · 사고 원인분석 결과 검토 및 재발 방지대책 적절성 검토

안전보건 전담 조직의 장은 전사 안전보건 위원회가 효과적으로 운영되도록 관련 의제, 개최 시기, 기능, 회의록 관리 등의 규칙을 관리한다. OLG 기업의 전사 안전보건 위원회 조직도는 아래 그림과 같다.

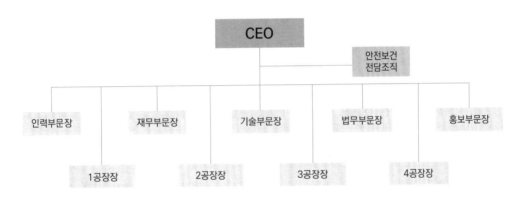

나. 안전보건 소위원회[5]

OLG 기업과 해외 기업의 안전보건 소위원회는 전사 차원에서 안전보건 활동과 관련한 중요도가 높은 항목을 다루기 위해 구성되었다. 소위원회를 통해 전사적 관점에서 효과적인 의사결정을 할 수 있으며, 부문장과 공장장의 안전보건에 관한 관심과 인식을 높일 수 있다. 아래 그림은 소위원회(sub-committees) 조직 구조이다.

---

5 Hughes, P., & Ferrett, E. (2013). *International Health and Safety at Work: The Handbook for the NEBOSH International General Certificate*. Routledge, 29-34.

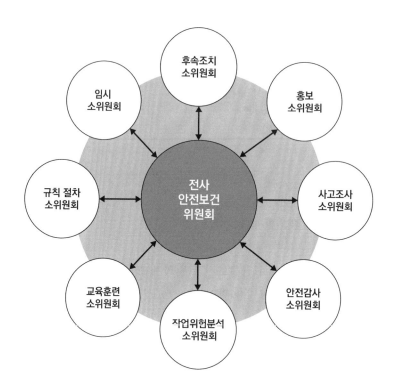

- 홍보 소위원회

홍보 소위원회의 주요 임무는 안전보건경영시스템 요소(element)를 효과적으로 의사소통하는 것이다. 소위원회는 근로자에게 전달할 안전보건 관련 메시지의 스타일, 미디어 그리고 전달 방식을 설정한다. 소위원회는 회사의 안전 문화 수준을 높이기 위해 긍정적이고 명확한 메시지를 전달한다. 전달 방식에는 커뮤니케이션, 게시판, 표지판, 콘테스트 시행 그리고 시상 등의 방법이 있다.

- 사고조사 소위원회

사고조사 소위원회는 전사 안전보건 위원회와 협력하여 사고원인을 검토하기 위한 프로세스를 개발한다. 소위원회는 사고에 대한 기여요인을 파악하기 위한 서류검토와 현장 조사를 시행할 수 있다. 이 소위원회는 보험과 법률 관련 부서와 긴밀히 협력한다.

- 안전검사 소위원회

안전검사 소위원회는 조직에서 시행되는 안전검사를 검토하고 점검 결과를 집계하여 개선한다.

• 작업위험 분석 소위원회

작업위험 분석 소위원회는 조직에 잠재하는 유해 위험요인을 확인하고 적절한 개선 여부를 확인한다.

• 교육훈련 소위원회

교육훈련 소위원회는 교육훈련과 관련한 아이디어와 자료를 활용하여 운영중인 교육훈련 수준을 향상시킨다. 교육훈련 내용은 근로자가 유해위험 요인을 적절하게 파악할 수 있도록 설정되어야 한다.

• 규칙절차 소위원회

규칙절차 소위원회는 조직이 보유한 안전보건 관련 절차와 규칙을 확인하고 개선한다.

• 임시위원회

임시위원회는 특정 프로젝트를 완료하기 위해 전사 안전보건 위원회와 협업하는 임시적으로 구성되는 위원회이다.

• 후속조치 소위원회

후속조치 소위원회는 특별한 전문 지식이 있는 엔지니어와 관련 종사자가 참여하여 회사의 유해 위험요인을 확인하고 개선하는 위원회이다.

이밖에 전사 안전보건 위원회와 소위원회 이외에도 생산과 건설을 책임지는 부문장과 공장장은 해당 조직의 안전보건 위원회의 장이 되어 위원회를 운영한다. 아래 그림은 전사 안전보건 위원회 산하에 부문장과 공장장이 주관하는 안전보건 위원회 조직도이다.

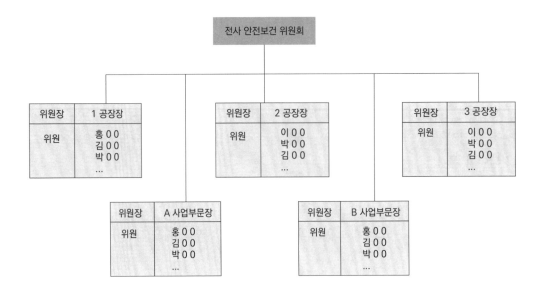

이 위원회를 통해 부문장과 공장장은 전사 안전보건 위원회에서 의결된 사안을 부문과 공장에 전파한다. 그리고 이 위원회가 의결하는 사항은 아래 표와 같다.

- · 안전보건 활동 실적 대내외 보고
- · 안전보건 검사, 감사 계획 수립과 실시
- · 안전보건경영시스템 체계 운영에 필요한 규정 및 규칙의 제정과 시행
- · 안전보건 성과 동향 분석
- · 안전보건 규정과 규칙 실행
- · 안전보건 교육과 훈련
- · 안전보건 관련 법규, 규정 및 회사의 규범 준수
- · 안전보건 목표와 성과 추적
- · 유해 위험요인 식별과 조치

 ## 3 전사 안전보건 전담 조직과 부문 안전보건 전담 조직의 역할

회사의 규모가 클 경우, CEO를 보좌하는 본사 안전보건 전담조직 이외에 사업부문과 공장별 안전보건 전담 조직이 존재한다. 이때 안전보건 조직의 역할과 책임이 명확히 구분되어야 안전보건경영시스템을 효과적으로 운영할 수 있다. 아래 표와 같이 OLG 기업의 전사 안전보

건 전담조직과 부문과 공장의 안전보건 전담 조직의 역할과 책임을 참조하여 해당 사업의 특성을 반영한 역할과 책임을 설정하여 운영할 수 있다.

전사 안전보건 전담 조직 (부문과 공장 안전보건 전담조직에 자문 제공)	부문과 공장의 안전보건 전담조직 (안전보건관리 체계 개발과 시행) 전사 안전보건 전담 조직 (부문과 공장 안전보건 전담 조직에 자문 제공)
· 안전보건 활동 조정	· 안전보건 활동 시행
· 검사와 감사 실시와 조정	· 검사와 감사 실시
· 안전보건 규칙, 규범 등 체계 제공	· 안전보건 규칙, 규범 등의 제정
· 안전보건 관리 능력 구축	· 근로자 직무 훈련
· 법령준수 목록 관리와 업데이트	· 법령준수
· 목표설정과 성과 검토	· 목표대비 성과추적과 개선
· 전사 안전보건 위원회 진행	· 부문과 공장 안전보건 위원회 진행
· 사고조사와 분석 방법 교육, 사고접수	· 사고 조사 시행, 시정 조치 및 보고
· 부문/공장 조직 위험인식 교육 지원	· 위험확인과 관리개선

제7장

책임

회사는 여러 사업분야와 다양한 사람들이 상호 유기적으로 연결되어 있어 안전보건과 관련한 책임을 계층별 그리고 사람별로 설정하는 것이 매우 중요하다. 책임은 영어로 responsibility와 accountability 두 가지 단어로 구분하여 사용된다.

책임(responsibility)은 근로자와 감독자가 사고를 예방하기 위해 미리 설정해둔 안전조치나 안전활동을 준수하는 사전적인(before) 의미가 있다. 반면, 책임(accountability)은 관리자나 경영진이 일어난 일에 대한 책임을 갖는 사후적인(after) 의미가 있다. 즉, "A"라는 임원이 권한을 "B"라는 근로자에게 위임(delegation)했다고 하여도 그 결과에 대한 책임은 "A"라는 임원에게 있다는 것이다. 따라서 책임(accountability)은 전가될 수 없고 그 책임(accountability)을 피할 수 없다.

권한(authority)은 사업 조직의 목표를 달성하기 위해 자원을 효율적으로 결정하는 사람의 능력으로 정의할 수 있다. 권한을 가진 모든 사람은 자신의 권한 범위를 정확히 알아야 하며 이를 남용해서는 안 된다. 권한은 명령을 내리고 일을 처리할 수 있는 권리이므로 항상 위에서 아래로 전개된다. 마찬가지로 권한을 다른 사람에게 위임하여도 책임(accountability)까지 위임되는 것은 아니다.

조직에 책임과 권한을 적절히 설정하기 위해서는 공식적인 책임 시스템 구축이 필요하다. 효과적인 책임 시스템이 존재한다는 것은 책임을 측정할 수 있고 객관적이어야 한다는 의미이다. 조직에 공식적인 책임시스템을 수립하기 위한 좋은 방법은 사람들에게 직무 기술서(job description)와 목표관리서(MBO, management by objective)를 작성하도록 하는 것이다. 직무 기술서(job description)는 근로자로부터 경영층까지 다양한 조직의 사람들이 안전보건과 관련한 활동을 체계적으로 실행하기 위한 내용으로 구성한다.

II 계층별 책임부여

OLG 기업은 안전보건과 관련한 책임을 효과적으로 부여하기 위하여 모든 구성원에 대한 안전보건 관련 직무 기술서를 작성하였다. 직무 기술서는 안전보건경영시스템의 운영 요소 (element)를 근간으로 작성되었다.

 CEO

- 회사의 연간 안전보건 목표달성을 위한 공약(commitment) 확인
- 매년 초 안전보건 정책 성명서를 구성원에게 공포
- 안전보건과 관련한 사항을 주요 회의의 의제로 채택
- 안전보건과 관련한 임직원의 인지도 확인과 개선
- 전사 안전보건 위원회의 위원장으로서 안전보건 계획 검토와 재정적 지원
- 사업부문의 연간 계획 수립 내역과 성과 확인
- 추락, 감전, 끼임 등 높은 위험요인 확인과 개선
- 사업부문의 연간 안전보건 교육계획 검토 및 필요 안전보건 교육 참여
- 안전보건 관련 커뮤니케이션 계획과 실행내역 검토와 개선
- 전사 안전보건 프로그램과 절차 검토와 개선
- 최소 분기 1회 이상 현장 감사 참여
- 모든 중대산업재해 조사와 분석 과정 참여 그리고 개선조치 확인
- 안전보건 프로그램 평가 결과 확인과 개선

CEO의 연간 안전보건 목표(선행지표와 후행지표)인 MBO는 아래의 표와 같이 15%를 차지한다.

Employee:	Position: President		Grade/Level: L1	Status: Future	

Category of Objective:EH&S		
Objective: Zero serious accident - Daily safety greeting to all , managers reminding one cardinal rule a day - Strengthen hazard recognition by hazard scan refresher training - Deploy family involvement program with subcontractors - Reinforce line management accountability for safety performance		**Weight:** 15

여기에는 중대사고 0건, 안전보건과 관련한 메시지 전달, 위험인식 수준 개선 교육 시행, 도급업체와의 상생 협력 구축 전개 그리고 사업 부문의 안전보건 성과 추적 등으로 구성되어 있다.

 ## 2 안전보건 담당 임원

- · 매년 본사와 사업 부문의 안전보건 정책과 목표 검토
- · 전사 안전보건 위원회의 간사 역할 수행
- · 전사 연간 안전보건 계획 수립 검토와 전년 대비 향상 여부 확인
- · 사업부문의 연간 안전보건 계획 검토와 조언
- · 안전보건 활동에 대한 공적 평가(징계 및 포상 등) 시행
- · 전사 유해 위험요인 검토와 개선
- · 사업부문의 연간 안전보건 교육계획 수립확인과 전년대비 향상 여부 확인
- · 사업부문의 연간 안전보건 커뮤니케이션 계획 수립확인과 전년대비 향상 여부 확인
- · 매년 안전보건 규정과 절차 검토 및 개선
- · 매년 검사와 감사계획 검토 그리고 월 1회 이상 현장 검사 또는 감사 참여
- · 모든 중대산업재해 조사와 분석 과정 참여와 개선조치 확인
- · 안전보건 프로그램 평가 시행과 평가결과를 차기년도 계획에 반영

 ## 3 사업별 부문장

- · 매년 해당 부문의 안전정책과 안전보건 목표를 구성원에게 홍보
- · 안전보건 관련 사항을 회의의 중요한 의제로 채택
- · 월 8시간 이상 안전보건 활동 참여
- · 전사 안전보건 위원회 참석 및 부문별 안전보건 위원회 시행
- · 해당 부문에서 안전보건 활동(회의, 검사, 감사, 평가, 교육) 참여
- · 부문의 안전보건 담당 조직 구축 및 담당자 지정

- 프로그램 평가 결과에 따라 우선순위 부여 및 개선(차기 연간 계획에 포함 등)
- 연간 안전보건 계획 수립 내역과 안전보건 성과를 안전보건 담당 임원에게 송부
- 안전보건 규정과 규칙 위반자 조치
- 안전보건 책임 기준에 따라 관리감독자 공적 평가 시행
- 부문의 유해 위험요인 검토와 개선
- 사업부문의 연간 안전보건 교육계획 수립여부 확인과 전년대비 향상 여부 확인
- 안전보건 교육 참여
- 안전보건 관련 커뮤니케이션 책임자의 역할 수행
- 부문의 안전보건 관련 커뮤니케이션 계획대비 실행 현황 파악과 개선
- 관리감독자의 안전보건 활동 파악과 개선
- 부문의 필요 규칙과 절차 수립
- 매년 검사와 감사계획 수립, 시행 그리고 분기 1회 이상 현장 감사 참석
- 모든 중대산업재해 조사와 분석과정 참여 및 개선조치
- 안전보건 프로그램 평가 시행과 평가결과를 차기년도 계획에 반영

 ## 4 사업별 부서장

- 부문의 안전보건 정책과 목표를 구성원에게 안내
- 안전보건 관련 사항을 회의의 중요한 의제로 채택
- 부문 안전보건 위원회 참석
- 부서의 안전보건 미팅이나 협의체를 운영하고 운영회의록 유지
- 안전보건 관련 기술, 검사와 감사 결과, 사고조사 결과 공유
- 사고예방 계획 수립
- 분기별 안전보건 계획과 성과 검토
- 분기별 안전보건 관련 성과 보고서를 부문장에게 보고
- 부서의 안전보건 계획 수립, 성과평가, 개선계획 수립 및 적용
- 안전보건 책임 기준에 따라 구성원 공적 평가 시행
- 새로운 공법과 작업 방법 그리고 신제품에 대한 안전보건 검토와 개선 요청
- 안전보건 교육과 훈련 실시
- 부서의 안전보건 관련 커뮤니케이션 계획대비 실행 현황 파악과 개선
- 안전보건 규칙과 절차 수립과 이행
- 정기적인 현장 안전 검사와 감사 시행
- 관리자와 감독자의 검사 계획과 결과 검토
- 부서와 관련한 모든 사고조사 시행과 개선조치
- 안전보건 프로그램 평가 참여 그리고 평가결과를 차기년도 계획에 반영

5 본사 지원부서 부서장

- 매년 해당 부문의 안전보건 정책과 목표를 구성원에게 홍보
- 안전보건 관련 사항을 회의의 중요한 의제로 채택
- 안전보건 위원회의 요청 자료를 준비하고 회의에 참석
- 부문의 안전보건 활동 지원, 부문의 안전보건 예산 계획검토 및 집행
- 전사 안전보건 활동에 대한 성과 평가 반영
- 안전보건과 관련된 보상 프로그램 수립 및 적용
- 안전시설과 안전 장비구입 구매 검토와 집행
- 안전보건 교육과 훈련 전략 수립과 과정개발 지원
- 안전보건 커뮤니케이션 전략 수립, 효과적인 커뮤니케이션 지원
- 작업 현장을 방문 시 필요한 안전 관련 규칙과 절차 준수
- 연 1회 이상 현장 검사 참여
- 사고조사, 분석 그리고 개선대책 수립 지원
- 매년 안전보건 프로그램 평가 참여 그리고 차기년도 안전보건 계획에 반영

 6 관리감독자

- 회사의 안전보건 정책과 부서의 목표 확인
- 안전보건 관련 개선사항 요청
- 구성원의 안전보건 활동 평가와 기본안전수칙 준수 여부 확인
- 안전시설과 안전 장비구입 구매 검토와 집행
- 새로운 공법과 작업 방법 그리고 신제품에 대한 안전보건 검토와 개선 요청
- 유해 위험요인을 확인하고 그 내용을 구성원에게 교육
- 안전보건 관련 기술, 검사와 감사 결과, 사고조사 결과 공유
- 구성원의 안전규칙과 절차 준수여부 확인 및 개선
- 안전점검 양식을 사용하여 주 1회 이상 검사 시행 및 발견사항 개선
- 부서와 관련한 모든 사고조사 시행과 개선조치
- 안전보건 프로그램 평가 결과에 따른 개선계획 수립 및 이행

7 근로자

- 안전보호구 착용과 안전 절차준수
- 현장시설과 장비에 대한 불안전한 상태를 찾고 개선
- 불안전한 행동 발견 시 즉시 안전조치하고 관리감독자에게 보고
- 공사나 작업 관계자에게 개선조치를 받은 경우, 관리감독자에게 보고하고 개선
- 모든 사고는 상사에게 즉시 보고(구두 및 문서 보고)
- 사고 보고 시 사고와 관련된 목격자의 이름, 경찰 그리고 구급차 출동여부 기록
- 작업과 관계가 없는 사람 출입 제한
- 작업 유형에 따른 위험 요인 인지
- 정신적, 육체적 질병이나 피로로 인한 병세의 악화가 예상될 경우, 작업 중지
- 관리감독자나 안전책임자의 승인이 없이 회사의 안전 장비 대여 금지

III 부서별 책임부여

OLG 기업은 부서별 안전보건과 관련한 책임을 효과적으로 부여하기 위하여 별도의 직무기술서를 작성하였다.

 1 구매

- 새로운 화학물질 구매 시 공급업체로부터 MSDS 접수 및 유지관리
- 정부의 승인을 득한 유해 위험물질 공급업체 선정
- 인체에 무해한 화학물질 구입
- 정기적인 협력업체 평가 시행 및 개선

 2 설계

- 설계 시 국가의 법규 수준 이상의 안전보건 기준 적용
- 공사현장에서 발견되는 유해 위험요인 확인 및 안전 설계 반영
- 세계 안전설계기준 적용(worldwide engineering standards)

 3 생산

- 작동 전 설비 안전검사 시행
- 근로자 안전교육 실시
- 회전체 방호
- 사고 원인 조사 및 대책 수립
- 협력업체 안전평가 시행

④ 마케팅/영업

- 설비 안전성 개선 비용을 제품 판매계획에 반영
- 설비 안전성 강화(비상정치 스위치, 인터락 시스템 등)방안 이해

⑤ 인사

- 안전하고 건강한 작업환경 제공(안전한 근무조건, 사무실 배치 등)
- 효과적인 안전교육 시행을 위한 시스템 지원
- 안전보건과 관련된 공적 평가 근거 유지 및 관리
- 안전규칙 및 절차를 위반한 임직원에게는 징계 조치

⑥ 안전보건

- 회사 안전보건 정책과 목표 수립
- 모든 부서에 안전보건 가이드 제공
- 안전보건관련 활동 자료 유지 및 관리
- 유해 위험요인 확인
- 모든 중대사고 조사 및 분석 그리고 재발방지 대책 검토

⑦ 재무

- 안전보건활동을 위한 재정적 지원(투자 등)
- 사고로 인한 재해보상금 검토와 지급

⑧ 법무

- 모든 중대사고는 아시아 태평양 법률 변호사에게 보고
- 사고로 인한 재해보상금 산정 시 법률적 검토
- 사고로 인한 법적 업무 지원

IV 기본안전수칙과 징계

1 소개

기본안전수칙은 영어로는 safety golden rules, basic safety rules, life-saving rules 또는 cardinal rules 등의 용어로 사용된다. 회사의 특성이나 문화에 따라 기본안전수칙이라는 용어를 다르게 부르고 있지만, 기본적인 목적은 중대한 사고를 예방하기 위한 것이다. 조직이 갖는 유해 위험요인 중 중대한 사고로 이어질 수 있는 내용을 기본안전수칙으로 선정하여 운영한다.

안전인식과 안전한 행동은 사람의 본능에 의해 생기는 것이 아니라 의도적으로 배우고 연습하여 습관으로 이어진다. 회사는 구성원의 안전한 행동을 강화하기 위한 목적으로 기준 준수를 잘 하는 구성원을 긍정적으로 보상하고, 기준을 준수하지 않는 구성원에게는 부정적인 방식의 벌칙(sanction 또는 penalty 등)을 통해 안전기준 준수의 엄정함을 보여 안전한 행동을 유도한다.

2 실행사례

가. OO 에너지 기본안전수칙[1]

석유화학 업종인 OO 에너지는 안전문화 수준을 높여 사고 예방을 위한 목적으로 아래와 같은 8가지 기본안전수칙을 제정하여 운영하고 있다.

---

1 SK Energy. (2022). Safety Golden Rules. Retried from: URL: https://skinnonews.com/archives/19039

> 1. 모든 작업은 작업허가 최종 승인 후에 수행하여야 한다.
> 2. 밀폐공간에서 작업을 할 경우에는 정해진 주기에 따라 유해공기(산소/유해가스) 농도를 측정하여야 한다.
> 3. 유해위험물질(황화수소, 황산, 알카리) 취급 및 작업을 할 때에는 지정된 개인보호구를 착용하여야 한다.
> 4. 고소지역 작업 시 추락방지조치(비계 작업발판 설치 또는 안전방망설치 또는 안전벨트 체결)를 하여야 한다.
> 5. 변경사항이 있을 경우에는 변경검토(기술검토 또는 위험성평가) 후 작업하여야 한다.
> 6. 공정 및 전기 설비의 보수 작업을 할 때에는 해당 설비의 에너지원과 유해 물질을 차단/격리하고, 잠금조치와 꼬리표 부착을 하여야 한다.
> 7. 사내에서 차량/모패드 운전 시 제한속도를 준수하고, 안전벨트/안전장구를 착용하여야 한다.
> 8. 사내 허가된 지역에서만 흡연을 하여야 한다.

이러한 기준을 준수하지 않을 경우의 조치로는 1회 위반 시 경고와 특별 안전교육 실시 그리고 2회 위반 시 6개월 간 작업장 출입제한 조치가 취해진다.

나. 000 00000㈜[2]

화학소재 전문기업인 000 00000는 사고를 예방하기 위해 아래와 같이 7가지 세이프티 골든 룰(Safety Golden Rules)을 설정하였다.

> 1. 안전한 상태를 묵인하고 작업을 실시하지 않는다.
> 2. 작업 전 안전점검, 작업 후 정리정돈을 실시한다.
> 3. 안전작업허가서는 명확한 책임과 권한 아래에서 승인한다.
> 4. 공정 변경사항은 위험요소를 철저히 파악하고 변경한다.
> 5. 협력업체 안전관리는 절차와 시기를 철저히 준수하여 시행한다.
> 6. 작업에 적합한 안전보호구를 착용하고 작업한다.
> 7. 물류 상하차 작업 시 작업지휘자 입회 하에 작업한다

자체감사, 내부감사는 물론이고 평상시에도 7대 수칙 중 하나라도 위반하면, 심한 경우 인사적인 불이익을 받는 페널티가 적용되기도 한다.

다. 00 식품㈜[3]

사업장에서 발생할 수 있는 인명사고와 관련하여 필수 안전 수칙을 제정하여 사고 예방 등 근로자 안전의식을 고취하기 위한 '00 파수꾼 운동'을 하고 있다. 아래와 같이 사업장 내의 위험도가 높은 작업 6가지에 대한 사업장 필수 안전 수칙을 선정하였다.

---

2 고용노동부 (2021). 산업재해 예방을 위한 안전보건관리체계 가이드북.

3 고용노동부 (2022). 산업재해 예방을 위한 안전보건관리체계 구축 우수사례집.

1. 화기작업주의
2. 고소작업 추락주의
3. 밀폐공간 작업주의
4. 위험물질 취급주의
5. 지게차(차량)주의
6. 적정보호구 착용

또한 선정된 사업장 내 6대 필수 안전 수칙의 준수 여부를 확인하기 위해 위반고지서 제도도 병행하여 시행하고 있다. 1차 위반 시 경고, 2차 위반 시 교육, 3차 위반 시 징계 프로세스를 통해 처리된다. 이 제도는 근로자들을 처벌하는 것이 목적이 아닌, 안전의식 고취의 목적을 지니고 있다. 아래 그림은 사업장 6대 필수 안전수칙, 월간 보고서와 위반 고지서 예시이다.

사업장 6대 필수 안전 수칙

화기작업주의
화재 예방을 위한 조치를 할 것
- 불티비산방지
- 화재감시자 배치

고소작업 추락주의
추락 방지를 위한 조치를 할 것
- 안전대 착용
- 안전고리 체결

밀폐공간 작업주의
질식 방지를 위한 조치를 할 것
- 내부 산소(가스) 농도 측정
- 외부감시자 배치

위험물질 취급주의
위험물질 취급 시 주의할 것
- 유해성, 위험성 확인
- 취급주의사항 확인
- 사고시 대처 방법 숙달

지게차(차량)주의
운전 혹은 보행 시 주의할 것
- 운전자: 운전중 스마트폰 사용 금지
- 보행자: 좌우 살피고 이동

적정보호구 착용
안전보호구를 착용할 것
- 작업별 적정보호구 착용
- 올바른 착용방법 준수

월간 레포트

위반 고지서

삼양 파수꾼(Life Saving Rules) 위반 고지서	위반항목
1. 화기 작업 시 화재예방 조치 강구	☐
2. 고소 작업 시 추락방지 조치 강구	☐
3. 밀폐공간 작업 시 질식방지 조치 강구	☐
4. 지게차 등 차량 운행 시 안전조치 강구	☐
5. 위험물질 취급 시 절차 준수 및 안전조치 강구	☐
6. 작업절차 준수 및 지정된 보호구 착용	☐

1차: 경고, 2차: 교육, 3차: 징계

- 발생일시 20 년 월 일 시 분 ■ 발생장소
- 위반자: ■ 발견자:
- 소속 · 성명 · 서명 · 소속 · 성명 · 서명

라. 영국 BP[4]

영국 BP는 심각한 부상이나 사고, 특히 사망을 유발할 수 있는 특정 가능성이 있는 8가지 활동에 대한 수칙을 설정하였다. 이 수칙은 안전작업허가, 에너지 통제, 양중, 굴착, 밀폐공간, 운전, 화기작업 및 고소작업을 대상으로 하고 있다. 아래 사진은 BP의 Golden rules of safety이다.

The Golden Rules provide practical support in the application of BP's Operating Management System (OMS). They are aimed at field personnel - employees or contractors working at BP-operated sites who carry out, or are responsible for, eight activities with particular potential to cause serious injuries or incidents, especially fatalities.

Permit to work

Ground disturbance

Confined space entry

Working at heights

Energy isolation

Lifting operations

Driving safety

Hot work

---

4 BP. (2015). Golden Rules of Safety. Retrieved from: URL: https://pdfslide.net/documents/bp-golden-rules-of-safety.html.

마. 미국 Shell[5]

미국 Shell은 9가지 Life-Saving rule을 2021년 9월 연례 안전의 날에 발표하였다. 9가지 수칙에는 안전통제 우회, 밀폐공간, 운전, 에너지 통제, 화기작업, 긴박한 위험, 양중, 작업허가 및 고소작업이다. 아래 사진은 미국 Shell의 Life-Saving rules이다.

Bypassing Safety Controls	Confined Space	Driving	Energy Isolation
Hot Work	Line of Fire	Safe Mechanical Lifting	Work Authorisation	Working at Height

바. OLG 기업

(1) 기본안전수칙

OLG 기업은 사업부문별(공장, 서비스 부문, 설치부문) 특징을 반영한 기본안전수칙을 설정하여 운영하였다. 기본안전수칙은 과거 10년간 국내와 해외에서 발생한 사고 현황 분석과 심각도 평가를 통해 공통 기준, 사업 부문별 특성을 감안한 기준 그리고 기타 기준으로 설정하였다.

(2) 징계기준

본사 안전담당부서와 사업부문장은 기본안전수칙을 마련하고 징계 수준을 정하기 위한 여러 차례의 협의 미팅을 시행하였다. 근로자가 기본안전수칙을 위반할 경우 해당 협력회사 소장, 직영 감독자, 해당 팀장은 경고, 퇴출, 징계위원회 회부 등의 벌칙이 부여되는 기준이다. 아래 표는 징계와 관련한 기준이다.

---

5 SHELL. (2021). Retrieved from: URL: https://www.shell.com/sustainability/safety/personal-safety.html.

경고 횟수	근로자		협력회사 (소장)	직영 감독자	해당팀장
	협력회사	직영			
≥4차			협력회사 계약해지	징계위원회	징계위원회
3차		징계위원회	소장 퇴출, 계약 물량 30% 감소	징계위원회 (정직 1주)	경고, 교육
2차	퇴출	경고, 징계위원회 (정직 1주)	경고, 교육	경고, 교육	경고
1차	경고, 교육	경고, 교육	경고	경고	N/A
경고 누적기간	1년	1년	1년	6개월	6개월

(3) 기본안전수칙 준수 감사

본사 안전담당 부서 소속으로 전국 각지의 여러 업소로 파견된 안전전담 감사자(서울, 경남, 경북, 충청, 전라도 지역 등)는 불시로 현장을 방문하여 협력회사 근로자나 직영 근로자의 기본안전수칙 준수 여부를 확인하였다. 아래 표와 같이 감사자는 현장방문, 기본안전수칙 준수 여부 확인, 작업중지 여부 확인, 경고장 작성 및 위반사항을 관련 직영감독자와 해당팀장에게 통보하고 개선하는 절차를 운영하였다. 아래 그림은 기본안전수칙 준수 감사 프로세스이다.

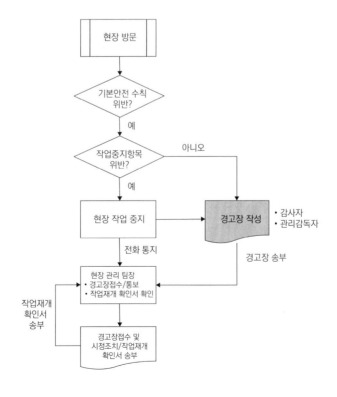

(4) Safety Academy

기본안전수칙 위반자를 대상으로 하는 Safety Academy 프로그램을 개발하여 운영하였다. 기본안전수칙은 근로자가 반드시 준수해야 하는 기준으로 조직행동관리 관점에서 조작적 조건화(operant condition)를 통해 안전한 행동으로 변화시키기 위한 것이었고, 이 방식은 부적강화(negative reinforcement)의 효과가 있었다.[6][7][8]

2005년에 저자는 해외와 국내 여러 유사업종을 벤치마크 하는 과정에서 LG 그룹이 시행했던 모랄(morale)교육[9]을 기본안전수칙 위반자 교육에 접목하고 SST(Special Safety Training) Program이라고 설정하여 CEO에게 보고하였다. CEO는 아래 그림과 같이 친히 'Safety Academy'라고 부르자고 제안하셨다. 이후 이 프로그램은 Safety Academy라는 이름으로 기본안전수칙 위반자를 대상으로 하는 특별한 교육 프로그램이 되었다.

---

6 Sidman, M. (2006). The distinction between positive and negative reinforcement: Some additional considerations. *The Behavior Analyst, 29*(1), 135.

7 Iwata, B. A. (2006). On the distinction between positive and negative reinforcement. *The behavior analyst, 29*(1), 121.

8 Carter, S. L. (2010). A comparison of various forms of reinforcement with and without extinction as treatment for escape-maintained problem behavior. *Journal of Applied Behavior Analysis, 43*(3), 543–546.

9 사람의 행동을 변화시키기 위하여 여러가지 동작을 구조화하여 지속 반복하는 훈련으로 교육 참석자를 힘들게 하여 다시는 이 교육에 들어오고 싶어 하지 않도록 하는데 목적이 있었다. 그리고 이 교육이 전사에 홍보되어 근로자가 이 교육에 들어오지 않고 기본안전수칙을 철저히 준수하도록 유도하는 간접적인 효과를 기대하고 개발하였다.

CEO는 Safety Academy 프로그램에 상당한 관심을 보이셨고, 사고 예방에 많은 효과가 있을 것으로 기대하셨다. 아래 그림은 그의 관심과 감사의 메일이다.

From: Jang, Bob
Sent: Thursday, September 15, 2005 9:01 PM
To: 000
Cc: Yang, JeongMo (저자)
Subject: 회신: 사장님 Comment

000,

I just reviewed your "Safety Academy Implementation". Great job. Thanks to you and your team. This program will certainly contribute to our effort to make our jobsites "Accident Free

Thanks and regards,
Bob

Safety Academy 프로그램은 3일 과정으로 구성되었다. 1일차는 교육 대상자는 오전 10시에 입소하여, 서약서 작성, Safety golden rule 시험, 안전과 무재해 철학 모랄 훈련, 안전실행(safrty practice로 safety puzzle, 중요 안전절차 시연)등의 내용을 오후 10시까지 수강하였다.

2일차는 오전 8시 30분부터 Safety golden rule 시험, 아차사고 사례 공유, 안전실행, 현장방문, tool box talk와 안전작업분석, 현장방문 결과 보고를 10시까지 준비하였다.

그리고 Safety Academy에 입소하여 교육받은 느낌과 앞으로의 각오를 토대로 가족에게 보낼 편지를 썼다.

3일차는 오전 8시 30분부터 현장방문 결과를 발표하였다. 그리고 교육 과정 동안 연습해온 모랄교육 시범을 포함한 수료식 실시와 Safety golden rule 준수 서약서 작성을 하였다. 아래 표는 Safety Academy 교육 커리큘럼과 시간표이다.

시간	1일차 (10 hrs)	2일차 (12.5hrs)	3일차 (5hrs)
06:00		▢기상	▢기상
07:00~08:00		▢조식	▢조식
08:30		▢Safety Golden Rules Test	▢현장방문 결과 발표
10:00	▢입소식	▢Near-miss	▢Safety Golden Rules 준수 서약서
10:00~12:00	▢입소 서약서 작성 ▢Safety Golden Rules ▢Case of Accident	▢Safety Practice ▢상호 격려하기	
12:00~13:00	▢중식	▢중식	▢중식
13:00~17:30	▢Safety Golden Rules Test ▢안전철학 ▢무재해 철학 ▢Safety Practice	▢Safe Program & Safety Golden Rules - 현장방문	-
17:30~18:30	▢석식	▢석식	
18:30~22:00	▢Safety Golden Rules Test ▢Safety Practice -Safety Puzzle -Major Procedure practice -Safety Stretch	▢TBM Practice ▢JHA Practice ▢현장방문 결과 준비 ▢편지쓰기(가족) ▢저녁숙제	
강사	사외강사+사내강사	사외강사+사내강사	사내강사

주요 강사는 저자(전체 교육 진행과 주 강사로 활동), 본사 안전담당 부서 감사자 그리고 외부 강사가 참여하였다. 외부강사는 교육 효과를 높이기 위하여 특수 부대 출신으로 레크리에이션 자격이 있는 사람을 초빙하였다.

A. 입소식

전국 각지의 현장에서 기본안전수칙 위반자를 대상으로 Safety Academy 프로그램에 참석을 희망한 근로자를 선정하여 교육이 시행되었다. 3일간의 교육은 상당히 높은 스트레스와 압박을 견뎌야 하는 과정으로 교육생들의 반발이 예상되어 아래의 '입소 서약서'를 작성하였다. 강사는 교육참여를 원하지 않는 사람은, 언제든지 자유롭게 퇴소할 수 있다는 것을 강조하였다. 아래 내용은 Safety Academy 입소 서약서상에 기재된 운영규칙이다.

1. 교육 시작시간을 준수한다.
2. 교육 휴식시간을 준수한다.
3. 교육 종료시간을 준수한다(오후 10:00).
4. 교육 강사의 지시에 불응하지 않는다.
5. 기본안전수칙 암기 테스트에 합격한다.
6. 교육 중에 진행되는 테스트에 합격한다.
7. 교육장내 금연한다.

8. 저녁숙제를 제출한다(현장방문 결과).
9. 교육시간 동안 핸드폰을 반납한다.

B. 기본안전수칙 암기 시험

교육생은 자신의 업무 분야에 적용되는 기본안전수칙을 암기하고 구술시험과 서면시험을 통과해야 했다. 교육생은 다른 교육생이 볼 수 있는 강단에 올라가 기본안전수칙 암기는 물론, 수칙 위반이 일어날 수 있는 상황을 설명해야 합격하는 기준으로 운영하였다. 강사는 교육생의 기본안전수칙 이해 수준을 판단하고 합격 여부를 결정하였다.

3일 과정 교육 동안 이 시험을 합격하지 못한 조는 계속 시험에 응시하였다. 단, 한 번에 합격한 조는 더 이상 시험을 보지 않았고, 합격하지 못한 사람들의 선망의 대상이 되었다.

C. 안전과 무재해 모랄 훈련

안전과 무재해 모랄 훈련을 통해 근로자의 인식변화를 하고자 하였던 구체적인 사유는 아래와 같다.

- 생각하는 안전에서 그치지 않고 행동하는 안전으로 변화
- 가장 빠른 시간 내에 안전에 대한 자신감 부여
- 안전 팀워크 강화
- 적극적이고 긍정적인 안전의식 제고

모랄 훈련은 교육생들에게 일정한 행동과 구호를 크게 외치도록 하였기 때문에 교육생의 목은 금세 쉬었고 어깨 근육을 포함한 전신은 뻐근해졌다. 교육생은 모랄 훈련에서 합격하기 위하여 팀워크를 다지면서 많은 시간 연습을 하였다. 약 5~6명 정도가 한 개 조를 이루어 모랄 훈련 시험을 대비하였다. 3일 과정 교육 동안 이 시험을 합격하지 못한 조는 계속 시험에 응시하였다. 단, 한 번에 합격한 조는 더 이상 시험을 보지 않았고, 합격하지 못한 사람들의 선망의 대상이 되었다. 그 이유는 고달픈 모랄 훈련 연습을 더 이상 하지 않아도 되는 보상이 있었기 때문이다. 강사는 합격하지 못한 조에게 언제든지 시험을 치를 수 있음을 알려주었다. 아래 사진은 교육생들의 모랄 훈련 연습 장면이다.

D. 안전실행

기본안전수칙 암기를 돕기 위하여 안전 퍼즐(safety puzzle)을 맞추는 과정을 마련하여 운영하였다. 강의장에 기본안전수칙이 인쇄된 코팅 종이와 그 상황을 묘사한 코팅 종이를 섞어서 바닥에 놓고 두 명이 해당 기본안전수칙 코팅 종이와 그 상황을 묘사한 코팅 종이를 찾아 서로 만나는 과정이다.

그리고 사전에 준비된 록아웃 텍아웃(LOTO, lock out and tag out) 도구를 준비하여 조별로 가장 빠르고 정확하게 시연하도록 하는 과정을 진행하였다.

E. 현장방문

교육 2일차에 교육생은 자신이 근무하는 유사한 현장에 방문하여 해당 현장의 유해 위험 요인 확인과 현장 근로자의 기본안전수칙 준수 여부를 확인하였다. 이 때 본사 안전담당 부서의 감사자는 교육생들과 함께 현장을 방문하였다. 본사 안전담당 부서의 감사자는 교육생이 현장 방문을 마칠 즈음 해당 현장에서 근무하는 근로자들을 한 곳에 모이게 하여 교육생들의 모랄 훈련 장면을 보여 주었다.

해당 현장의 근로자는 Safety Academy라는 교육과정이 힘들다는 소문을 들었지만, 교육생들의 목이 쉬고 모랄 훈련 장면을 직접 보면서 자신들은 절대로 기본안전수칙을 위반하지 않겠다고 다짐했다고 한다.

F. 현장방문 결과보고서 작성

교육생은 현장에서 점검한 기본안전수칙 체크리스트와 촬영 사진을 이용하여 점검 결과 보고서를 작성하였다. 이때 본사 안전담당 감사자는 해당 조원들을 대상으로 보고서 작성 요령과 현장 유해 위험요인에 대한 개선 조언을 하였다. 아래 그림은 교육생이 점검한 체크리스트에 감사자가 조언한 내용이었다.

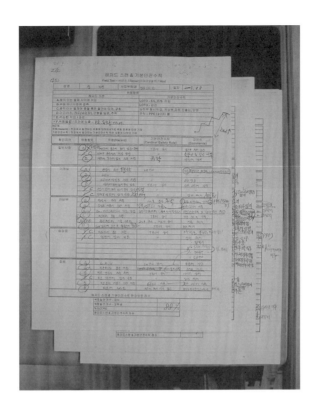

G. 가족에게 편지쓰기

교육생에게 가족의 소중함을 일깨워 주고, 자신의 안전이 가족의 행복에 얼마나 중요한 요인인지 생각해 보도록 하였다. 교육생은 장시간 각자의 생각을 글로 작성하여 편지봉투에 담았다. 일부 교육생은 가족이 없어 협력업체 담당 소장에게 편지를 작성한 경우도 있었다. 강사는 교육생이 작성한 편지를 수거하여 등기우편으로 보냈다.

H. 기본안전수칙 준수 서약서 작성

교육생은 3일간의 Safety Academy 과정을 마치고 기본안전수칙을 철저히 준수하겠다는 내용이 포함된 서약서를 작성하였다. 서약서 내용은 아래와 같다.

1. Safety Academy 프로그램을 통하여 기본안전수칙을 충분히 이해하였음을 서약합니다.
2. 기본안전수칙을 위반하면 중대한 사고가 발생할 수 있음을 이해합니다.
3. 현장에서 기본안전수칙을 반드시 이행함을 서약합니다.
4. 감독자의 경우, 해당 근로자의 기본안전수칙을 철저히 준수할 수 있도록 관리감독 할 것을 서약합니다.
5. 작업자의 경우, 기본안전수칙 기준에 의거 향후 1년 이내 현장에서 기본안전수칙 위반이 발생할 경우 "현장출입금지" 혹은 "징계위원회"에 회부되는 징계를 받아도 어떠한 이의도 제기하지 않을 것을 서약합니다.
6. 소장 및 팀장 또는 협력업체 소장의 경우, 의결사항에 따라 징계를 받아도 어떠한 이의도 제기하지 않을 것을 서약합니다.

I. 수료식

수료식 당일에는 기본안전수칙 위반 근로자(협력업체 포함)의 해당 팀장이 참관하여 교육생을 격려하였다. 강사는 수료식에서 교육과정을 공유하였고, 교육생은 현장점검 결과 보고 그리고 모랄 훈련 시범을 보였다. 아래 사진은 1차 Safety Academy 수료 사진이다. 사진의 가장 좌측에 있는 사람은 사외강사이다.

J. 교육평가

교육이 완료된 이후 교육에 참여했던 교육생들을 대상으로 무기명 만족도 설문조사를 시행하였다. 설문은 리커트 척도 5점 기준으로 작성되었다. 설문결과 기본안전수칙 이해도는 5점(100%), 기본안전수칙 준수도는 5점(100%), 기본안전수칙 위반자는 이 교육에 참여해야 한다는 답변은 4.61점(92%), 교육 프로그램이 너무 힘들다는 답변은 4.87점(97%) 그리고 강사 만족도는 4.77점(95.3%)이었다.

2차 교육 시행 이후 동일한 설문내용으로 참석자 34명에게 전화 설문 조사를 시행한 결과, 기본안전수칙 이해도는 참석 전 72% 수준에서 99% 수준으로 높아졌다. 기본안전수칙 준수도는 참석 전 76%수준에서 99%수준으로 높아졌다. 안전인식은 참석 전 67%수준에서 99%수준으로 높아졌다. 그리고 이 교육을 지속적으로 운영하면 좋겠다는 답변이 100% 수준이었다. 다만, 프로그램의 강도는 낮추어 달라는 요청이 있었다.

(5) 공정문화 구축

영국의 사회심리학자 James Reason은 'Managing the risks of organizational accidents'라는 책자에서 안전문화는 공유된 문화, 보고문화, 공정 문화, 유연한 문화 및 학습문화로 구성된다고 하였다.[10] 여기에서 공정 문화(just culture)는 위험과 불안전한 행동에 대한 수용 가능한 범위와 수용 불가능한 범위를 설정하고, 근로자가 따르고 신뢰하는 분위기를 조성하는 것이다. 근로자의 불안전한 행동의 배후 요인이나 기여요인을 확인하지 않고 무조건 처벌(징계)하는 사례는 용납될 수 없다는 인식이 필요하다. 하지만 이런 기준이 불안전한 행동으로 인해 사고를 일으킨 결과에 대해서 처벌을 면책하지 않는다는 기준은 유지해야 한다. 공정 문화 설계를 위한 전제조건은 수용할 수 있는 행동과 수용할 수 없는 행동의 범위를 설정하는 것이다.

조직이 구축한 책임시스템의 실행방안인 처벌과 징계가 공정하지 않다면, 아래 비난의 순환고리(blame cycle) 그림과 같이 조직과 근로자 간 신뢰가 낮아지고 안전문화는 열화될 것이다. 그리고 의사소통 부족, 경영층이 현장 조건에 대한 관심저하, 잠재조건(latent condition)조성, 결함방어(flawed defense) 그리고 실수전조(error precursors)의 악순환을 거듭하게 될 것이다.[11]

---

10 Reason, J., & Reason, J. T. (1997). *Managing the risks of organizational accidents. Ashgate.*

11 Standard, D. O. E. (2009). Human performance improvement handbook volume 1: concepts and principles. *US Department of Energy AREA HFAC Washington, DC*, 20585.

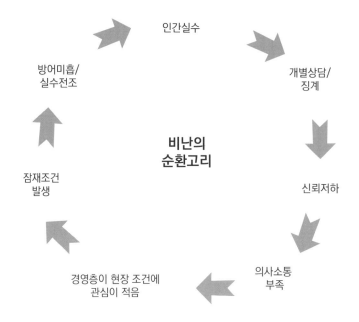

인간실수

방어미흡/
실수전조

개별상담/
징계

비난의
순환고리

잠재조건
발생

신뢰저하

경영층이 현장 조건에
관심이 적음

의사소통
부족

　　그렇다면 공정한 처벌과 징계 그리고 불공정한 처벌과 징계는 어떻게 구분하여 적용해야 할까? 미국 에너지부(DOE, Department of Energy)는 영국의 사회심리학자 James Reason의 '불안전한 행동에 의한 유책성 결정 나무—A decision tree for determining the culpability of unsafe acts'를 참조하여 아래 그림과 같은 결정 프로세스를 제안하였다.

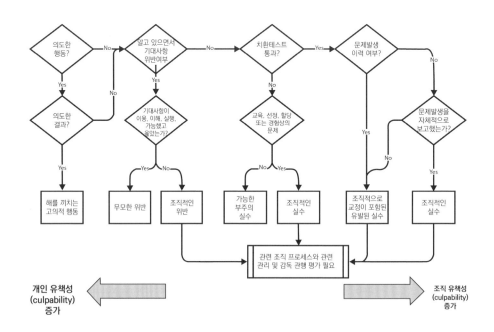

의도한
행동?

알고 있으면서
기대사항
위반여부

치환테스트
통과?

문제발생
이력 여부?

의도한
결과?

기대사항이
이용, 이해, 실행,
가능했고
옳았는가?

교육, 선정, 할당
또는 경험상의
문제

문제발생을
자체적으로
보고했는가?

해를 끼치는
고의적 행동

무모한 위반

조직적인
위반

가능한
부주의
실수

조직적인
실수

조직적으로
교정이 포함된
유발된 실수

조직적인
실수

관련 조직 프로세스와 관련
관리 및 감독 관행 평가 필요

개인 유책성
(culpability)
증가

조직 유책성
(culpability)
증가

114

제7장 책임

그림에 언급된 치환테스트(substitution test)는 Neil Johnston이 제안한 '가장 우수한 사람일 지라도 최악의 실수를 범할 수 있다'라는 논리를 포함하고 있다.[12] 즉, 위반자 또는 사고 유발 자의 유책성을 판단하기 위해서는 그들과 유사한 직종에서 동일한 자격과 경험이 있는 여러 사람에게 유사한 조건과 상황을 만들어 작업을 수행하도록 테스트를 하고 그 결과에 따라 처 벌을 하는 것이다. 테스트 결과 근로자가 불안전한 행동이나 위반을 할 수밖에 없는 조건이라 고 판명된다면, 위반자나 사고유발자는 처벌하면 안된다. 즉 치환테스트를 통과했다면 처벌 하면 안 된다.[13]

조직은 사고예방을 위하여 안전보건경영시스템의 책임 요소(element)를 운영함에 있어, 정 직하고 효과적인 처벌(징계) 체계를 구축해야 한다. 치환테스트를 통과한 근로자를 처벌위주로 다룬다면, 비난의 순환고리를 탈피할 수 없고, 사고예방의 효과도 그만큼 좋지 않게 될 것이 다. 여기에서 더욱 중요한 사실은 징계와 같은 부적 강화보다는 보상 등의 정적 강화를 적절 하게 적용하는 것이 더욱 효과적인 방안일 것이다.

---

12 Johnston, N. (1995). Do blame and punishment have a role in organisational risk manage— ment. *Flight Deck, 15*, 33−36.

13 Meadows, S., Baker, K., & Butler, J. (2005). The incident decision tree: guidelines for action fol— lowing patient safety incidents. *Advances in patient safety: from research to implementation, 4*, 387−399.

제8장

유해 위험요인 확인 및 개선

I 개요

 1 위험(Hazard and risk)의 분류

ISO 45001(2018)은 안전보건 분야에서 사용되는 위험이라는 용어를 영어로 hazard와 risk로 구분하여 설명하고 있다. 여기에서 hazard는 부상과 건강 악화를 유발할 가능성이 있는 요인으로 위험의 잠재적 근원, 위험 원, 위험요인, 유해 위험요인 등으로 정의할 수 있다. 아래 그림과 같이 사람이 통행하는 도로 위 절벽에 낙석이 존재하고 떨어질 수 있는 상황을 hazard라고 할 수 있다.

Hazard는 내적 요인(internal factors)과 외적 요인(external factors)으로 구분할 수 있다. 아래 그림과 같이 내적 요인(internal factors)은 원재료, 유해 화학물질 및 에너지를 투입하여 사람이

나 기계에 의한 공정 활동을 거쳐 제품 또는 서비스 형태의 출력과정을 거치는 동안 기계적 위험, 화학적 위험, 전기적 위험 등으로 나타난다.

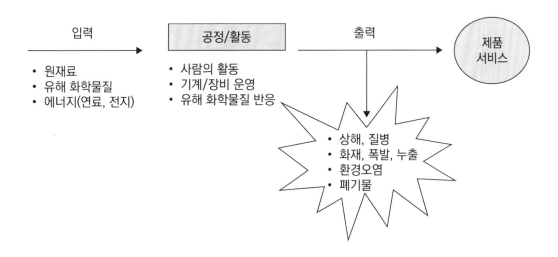

외적 요인(external factors)은 안전보건 방침, 안전절차 및 규칙 등의 위반으로 인한 안전보건경영시스템상의 결함, 인허가 조건 및 정부 기관 등에 보고를 누락하는 등의 결함으로 나타난다.

한편, risk는 hazard의 심각도(severity)와 빈도(likelihood)의 조합이며 위험성이라고도 한다. 심각성과 빈도의 조합으로 평가된 risk 수준은 일반적으로 널리 수용할 수 있는 정도의 'acceptable risk' 영역(수용할 수 있는 위험, 낮은 수준의 위험), 추가적인 대책으로 허용 가능한 'tolerable risk' 영역(허용할 수 있는 위험, 중간 정도의 위험) 그리고 특별한 경우를 제외하고는 허용이 불가능한 'intolerable risk' 영역(허용할 수 없는 위험, 높은 수준의 위험)등 세 가지로 구분할 수 있다.[1] 아래 그림은 전술한 risk 수준을 세 가지 수준으로 구분한 그림이다.

---

1 ISO/IEC Guide GUIDE 51(1999). Safety aspects − Guidelines for their inclusion in standards.

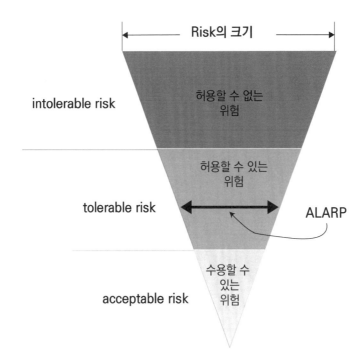

여기에서 ALARP은 as low as reasonably practicable의 약자로 risk가 합리적으로 실행 가능한 수준까지 감소되어 있는 영역이라고 할 수 있다.

② 위험성평가

1990년대부터 ISO와 IEC와 같은 국제기구는 위험성평가(risk assessment)를 국제적인 안전규격으로 지정하여 운영해 왔다. 국내의 경우는 2009년 2월 산업안전보건법 개정을 통해 사업주의 위험성평가 실시에 대한 법적근거가 마련되었다. 그리고 2013년 6월 산업안전보건법 제정을 통해 위험성평가의 방법, 절차, 시기 등을 정하는 행정고시가 규정되었다. 또한 안전보건관리책임자, 관리감독자, 안전관리자, 보건관리자 및 안전보건총괄책임자 등 각종 안전보건 관계자의 직무에 위험성평가 시행과 관련한 내용이 포함되었다.[2]

---

2 고용노동부. (2020). 위험성평가 지침해설서.

③ 위험성평가 절차[3·4·5]

위험성평가 절차에는 위험 요소 확인, 피해/손실 대상 결정, 위험성(risk) 평가와 위험성 감소 조치 등이 있다.

가. 위험 요소 확인

사업장의 특정한 상황과 시설 등에 대한 유해 위험요인 검토 그리고 관련 작업의 유해 위험요인을 확인하는 과정을 위험 요소 확인이라고 한다. 위험 요소를 효과적으로 찾기 위해서는 근로자의 일상적 또는 비일상적인 작업 활동을 평가해야 한다. 공정이나 작업 상황, 조건 및 특수성에 따라 여러 위험 요소가 존재할 수 있으므로 때로는 해당 분야의 전문가가 동참해야 한다.

위험 요소를 효과적으로 찾고 관리하기 위한 정보(information)원은 아래 표와 같다.

- 관련법률
- 프로세스
- 제품 정보
- 관련 국제 표준
- 산업 또는 무역 협회 지침
- 근로자의 개인적인 지식과 경험
- 조직 내부와 외부의 사고와 질병 자료 등
- 전문가의 조언과 의견 및 관련 연구 등

나. 피해/손실 대상 결정

근로자는 일반적인 피해의 대상이며, 그 주변에서 근무하는 여러 형태의 종사자인 청소부, 계약자 또한 피해 대상이다. 그리고 일시적인 목적으로 방문하는 사람, 공급자, 서비스 기사 등도 피해 대상에 포함된다. 또한 생산시설이나 프로세스 주변에 있는 주민이나 행인도 피해 대상으로 포함해야 한다.

---

3 HSE. (2014). Risk Assessment, INDG163 (rev 4).

4 OSHA. (2016). Recommended Practices for Safety and Health Programs.

5 ILO. (2014). A 5 STEP GUIDE for employers, workers and their representatives on conducting workplace risk assessments

다. 위험성평가와 위험성 감소 조치

이 단계는 잠재된 위험을 평가하고 현재 통제의 적절성을 평가하는 단계이다. 위험성은 심각도와 빈도 기준으로 표기되어야 한다. 이러한 과정을 ISO/IEC 가이드 51에서는 위험성 추정(risk estimation)이라고 한다. 빈도는 사람이 위험에 노출되는 횟수 기준으로 설정한다. 그리고 심각도는 위험의 크기나 부상과 질병 정도를 검토하여 설정한다. 아래 그림은 영국 보건안전청(HSE)이 제안하는 심각도와 빈도를 기반으로 한 위험성 추정 기준이다.

빈도	빈도 수준
피해 발생이 확실함	고 3
피해가 자주 발생	중 2
피해가 거의 발생하지 않음	저 1
심각도	**심각도 수준**
사망 또는 중대재해	중대 3
3일 이상 치료 재해	심각 2
부상 또는 질병	경미 1
위험성(risk) = 심각도(severity) X 빈도(likelihood)	

심각도와 빈도를 고려한 위험성 추정 결과에 따라 위험성을 결정(risk evaluation)한다. 영국 보건안전청이 제안하는 HSG 65 기준에 따라 심각도와 빈도를 3 X 3 모형으로 표시한 도표는 아래 그림과 같다.[6]

빈도	심각도		
	경미 1	심각 2	중대 3
저 1	낮음 1	낮음 2	중간 3
중 2	낮음 2	중간 4	높음 6
고 3	중간 3	높음 6	높음 9

심각도와 빈도의 조합이 높음(6점~9점)인 경우 즉시 개선이 요구된다. 그리고 중간(3점~4점)인 경우 가급적 빨리 개선해야 하고, 낮음(1점~2점)인 경우는 중장기적으로 계획을 수립하여 개선한다. 조직의 상황에 따라 심각도와 빈도를 4 X 5 모형 또는 그 이상으로도 세분하여 운영할 수 있다.

---

6 HSE. (2022). Managing for health and safety(HSG65). Retrieved from: URL: https://www.hse.gov.uk/pubns/books/hsg65.htm.

위험성 결정(risk evaluation)에 따라 위험성 감소 조치(risk reduction)로 활용되는 방안은 ISO 45001이 제시하는 위험성 통제 위계(hierarchy of control)인 (1) 위험 제거, (2) 덜 위험한 물질, 공정, 작업 또는 장비로 대체, (3) 공학적 대책 사용, (4) 교육을 포함한 행정적 조치, (5) 개인 보호구 사용과 같은 우선순위를 부여하여 조치한다.

(1) 위험 제거(elimination)

위험을 줄이는 가장 효과적이고 좋은 방법은 위험을 없애는 것이다. 사람이 통행하는 길 주변 절벽에 낙석이 존재하는 위험을 통제하는 방식은 아래 그림과 같이 크레인을 사용하여 낙석을 치우는 것이다. 이러한 방법은 공정이나 작업에서 독성 화학물질을 제거하거나 에너지 차단이 필요한 장비 등을 없애는 것과 같이 위험성 감소의 효과가 크지만, 위험성에 비해 비용이 많이 소요될 수 있다.

아래 그림은 위험성(risk)과 비용(cost) 관계에서 허용할 수 있는 위험수준인 ALARP 수준으로 위험을 합리적으로 실행 가능한 범위에서 최대한 낮게 한다는 원칙을 참조한다.

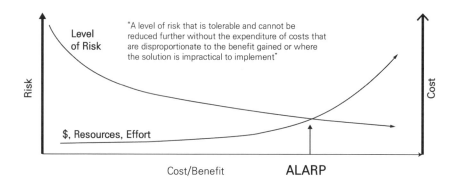

(2) 덜 위험한 물질, 공정, 작업 또는 장비로 대체(substitution)

위험한 형태의 물질이나 절차를 덜 위험한 물질, 공정, 작업 또는 장비로 대체하는 과정이다. 용제형 도료의 위험성을 낮추기 위해 수성 도료 사용, 전기 대신 압축 공기를 전원으로 사용, 강한 화학물질을 사용하는 대신 막대를 사용하여 배수구 청소, 사다리를 오르는 대신 이동식 승강 작업대를 사용하는 등의 방식이 있다. 다만, 위험성 감소 방안을 적용하는 동안 새로운 위험이 발생할 수 있는 상황을 검토하여 적용해야 한다.

(3) 공학적 대책 사용(engineering controls)

사람을 대상으로 하는 위험성 감소조치에 의존하지 않고 공학적인 조치를 활용하여 위험성을 감소하는 방안이다. 공학적 대책에는 효율적인 먼지 필터 사용 또는 소음이 적은 장비구매 등 발생원으로부터 위험을 통제하는 방식과 장벽, 가드, 인터록, 방음덮개 등 노출 원으로부터 위험을 통제하는 방식이 있다.

사람이 통행하는 길 주변 절벽에 낙석이 존재하는 위험을 통제하는 방식은 아래 좌측 그림과 같이 낙석이 떨어질 경로에 방책을 설치하여 사람이 통행하지 못하게 하는 방식과 아래 우측 그림과 같이 낙석이 떨어질 경로를 우회하여 새로운 통행방식인 배를 이용하는 방식 등을 검토할 수 있다. 다만, 위험성 감소 방안을 적용하는 동안 새로운 위험이 발생할 수 있는 상황을 검토해야 적용해야 한다.

(4) 행정적 조치(administrative controls)

- 노출시간 감소

구성원에게 휴식 시간을 제공함으로써 위험에 노출될 수 있는 시간을 줄이는 방법이다. 일반적으로 소음, 진동, 과도한 열 또는 추위 및 유해 물질과 관련된 건강상의 위험관리에 적용한다.

- 격리

위험 요소를 격리하거나 사람과 위험 요소를 분리하여 관리하는 것은 효과적인 통제 수단이다. 예를 들어 사업장 내 차량도로와 보행자 통로 분리, 도로 수리 시 통행인을 위한 별도의 통로 제공, 현장에 휴게공간 제공 및 소음 피난처 제공 등이 있다.

- 안전절차

이 방법은 일반적이고 비용 소요가 적은 방식의 통제 수단으로 현장의 유해 위험요인을 통제할 수 있도록 체계적으로 구축되어야 한다. 안전 절차는 서면으로 작성되어 조직의 공식적인 체계로 공지되어야 하며, 조직은 근로자에게 안전 절차를 교육하고 그 근거를 유지하여야 한다.

- 교육

교육은 잠재된 유해위험 요인을 구성원에게 인식시켜줄 수 있는 좋은 도구이다. 조직은 효과적인 안전보건 교육 프로그램을 마련하여 구성원이 안전보건 관련 기능, 기술, 지식 및 태도를 습득할 수 있도록 지원한다.

• 개인 보호 장비

개인 보호 장비(PPE, personal protective equipment)는 위험 제거, 대체, 공학적 대책 및 행정적 대책 이후 가장 마지막으로 검토해야 하는 제한적인 보호 수단이다. 상황에 따라 보호구를 착용했다고 하여도 사고가 발생할 위험성이 존재한다는 사실을 유념해야 한다.

아래 그림은 위험성 통제 위계(hierarchy of control)와 위험요인 관리 효과를 보여준다. 위험요소 감소의 효과가 가장 큰 순으로 위험 제거, 덜 위험한 물질, 공정, 작업 또는 장비로 대체, 공학적 대책 사용, 교육을 포함한 행정적 조치 및 개인보호구 사용 등이 있다.

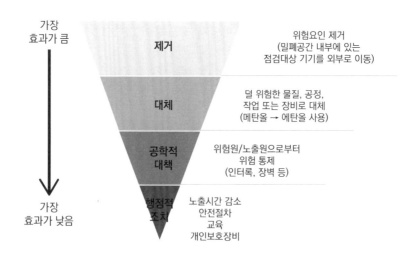

II 가이드라인

① 위험요인 파악

과거의 사고조사 보고서, 기계, 장비 등 보유 현황 및 설명서, 공정별 작업절차도, 화학물질 제조업체가 제공하는 MSDS, 안전모, 마스크 등 안전 장비 보유 현황, 외부 전문기관의 점검 결과, 작업환경측정 결과 및 근로자 교육자료 등의 위험요인과 관련한 정보를 준비한다.

② 위험요인 관리 모니터링

파악한 위험요인을 유형별로 분류한 기록 확인, 위험성평가 관련 시기, 대상, 방법, 인원 구성 등과 관련한 검토 내용, 유해 위험요인별 심각도와 빈도 수준 평가, 위험성 결정과 감소조치 내역 등을 확인한다.

③ 위험성 감소조치

위험성에 대한 제거, 대체, 공학적 통제, 행정적 통제, 보호구 등의 우선 순위를 검토하여 위험성 감소조치를 적용한다.

④ 대책 수립 및 이행

위험 유형별 개선방안을 요약하여 위험관리계획을 수립한다. 그리고 개선 조치 담당부서를 지정하여 위험성 감소조치의 권한과 책임을 명확히 한다.

⑤ 교육훈련

    모든 구성원에게 사업장의 유해 위험요인을 알리고 이와 관련한 통제 방안을 알려준다. 구성원은 이와 관련한 교육과 훈련에 적극적으로 참여하고 해당 사업장에 존재하는 유해 위험요인을 알린다.

III 실행사례-OO 자동차[7]

안전보건과 관련된 우수한 아이디어 제공자와 유해 위험요인 제보자에게 시상하는 제도를 운영하였다. OO 자동차가 기존 사용하고 있는 안전신문고 애플리케이션을 도급업체 근로자까지 확장한 개념이다. 아래 그림은 위험요인 발견, 안전신문고 애플리케이션 실행, 위험요인 신고 및 신고 접수와 조치 등의 절차이다.

---

7 고용노동부 (2022). 산업재해 예방을 위한 안전보건관리체계 구축 우수사례집

구성원은 자율적인 안전 활동인 '일일 안전 순찰제도', '녹색 지킴이 제안 활동', 'HI-FIVE ZERO 운동'을 참여한다. '일일 안전 순찰제도'는 구성원이 매일 순번제로 소속 부서의 유해 위험요인을 점검하는 활동으로 점검 결과는 다음 날 조회 시 3분 스피치 활동을 통해 공유한다. HI-FIVE ZERO 운동은 위험성이 높은 요인을 집중적으로 확인하는 과정으로 작업 현장의 끼임 사고, 감전 사고, 넘어짐, 근골격계질환, 소음 등의 5대 위험요인을 발굴하여 개선하고 구성원 의사소통 채널에 공유하는 과정이다.

안전작업허가 절차 시행 시 여러 문서를 만드는 과정에서 필수적으로 확인되어야 할 위험 요인이 누락되는 상황과 문서 작성의 번거로움이 존재하고 있었다. 이러한 문제를 해결하기 위하여 실시간으로 유해 위험요인을 확인하고 문서 작성을 최소화하는 안전작업허가 모바일 체계를 개발하여 효과적으로 운영하고 있다.

근로자는 작업수행 시 허가서를 별도 출력할 필요 없이 모바일상으로 허가서를 조회할 수 있다. 그리고 작업 완료 후 입력된 정보는 SHE 포털 시스템으로 전송되어 전산시스템에 보관되는 장점이 있다.

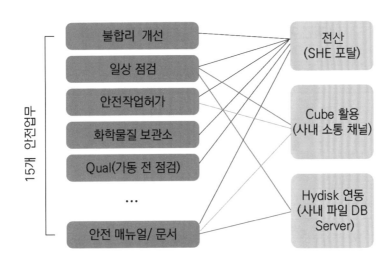

모바일 안전관리 어플리케이션 및 데이터 연계성

안전작업허가 모바일 체계는 현장 업무 15개 분야에 적용하고, 효과적인 운영을 위하여 모바일 단말기 1,283대를 구매하고 근로자에게 지급하였다. 아래 그림은 안전작업허가 Mobile System 화면 예시이다.

안전작업허가 Mobile System

< 화면 예 >

STEP ❶
안전작업허가서 목록 조회

STEP ❷
작업 입회자 및 지휘자 입력

STEP ❸
작업정보 및 관계서류 확인

STEP ❹
작업 시작 전 필요사항 입력

STEP ❺
작업진행

STEP ❻
작업완료 후 작업정보 전산 전송

< 안전작업허가 절차>

VI 실행사례-SBJ 기업

SBJ 기업은 S 회사와 영국 BP와의 합작법인으로 발전소 건설기간과 운영기간에 존재하는 유해 위험요인을 확인하고 개선하기 위한 활동을 하였다.

① 관련기준

영국 BP가 2001년 3월 배포한 'Engineering Technical Practice: ETP GP 48-1: HSE REVIEW OF PROJECTS'는 프로젝트 수행을 위한 통합적인 안전보건환경 검토(이하 PHSERs, project health safety and environment reviews) 절차로 BP 안전보건경영시스템의 5.5항의 기대사항인 'Getting HSE Right'를 정의한다. PHSERs 절차는 목적, 적용대상, 단계별 PHSERs의 목표, 전략, 관리 등의 내용으로 구성되어 있다.

PHSERs 절차는 설계단계에서 공사단계의 프로젝트 전반에 잠재되어 있는 유해 위험요인에 대한 확인과 평가(예: 정량화된 위험성 평가, HAZOP 및 HSE 검토 등)를 통해 효과적인 대책을 수립하는 내용으로 구성되어 있다. PHSERs의 적용대상은 신규 플랜트, 제조 설비, 파이프라인 및 관련 시설 건설, 새로운 연구 개발(R&D) 시설 건설 등이다.

PHSERs는 신규 프로젝트 투자절차(CVP, capital value process)인 평가(apprise), 선정(select), 정의(define), 실행(execute) 및 운영(operate) 단계와 함께 적용된다. PHSERs는 평가(appraise), 선정(select), 사전 실행(pre-sanction), 건설 전(pre-construction), 건설(construction), 시운전(pre-start up) 및 운영(operate)단계로 구분할 수 있다. 아래 그림은 투자절차에 따른 안전보건 검토 요구조건이다.

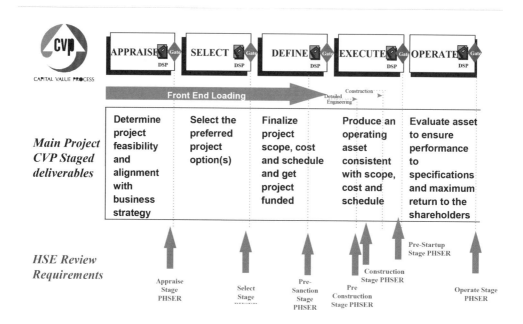

가. 평가(apprise)

PHSERs팀은 평가단계에서 중요한 안전보건 관련 위험을 식별한다. 아래의 내용은 PHSERs팀이 평가단계에서 확인해야 하는 항목이다.

a) 물질의 특성(사료, 제품, 중간 흐름 및 배출)
b) 본질적인 안전
c) 프로세스 및 운영
d) 위치(민감한 수용체, 토지 등을 포함)
e) 계약자, 파트너, 기타 이해 관계자
f) 주요 사고 가능성(독성/인화성 인벤토리, 고압/고온 작업, 물류)
g) 유사 기술의 사고이력
h) 유사 기술에 대한 위험 분석
i) 주요 배출 및 배출 식별
j) 규제와 인허가 문제
k) 안전보건 성과 추적, 보고 및 기록 절차
l) 안전보건 정책에 미치는 영향(예: 기후변화, 생물다양성 등)
m) 현장, 장비 및 제품의 수명 주기
n) 건강관리
o) 건설 위험 등

나. 선정(select)

- 프로젝트의 전체 수명 주기 특성과 관련된 안전보건 위험을 확인한다.
- BP의 안전보건 요구사항을 충족하는지 확인한다.
- 적절한 안전보건 관리 계획이 수립되었는지 확인한다.
- 적절한 유해 위험요인 관리 전략이 수립되었는지 확인한다.
- 적절한 위험성평가 기법이 정의되고 적합하게 적용되었는지 확인한다.

아래의 내용은 PHSERs팀이 선정단계에서 확인해야 하는 항목이다.

1. 프로젝트와 관련한 건강, 안전 및 환경 위험을 검토하고 식별한다.
   a) 공정 재료의 특성(모든 원료, 제품 및 중간 흐름에 대한 MSDS 검토)
   b) 반응성 화학물질
   c) 처리 조건(정상, 시작, 종료 및 이탈)
   d) 공정 목록, 화재 및 폭발 가능성, 저장된 에너지, 독성 방출 가능성
   e) 산업 보건/건강 관리
   f) 그룹 정책, 목표 및 전략에 대한 영향
   g) 본질적으로 더 안전한 설계를 위한 프로젝트 전략
   h) 운송 위험
2. 프로젝트와 관련한 계획을 검토한다.
3. 프로젝트가 기존 시설과 주변에 미치는 영향을 검토한다.
4. 프로젝트와 관련한 이해 관계자, 지역 환경, 민감한 수용체, 지리적 특징, 생물 다양성, 기상 조건 등을 확인한다.
5. 프로젝트 시행과 관련한 인력 수, 현장 접근성, 기존 작업에 미치는 영향, 유해한 물질/재료의 사용 등 건설 중 발생할 수 있는 중대한 위험과 환경 영향을 검토한다.
6. 아래의 배출원을 검토한다.
   a) 통풍구, 유성 폐기물, 폐수, 유해 및 비 유해 고형물 및 슬러지
   b) 소음, 냄새, 시각적 영향
   c) 점 오염원 및 비산 배출
   d) 온실가스 및 NOx 배출
   e) 외부 처리 및 폐기 기능 등

다. 정의(define)

- 전문가가 검토한 안전보건 검토 결과가 효과적이고 후속 조치가 되었는지 확인한다.
- 안전보건 관련 내용이 엔지니어링 설계에 반영되었는지 여부를 확인한다.
- 엔지니어링 보증 절차가 구비되었는지 확인한다.
- 변경 관리 절차가 마련되어 있는지 확인한다.
- 문서 관리가 적절하게 되고 있는지 확인한다.
- 교육훈련 계획이 수립되었는지 확인한다.

라. 실행(execute)

(1) 건설 전 단계 안전보건 검토(상세 엔지니어링)

- 안전보건 관련 위험성평가(HAZOP 등)가 적절하게 완료되었는지 확인한다.
- 변경관리 절차(MOC)가 적용되고 있는지 확인한다.
- 안전보건과 관련한 내용에 대한 전문가 검토 여부와 조치사항 개선을 확인한다.
- 엔지니어링 통제와 점검이 제대로 이루어지고 있는지 확인한다.
- 안전보건경영시스템이 효과적으로 적용되고 있는지 확인한다.

아래의 내용은 PHSERs팀이 건설 전 단계에서 확인해야 하는 항목이다.

1. 시설에 대한 위험성평가가 적절하게 수행되고 문서로 되어 있는지 확인한다.
2. 변경관리가 적절하게 시행되고 문서화되어 있는지 확인한다.
3. 프로젝트와 관련한 품질검토와 환경영향평가(EIA) 내용이 적절하게 이행되고 있는지 확인한다.
4. 계측, 제어, 물류, 인적 요소 및 경보 관리와 관련한 해당 분야의 전문가 검토 여부와 개선조치가 반영되었는지 확인한다.
5. 시설 접근성, 레이아웃 및 인체 공학적 검토가 완료되었는지 확인한다.
6. 산업 보건과 관련한 검토가 되었는지 확인한다.
7. 안전과 관련한 승인된 사양, 코드 및 표준이 설계에 반영되었는지 확인한다.
8. 공급업체의 표준 요구조건이 프로젝트의 설계 문서에 포함되었는지 확인한다.
9. 여러 설계자와 관련 공급업체 간 업무 공백을 확인하는 절차를 확인한다.
10. 설계가 변경될 경우를 대비한 관련 분야별 검토 프로세스를 검토한다.
11. 설계 문서가 최신본으로 관리되는지 여부를 확인한다.
12. 설계, 조달 및 설치와 관련한 공급업체 이력을 보유하고 있는지 확인한다.
13. 프로젝트의 안전보건 계획을 검토하고 준수 여부를 확인한다.
14. 안전과 관련한 정보를 관리하고 있는지 확인한다.
15. 시설 운영을 위한 안전보건 관리 절차 수립 여부를 확인한다.
16. 프로젝트 관리를 위한 안전보건경영시스템의 적용 여부를 확인한다.
17. 협력업체 안전보건 역량평가 시행 여부를 확인한다.
18. 안전보건 교육과 훈련 시행 여부를 확인한다.
19. 시설과 관련한 도면(P&ID) 구비 여부와 적절성 여부를 확인한다.
20. 안전 계측 시스템에 안전 무결성 기준(SIL) 반영 여부를 확인한다.

(2) 건설 단계 안전보건 검토

- 프로젝트 품질 관리가 적절하게 되고 있는지 확인한다.
- 변경 관리 절차가 적용되고 있는지 확인한다.
- 건설 인력에 대한 교육과 역량 평가가 되고 있는지 확인한다.
- 건설에 적합한 안전보건경영시스템이 적절하게 적용되고 있는지 확인한다.

아래의 내용은 PHSERs팀이 건설 단계에서 확인해야 하는 항목이다.

1. 프로젝트와 관련한 협력업체 평가 여부를 확인한다.
2. 프로젝트와 관련한 검사와 확인 등 내부 통제 절차를 검토한다.
3. 설계에 반영된 기준이 시설과 설비 제작에 적용되는지 여부를 확인한다.
4. 시공 결함목록(punch list)과 시운전 준비 현황을 확인한다.
5. 변경관리절차(MOC) 적용 여부를 확인한다.
6. 프로젝트와 관련한 문서 관리 절차를 확인한다.
7. 도면이 최신 상태로 유지되고 있는지 여부를 확인한다.
8. 유해 위험요인 확인과 관련한 안전보건 교육 계획 수립과 시행 여부를 확인한다.
9. 사람에 대한 기술과 역량 확인 프로그램 여부를 확인한다.
10. 안전보건과 관련한 검토사항의 조치 여부를 확인한다.
11. 비상대응 계획을 검토한다.
12. 안전작업 허가, 에너지 통제, 출입제한 조치 등의 절차 수립 여부를 확인한다.
13. 다양한 계층의 안전관련 회의 시행과 조치현황을 확인한다.
14. 현장상황에 맞는 지자체 또는 군과의 합동 훈련 시행 여부를 확인한다.
15. 공급업체와 협력업체에 대한 안전보건 관리가 시행되고 있는지 여부를 확인한다.
16. 확인된 유해 위험요인 관리 현황을 확인한다.
17. 현장 보안 조치와 의료 조치 여부를 확인한다.
18. 안전보건 성과 관리 여부를 확인한다.

(3) 시운전 단계 안전보건 검토

- 설비를 시운전할 준비가 되었는지 확인한다.
- 시운전 운영 인력이 적절하게 교육을 받았는지 확인한다.
- 시운전 장비를 갖추고 모든 절차를 사용할 수 있는지 확인한다.
- 사업부/현장이 시운전을 할 준비가 되었는지 확인한다.
- 비상 대응 조치 및 절차가 수립되었는지 확인한다.

아래의 내용은 PHSERs팀이 시운전 단계에서 확인해야 하는 항목이다.

1. 안전보건 검토사항(위험성평가, 감사결과, 연구결과 등)에 대한 조치가 완료되었는지 확인한다.
2. 관련 인허가를 취득하였는지 확인한다.
3. 프로젝트 시운전 계획을 검토한다.
4. 설계에 따라 시설이 건설되었는지 여부를 확인한다.
5. 설비나 단위 기기의 설치와 관련한 성능보증 여부를 확인한다.
6. 설비가 가동되기 전 안전확보를 위한 조치가 되어 있는지 확인한다.
7. 설비의 안전관련 장치 목록에 따라 시공이 되었는지 확인한다.
8. 시공 결함 목록에 따라 조치가 완료되었는지 확인한다.
9. 시운전을 위한 예비 부품 보유 여부를 확인한다.
10. 시운전 절차 구비 여부를 확인한다.
11. 시운전 절차에 설비 정상 작동과 비상 정지 등의 내용이 포함되어 있는지 확인한다.
12. 구성원(운전, 정비 등)이 안전과 관련한 절차를 숙지하고 있는지 여부를 확인한다.
13. 비상대응 절차가 구비되어 있고 적절한지 검토한다.
14. 구성원이 공정안전관리(process safety management) 요구사항을 이해하고 있는지 확인한다.
15. 시운전 과정에서 발생하는 측정 자료 취합과 분석 여부를 확인한다.
16. 시운전 기간에 발생할 수 있는 유해 위험요인 확인 내용을 검토한다.
17. 시운전 과정을 지자체 또는 주변 지역 주민에게 적절하게 홍보하고 있는지 여부를 확인한다.
18. 시운전에 필요한 안전보건 관련 법령 검토를 확인한다.

(4) 운영(operate, 시운전 후 12개월 이내) 단계 안전보건 검토

• 운영 시설의 안전보건 관련 성능이 설계 의도를 충족하고 있는지 확인한다.
• 건설과 초기 운영단계에서 경험한 교훈을 기록하고 개선한다.

아래의 내용은 PHSERs팀이 운영 단계에서 확인해야 하는 항목이다.

1. 안전보건 검토사항(위험성평가, 감사결과, 연구결과 등)에 대한 조치가 완료되고 문서로 되어 있는지 확인한다.
2. 설비 변경관리 사항을 확인한다.
3. 설계기준, 법령기준 등을 기반으로 실제 배출 현황을 확인한다.

효과적인 PHSERs를 수행하기 위한 팀은 팀장, 안전보건 전문가, 공정 전문가, 운영 전문가, 건설 안전보건 전문가, 품질 전문가 등으로 구성한다. 아래 표는 각 분야의 전문가 단계별로 참여하는 기준이다.

	평가	선정	정의	건설 전	건설	시운전	운영
팀장		√	√	√	√	√	√
안전보건 전문가	√	√	√	√	√	√	√
공정 전문가		√	√	√		√	√
운영 전문가		√	√	√		√	√
건설 안전보건 전문가			√	√	√		
품질 전문가				√	√	√	

2 K 발전소 건설사례(영국 BP 기준 적용)

'건설단계 PHSERs'가 2004년 3월 16일부터 18일까지 시행되었다. 영국에서 관련 전문가 2명이 발전소 건설 현장을 방문하였다. 결과 보고서의 목차는 소개, 관리 요약, 핵심 발견사항과 조언, 세부 발견사항 목록, 인터뷰 현황, 서류 검토 현황, 검토 팀, 참조문헌 그리고 이전에 시행된 검토에서 발견된 사항에 대한 조치 현황 등이다.

주요 발견 사항으로는 비상대응, 안전작업허가 시스템, 변경관리, 품질 감사, 안전보건 성과, 환경영향평가(EIA), 자료 관리, 보건시설, 진입도로, 경영층의 안전 리더십, 위험성평가, 작업 위험성평가(method statement), 세안 시설, 부지 경계, 흡연지역 관리 등이 있었고, 이에 대한 개선 제언 사항이 포함되어 있다. 전문가는 발주자 소속 관리책임자 4명, 감리회사 1명, 건설회사 관련 책임자 5명을 인터뷰했다. 아래 표는 건설단계 PHSERs 발견사항과 개선 제언 예시이다.

REF#	REFERENCE	FINDING / OBSERVATION	RECOMMENDATION	PROJECT RESPONSE
Construction PHSER 001	Emergency Response Planning	Formal Site Emergency and Contingency Plans have yet to be issued at site.	These necessary procedures should be developed without further delay and issued. The document should specifically address the impact of the adjacent gas plant.	Temporary drafted procedure was in place at time of audit only covered fire.

REF#	REFERENCE	FINDING / OBSERVATION	RECOMMENDATION	PROJECT RESPONSE
		Emergency Response Plan has not been generated although It is understood that this is currently under development. Failure to issue and implement such procedures could be a significant risk and potentially could become a major reputation issue in the event of a serious incident.	The recommendations of the Emergency Response Planning should be integrated with any existing emergency procedures. It is further recommended that, in the interim, a procedure should be developed to address the potential emergency scenarios that could arise.	Company issued draft emergency procedure 19/4/04. DIC reviewed and resubmitted there version 17/5/04. The emergency services still need to be contacted. Plans have been formalised to erect a siren alarm system & compile a exercise / drill / training program.

'시운전단계 PHSERs'가 시공 공정율 70% 단계였던 2005년 2월 21일부터 25일까지 시행되었다. 그리고 pre start-up 단계이었던 2005년 5월 9일부터 12일까지 시행되었다. 영국에서 관련 전문가 7명이 현장을 방문하였다. 결과 보고서의 목차는 소개, 배경, 검토범위, 팀 구성, 관리 요약, 핵심 발견사항과 조언, 세부 발견사항 목록, 인터뷰 현황 등이다.

주요 발견 사항으로는 록아웃 텍아웃(log out and tag out) 준수/관리/교육, 환경배출, 시운전 위험성평가, 비상대응, 운영인력 역량, 위험성평가(HAZOP) 평가, 안전작업허가(permit to work), 책임과 권한, 비상연락망, 시운전 인력 역량, 시운전 절차, 안전보건 절차 및 안전문화 등이고, 이에 대한 개선 제언 사항이 포함되어 있다. 영국에서 파견된 전문가는 발주자 소속 관리책임자 7명, 운영회사 책임자 2명, 건설회사 관련 책임자 6명을 인터뷰 하였다. 아래 표는 시운전단계 PHSERs 발견사항과 개선 제언 예시이다.

Finding No.	Title	Priority
Pre Start-Up 1	LO/TO compliance/auditing	H
Pre Start-Up 2	LO/TO administration.	H
Pre Start-Up 3	LO/TO training and mentoring.	H
Pre Start-Up 4	Environmental monitoring during start-up	M
Pre Start-Up 5	Knowledge Transfer	M
Pre Start-Up 6	Final Assurance(for firing) team independence.	H
Pre Start-Up 7	Commissioning/Start-up risk management	H
Pre Start-Up 8	Gas Quality	M

'운영단계 PHSERs'가 2006년 11월 6일부터 9일까지 시행되었다. 영국에서 관련 전문가 3명과 미국에서 관련 전문가 1명이 현장을 방문하였다. 결과 보고서의 목차는 소개, 배경, 검토범위, 팀 구성, 관리 요약, 핵심 발견사항과 조언 등이다.

주요 발견 사항으로는 위험성평가 교육과 인식, 안전작업허가, 변경관리 등이 포함되어 있다. 아래 표는 운영단계 PHSERs 발견사항과 개선 제언 예시이다.

Finding No.	Title	Priority
Post Ops - 1	Risk Assessment Training & Awareness	H
Post Ops - 2	Permit To Work - LO/TO	H
Post Ops - 3	MOC Procedure	H
Post Ops - 4	Additional Experienced Resource	H

'높은 수준의 잠재 위험성 평가(high potential activity risk assessment)'가 2005년 2월 4일부터 7일까지 시행되었다. 영국에서 관련 전문가 3명, 미국에서 관련 전문가 1명 그리고 외부 환경 컨설팅 전문가 1명이 참여하였다. 결과 보고서 목차는 소개, 배경, 검토범위, 팀 구성, 관리 요약, 핵심 발견사항과 조언 등이다. 주요 발견 사항으로는 위험성평가 교육과 인식, 안전작업허가, 변경관리 등이 포함되어 있다.

'주요 위험요인 확인(major hazard identification)'이 2004년 2월 12일부터 13일까지 시행되었다. 영국에서 관련 전문가 2명, 외부 안전컨설팅 전문가 1명 그리고 공사 관리 책임자 3명이 참여하였다. 결과 보고서 목차는 소개, 설비 개요, 프로젝트 소유자, 설비 기본 사양, 지역, 배치도, 위험성평가 방법, 발견사항과 조언 등이다. 주요 발견 사항으로는 통제실 배치, 정량적 위험성평가(QRA), 크레인 배치, 교통안전, 비상대응 등이 포함되어 있다.

'공정위험성평가(HAZOP)'가 2004년 2월 5일부터 13일까지 시행되었다. 해외와 국내 관련

전문가 11명이 참여하여 연료, 용수, 보일러, 터빈 등 32개 설비에 대한 공정위험성평가를 시행하였다.

'시운전 동시작업 위험성평가(simultaneous operation risk assessment)'가 2005년 3월부터 7월까지 시행되었다. 영국과 미국의 전문가, 공사 관련 책임자 그리고 외부 안전컨설팅 전문가가 참여하였다. 주요 내용은 요약, 소개, 배경, 시운전 동시작업 요구조건, 목표, 방법, 프로젝트 일정, 워크숍, 작성일지 및 동시작업 위험성평가 매트릭스 등이다. 아래 그림은 가스터빈에 연료가스 투입과 관련한 시운전 동시작업 위험성평가 내용으로 시운전 조건, 유해 위험요인 확인, 사고예방 조치, 제언 등으로 구성되어 있다.

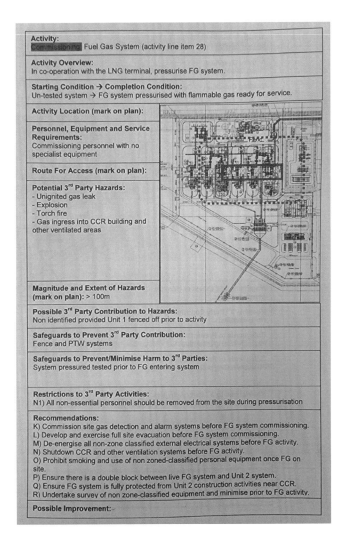

'사업장 외 위험성평가(offsite risk assessment)'가 2005년 9월 5일부터 9일까지 시행되었다.

외부 안전컨설팅 전문가와 내부 관리 책임자 6명이 참여하였다. 주요 내용은 정상운전 시 터미널 가스 누출과 천연가스 누출 관련 시나리오 검토이다. 아래 그림은 관련 위험성평가 내용으로 LNG 누출관련 평가와 LPG가스의 비등액체팽창증기폭발(BLEVE, Boiling Liquid Expanding Vapor Explosion)을 상정한 시나리오 결과이다.

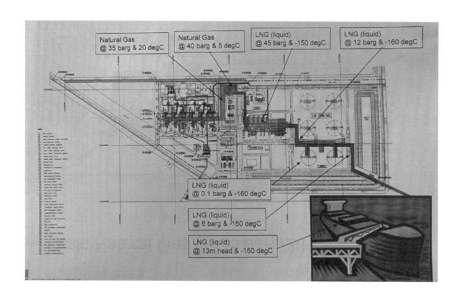

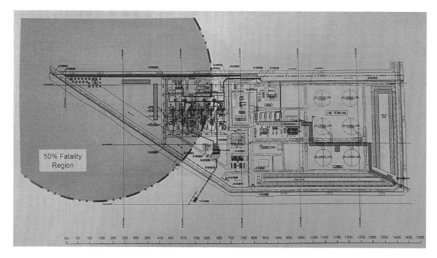

VII 실행사례-S 회사

S 회사는 3곳의 발전소를 성공적으로 건설하고 운영하기 위하여 SBJ 기업의 우수사례와 운영경험을 토대로 조직을 구축하고 효과적인 안전보건경영시스템을 운영하였다.

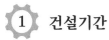

1 건설기간

가. 건설공사 관리

S 회사가 3곳의 발전소를 신규로 건설한 기간(2014년~2017년) 발주자로서 공사현장을 관리한 사례를 담은 '안전관리백서'를 기반으로 실행사례를 설명한다.

발전소 건설 개요	특별 안전점검 실시	안전기준 위반 Penalty제도 시행
사업추진 경과	현장 안전점검결과 개선	행동기반안전관리 프로그램 교육(Behavior based safety program)
주요 설비 소개	경영층 보고 및 개선	위험인식 교육(SAFETY Program)
발주자/시공사 안전관리 역할	현장 안전점검결과 분석	사고분석
발주자 안전관리 조직도	Safety Award 시행	안전관리 성과
발주자의 안전관리 기준을 EPC 계약서에 반영	발주자 및 감리단 정기안전교육	
안전기준 위반 Penalty 부과금액을 계약서에 반영	현장조직 안전협의체 운영	
공정별 위험요인에 따라 현장점검 실시	경영층 간 안전협의체 운영	
발주자 안전관리기준 이행점검 실시	시운전단계 안전관리, 안전작업허가 시스템(permit to work) 구축/운영	
일일 안전점검 실시	안전작업허가 시스템 교육	
관계사 합동안전점검 실시	사고발생보고 기준수립	

• 발주자(S 회사)/시공사(S 회사)의 안전관리 역할

발주자인 S 회사의 본사 안전팀장(저자)과 안전전담자는 현장에 상주하여 발주자 입장에서 안전관리 역할을 수행하였다. 발주자는 공사 Part 인력 2명을 안전관리 담당자로 선임하여 공사 Part와 관련한 안전관련 업무를 수행하였고, 발주자 안전전담자와 시공사 안전담당 조직 간 업무를 조율하였다. 그리고 감리단이 선임한 안전감리는 시공사인 S회사의 안전조직과 발주자 안전조직 간의 업무를 조율하였다. 아래 그림은 발주자, 시공사 그리고 감리사의 안전관리 역할을 요약한 내용이다.

구분	발주자	시공자
공사 Part	– 현장조직 안전협의체 참석 – 안전관리비용 집행 – 사고보고 – 특별/합동 안전점검 실시	– 시설/ 불안전행동 개선 – 안전협의체 참석 – 발주자에게 사고보고 – 특별/합동 안전점검 실시
안전 Part	– 안전관리기준 설정/점검 – 안전점검/개선통보 – 협의체 운영/애로사항 청취 – 발주자 공사팀/감리원 안전교육 실시 – 사고 원인조사/대책수립	– 법정 인력 선임 안전보건 전담자 현장상주 업무 (안전 9명, 보건 2명) – 안전관리기준 준수 – 안전점검/ 개선보고 – 협의체 참석 – 협장 근로자 안전교육 실시 – 사고보고/조사/대책수립
감리단 안전 Part	– 안전전담자 현장 상주업무 – 발주자 안전팀과 업무협조 – 안전점검/개선통보 – 안전관리비용 사용내역 검토	

(협조)

• 발주자의 안전관리 기준을 EPC 계약서에 반영

SBJ사가 K 발전소 건설 당시 반영했던 EPC 공사 계약 안전보건 관리 기준을 S 회사가 발주하는 발전소 건설 상황에 맞게 수정하여 시공사 EPC 공사계약에 반영하였다(발주자인 S 회사와 EPC 건설사인 S사와의 공사계약). EPC 공사계약서에 반영된 안전관련 내용은 시공사의 안전관리 책임, 현장안전관리 기준 및 안전보건경영시스템 운영 등 36항목으로 구성된 발주자의 최소 요구조건으로 당시 국내 EPC 건설현장에 적용하기에는 관리수준이 높았다.

안전관리기준			
1	안전보건 법규관리	19	양중장비 외부 점검제도 운영
2	보안관리	20	흡연 장소 운영 및 금연프로그램
3	개인보호구 착용기준(PPE 정책)	21	현장출입차량 관리계획
4	현장 환경관리 절차	22	Safety Award제도운영
5	유해위험 방지계획서작성	23	아차사고 및 사고조사
6	비상대응 계획	24	임시전원 사용계획
7	안전보건경영 매뉴얼	25	유해위험기구 점검
8	사고발생 보고체계	26	안전시설물 설치계획
9	위험성 평가회의 운영	27	SHE FLYER
10	SHE Execution Plan 운영	28	Gas 용기 안전관리
11	안전보건 교육계획	29	작업장 정리정돈
12	TBM 운영계획	30	협력업체 관리
13	정기 안전 Meeting	31	화재예방 대책
14	안전기준 위반Penal제도	32	위험성평가(HAZOP 실시 등)
15	성과측정 평가제도	33	음주자 단속 프로그램 운영
16	안전작업허가 시스템운영	34	구급차 운영 및 배치 계획
17	행동기반 안전관리 운영	35	의무실 설치 계획
18	비계 설치해체작업 안전	36	현장 보건시설 관리계획 등

- 안전기준 위반 Penalty 부과금액을 계약서에 반영

　근로자가 안전기준을 준수하지 않아 발생했던 사고유형을 분석하여 시공사가 수립한 안전수칙(Safety Golden Rules/One strike out기준/Yellow card발행기준 등)과 발주자가 제시한 108개의 안전기준을 확정하고 계약서에 반영하였다. Penalty 부과금액은 High 위험의 경우 건당 30만원, Medium 위험의 경우 20만원 그리고 Low 위험의 경우 10만원을 부과하고 시공사의 기성에서 상계하는 기준으로 계약서에 반영하였다.

　Penalty 부과 비용은 마지막 기성 수령 시 상계하고, 상한선은 3억 미만으로 운영하기로 발주자와 시공사는 최종 협의하였다. 다만, Penalty 부과는 사고예방에 목적으로 시행하였으므로 시공사가 달성한 무재해 달성 기간(안전보건공단이 주는 무재해 달성 인증서 기준)에 발생한 Penalty를 상쇄하는 조건도 두었다. 아래 그림은 안전기준 위반 Penalty 부과조항(예시)이다.

Ground Rule	Risk 구분			Comment or Example
1.Yellow Card제 내용	H	M	L	
1. 개인보호구 미사용	○	○		ex: 고소작업의 안전벨트 미착용
2. 아침조회 및 TBM 미 참석			○	
3. 이동식 틀비계(B/T)사용 부적합		○		틀비계 난간, 전도방지대, 가새 등 미 설치
4. 말비계 사용 부적합		○		목재제작, 높이과다(1.2m이상) 등 사용
5. 사다리 사용 부적합		○		전도방지대 미 설치 사용 등
6. 기타 작업대 사용 부적합		○		현장에서 작업용도로 자체 제작된 작업대 등
7. 생명줄 미설치		○		고소작업(2.0m이상) 장소에서 안전대 걸이시설 미설치
8. 기타 추락 방지조치 부적합	○			고소작업 시 추락방지(난간, 생명줄 등) 미설치 등
9. Barricading 또는 Tag위반	○			터파기구간, 개구부등 추락위험구간 난간, 표지 미설치 등
10. 기타 낙하물 방지조치 부적합		○		높이(10m 이상)구간 내 낙하물 방지조치(안전망 or 수직보호망 등) 미설치 등
11. 건설장비 작업방법 부적합		○		펌프카, 크레인 등의 아웃터리거 받침목 미설치, 작업위치 불량 등
12. 건설장비 용도 외 사용		○		백호우의 굴착작업 외 인양, 운반작업 사용 등
13. 인양 및 줄걸이 방법 부적합	○			철골 인양시 외줄걸이 사용, guy rope미사용, 샤클 체결 불량 등
14. 신호수 미배치		○		인양, 운반 등 장비 사용 중 신호수 미배치 등
15. 전동공구 및 수공구 사용 부적합			○	망치 등으로 자재의 절단, 연삭기를 이용 목재 절단의 사용 등

• 공정별 위험요인에 따라 현장점검 실시

2014년 10월 발주자는 시공사가 제출한 안전실행계획(safety execution plan)을 검토하여 공정별 위험요인을 파악하였다. 발주자는 파악한 위험요인을 기준으로 시공 현장을 주기적으로 점검하고 결과를 시공사에 통보하여 개선하였다. 그리고 해빙기, 환절기, 풍수해, 혹서기 등 계절적 요인과 관련이 있는 위험 요인을 점검한 결과를 시공사에 통보하여 개선하였다.

• EPC 계약에 반영된 발주자 안전관리기준 이행점검 실시

발주자는 EPC 계약에 반영된 발주자의 안전관리기준을 시공사가 이행하고 있는지 확인하기 위해 분기 1회 기준으로 서류와 현장 점검을 실시하고 개선하였다. 개선 회의에는 발주자, 공사팀 그리고 시공사 책임자급이 참석하였다. 아래 그림은 발주자가 시행한 안전관리기준 점검 결과 예시이다.

No	발주자 안전관리기준 예시	시공사의 실행내역 예시
1	● 안전보건 법규관리 시공사는 프로젝트 운영단계에 필요한 안전보건 요건에 대한 입법내용을 확인하였으며, 이를 준수하기 위한 요건들을 포함하여 내용을 확인하였음. ☞ 확인사항 산업안전보건법/건설기술진흥법/건설산업 기본법/시설물의 안전관리에 관한 특별법 등 발전소 운영에 필요한 법규관리대장을 작성하고 관리.	
2	● 보안관리 시공사는 보안계획을 수립하여야 한다. ☞ 확인사항 신규/기존근로자 및 일반차량/자재차량/건설장비 등에 대한 출입관리 절차를 수립하여 현장에 적용	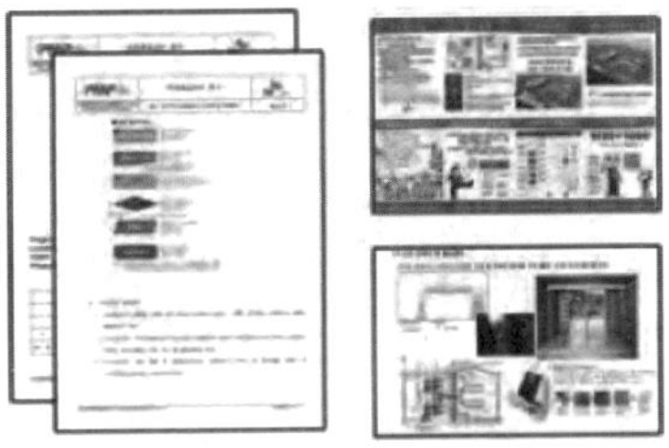
3	● 개인보호구 착용기준 시공사는 근로자에게 보호구를 지급하여야 한다. ☞ 확인사항 발주자/관리감독자/근로자/안전담당/신호수/용역근로자/일반근로자/신규채용자를 구분하여 개인보호구(PPE) 착용기준을 제정하여 운영함.	

• 일일 안전점검 실시

발주자 소속의 안전전담자는 감리단 안전담당과 시공사 안전담당자와 함께 매일 오전과 오후 현장 안전점검을 시행하고 결과를 통보하여 개선하였다.

• 관계사 합동안전점검 실시

발주자와 감리단 안전담당, 시공사 안전담당 그리고 시공사 공사팀장이 격주 단위로 합동

149

안전점검을 시행하고 개선하였다.

• 특별 안전점검 실시

발주자, 시공사 안전담당/공사팀장 및 감리단이 해빙기, 풍수해, 혹서기 및 동절기 기간을 대비하여 안전점검을 시행하고 개선하였다. 아래 그림은 특별 안전점검 모습이다.

• 현장 안전점검결과에 대한 개선조치

  (발주자 안전전담자/저자 ↔ 시공사 현장소장 ↔ 시공사 본사 담당 팀장 ↔ 발주자 본사
  임원 ↔ 시공사 본사 임원)

발주자 안전전담자와 저자는 급박한 위험이나 위험한 상태 발견 시 즉시 작업을 중지시키고, 개선을 확인한 이후 작업재개를 승인하였다. 발주자 안전전담자는 매일 오전과 오후 안전점검을 시행하고 그 결과를 사진과 함께 공문으로 작성하여 시공사 현장소장에게 통보하였다. 시공사 현장소장은 발주자의 개선요청 공문을 접수하고, 개선 결과를 발주자 안전전담자에게 회신하였다. 이와는 별도로 격주 단위로 개선사항을 시공사 본사 담당 팀장에게도 통보하고, 시공사 본사 담당팀장은 개선사항을 발주자 본사 임원에게 통보하였다. 발주자 본사 임원은 개선사항에 대한 검토내용과 격려의 메시지를 시공사 본사 임원에게 통보하였다. 이때 시공사의 고위급 임원과 발주자의 CEO와 임원에게도 참조로 보냈다.

건설현장에서 발생하는 수많은 유해 위험요인에 대하여 발주자 안전전담자는 성실하게 확인하고 기준에 따라 개선지시를 하였다. 시공사 현장소장은 어떠한 경우에도 발주자의 개선 요청을 거부하지 않는 훌륭한 리더십으로 좋은 안전 분위기를 조성하였다. 그리고 현장에서 발생한 여러 위험요인은 본사 경영층에게도 전달되어 개선조치를 효과적으로 할 수 있는 계기가 되었다. 무엇보다 현장과 본사가 안전보건의 중요성을 공감하는 풍토를 조성한 것이 의미가 있었다.

• 현장 안전점검결과 분석

2014년부터 2015년까지 piling, foundation 그리고 steel structure 등의 다양한 건설 공정에서 발견된 안전기준 부적합 건수는 358건으로 주요 항목은 추락(112건 31.3%), 낙하물(57건, 15.9%), 화재 및 폭발(45건, 12.6%), 감전(34건, 7.5%), 넘어짐(27건, 7.5%), 허가서(21건, 5.9%), 끼임(15건, 4.2%), 충돌(6건, 1.7%) 그리고 기타(41건, 11.5%) 순이었다.

그리고 2016년부터 2017년까지 steel structure, architecture, electrical, HVAC 등의 건설 공정 및 시운전 공정에서 발견된 안전기준 부적합 건수는 299건으로 주요위험 요인으로는 추락(76건, 25.4%), 화재 및 폭발(46건, 15.4%), 낙하물(43건, 14.4%), 허가서(27건, 9%), 감전(22건, 7.4%), 넘어짐(11건, 3.7%), 충돌(9건, 3%), 끼임(4건, 1.3%) 그리고 기타(61건, 20.4%) 순이었다.

• Safety Award 시행

발주자는 시공사 관리감독자 및 근로자의 안전의식을 높이기 위해 safety award 제도를 2015년 7월에 수립하였다.

시공사의 10대 기본안전수칙 우수 준수자, 안전스마일 카드 다수 수령자 중 시공사 현장소장의 추천을 받아 발주자 현장 안전전담자가 검토하고 저자가 시상하였다. 최우수 근로자 2명은 각 20만원 그리고 우수 근로자 6명은 각 10만원을 받았다. 건설기간 최우수 근로자는 41명이고 우수 근로자는 124명으로 2,020만원을 누적 집행하였다. 아래 그림은 저자가 오전 조회에서 safety award를 근로자에게 시상하는 모습이다.

• 안전기준 위반 Penalty제도 시행

발주자 안전전담자는 현장에서 발견한 안전기준 위반사항을 집계하여 Penalty 부과금액을 기록하였다. 안전기준 위반으로 Penalty가 부과된 금액은 2014년부터 2017년 4월까지 1억 3,860만원이었다. 4년간 High 위험(건당 30만원)은 88건으로 2,640만원이 부과되었다. Medium 위험(건당 20만원)은 550건으로 11,000만원이 부과되었다. Low 위험(건당 10만원)은 22건으로 220만원이 부과되었다. Penalty가 부과된 기간 중 무재해 달성으로 인한 8,510만원은 상쇄되었다.

• 행동기반안전관리 프로그램 (behavior based safety program) 운영

발주자는 현장 근로자의 불안전행동을 개선하기 위하여 행동기반안전관리 프로그램(BBS, behavior based safety program)을 발전소 건설현장에 적용하였다. 발주자는 시공사 관리감독자를 대상으로 사고발생이론, 관찰항목 및 양식 작성 방법 등의 내용으로 강의실 및 현장교육을 실시했다. 교육실시 이후 이론/실습 평가를 통해 70점 이상을 획득한 대상자에 한하여 발주자의 본사 담당 임원이 서명한 수료증을 지급하였다. 교육은 4차수에 걸쳐 116명이 이수하였고, 시공사 관리감독자는 핵심행동체크리스트(CBC, critical behavior checklist)를 활용하여 근로자의 행동을 관찰하고 개선하였다.

저자가 시공사의 여러 관리감독자와 인터뷰한 결과, 관리감독자는 활발하게 근로자를 만나 행동을 관찰하고, 안전대화를 나누었다고 하였다. 그리고 근로자의 불완전한 행동이 개선되었다고 하였다.

• 위험인식 교육(SAFETY Program)

저자는 시공사 안전담당자의 위험인식 수준을 높이기 위한 목적으로 SAFETY Program 교육을 시행하였다. 여기에서 SAFETY라는 용어는 영어의 앞 글자를 조합한 단어로 S는 위험을 조사한다는 의미에서 Scan, A는 위험을 분석한다는 의미에서 Analyze, F는 위험을 확인한다는 의미에서 Find hazard, E는 파악한 위험을 강화한다는 의미에서 Enforcement 마지막으로 TY는 근로자 안전을 위한 활동인 to you의 의미로 저자가 새로 만든 용어이다.

이 프로그램은 근로자가 현장의 위험을 지속적으로 조사(S)/분석(A)/파악(F)/강화(E)하는 과정을 반복하고, 위험을 분류하여 빠른 개선대책을 적용하게 하는 프로그램이다. 이 교육은 2차수에 걸쳐 46명이 참석하였고 11명이 테스트에 불합격하여 재교육을 실시하였다. 교육 설문결과, 대다수 만족(리커트 척도 5점 만점에 4.53회신)한다는 회신을 하였다.

• 현장조직 안전협의체 운영

발주자 주관으로 발주자의 공사팀 구성원, 시공사 안전담당, 감리단장과 안전관리전담자가 참석하는 현장조직 안전협의체를 운영하였다. 격주 단위로 발주자가 발견한 안전점검 결과를 공유하고 개선을 요청하였다. 추가적으로 발주자의 안전관리 기준 이행현황, 안전관리 기준위반 Penalty 부과 현황을 공유하고 시공사의 애로사항 등을 청취하고 개선하였다.

• 경영층 간 안전협의체 운영

발주자의 경영층과 시공사의 경영층이 주기적으로 만나 건설공사의 안전관리 수준을 향상시키기 위한 협의체를 운영하였다. 주요 내용으로는 근로자 중심의 안전관리 실행 방안, 사고 원인과 대책, 현장 요청사항, 안전관리 고도화 방안 등을 공유하고 개선하였다.

• 시운전단계 안전관리

시운전 기간에는 화재, 폭발, 감전, 누유 및 누출 등의 위험이 있어 효과적인 안전작업허가(PTW, permit to work) 시스템 적용이 필요했다. 발주자는 2016.5.26 ~ 27 기간 발주자가 직접 운영하는 발전소에 시공사 시운전 인력, 시공인력, 시공사 안전담당자, 감리단 안전담당자 등을 초대하여 발전소의 안전작업허가 시스템 교육을 하고 관련 절차를 시공사에 제공하였다. 시공사는 발주자의 요구수준을 감안하여 효과적인 안전작업허가 절차를 구축하고 운영하였다.

• 발주자 주관의 안전관리 활동에 대한 소감

- 시공사 안전팀 일동

발주자가 현장 안전관리 기준을 설정하고 여러 지원을 해주어 시공사 입장에서는 현장 안전관리 기준 수립과 안전관리 활동을 효과적으로 할 수 있었다. 그리고 현장 안전관리 수준을 발주자와 함께 업그레이드했다는 점을 긍정적으로 생각한다. 차기 프로젝트에서도 발주자와 협업하여 안전한 현장을 만들었으면 좋겠다.

- 발주자 시공팀 일동

발주자, 시공사 및 감리단 간 안전제일의 마인드와 유기적인 협조로 발전소 건설을 안전하게 마무리할 수 있었다. 발주자의 높은 안전관리 수준을 따르기 위해 시공사는 국내법규에 따른 안전관리비 책정 비용보다 많은 비용을 투입한 것으로 알고 있다. 향후 프로젝트에서는 이를 감안하여 안전관리비용을 책정하면 좋겠다.

- 발주자 안전팀 일동

현장에서 근로자의 위험한 행동과 위험요인을 있는 그대로 발견하여 꾸밈없이 시공사에게 개선을 요구하는 과정을 건설초기부터 상업운전 기간까지 지속적으로 반복하였다. 안전관리 프로그램을 개발하고 적용하여 사고예방의 여러 효과가 있었지만, 아쉬움도 있었다. 발주자가 설정한 안전관리 기준을 준수하기 위해 시공사의 성실한 안전관리 활동에 고마움을 느낀다. 본 백서의 사고예방 활동이 향후 프로젝트에도 적용되었으면 좋겠다.

나. 공정안전관리

(1) 공정안전보고서 작성과 제출

발전소의 주원료는 천연가스로 시간당 33.98톤을 사용하여 전기 1,064메가와트를 생산하는 시설로 공정안전보고서 제출 대상 사업장이다. 보고서는 1. 개요, 2. 공정안전자료, 3. 공정위험성평가서, 4. 안전운전계획, 5. 비상조치계획으로 작성되어 관할 안전보건공단으로 제출하였다. 개요에는 보고서의 목차와 사업 그리고 산업안전보건위원회 회의록 등이 포함되었다.

산업안전보건법 제44조 공정안전보고서의 작성제출과 같이 발전소는 산업안전보건위원회가 없었기 때문에 근로자 대표의 의견을 들어 보고서를 제출하였다.

공정안전보고서의 제출심사 확인 및 이행상태 등에 관한 규정 제6조 '① 사업주는 보고서를 작성할 때 다음 각 호의 어느 하나에 해당하는 사람으로서 공단이 실시하는 관련교육을 28시간 이상 이수한 사람 1명 이상을 포함시켜야 한다'라는 기준에 따라 저자는 안전보건공단이 시행하는 공정안전보고서 작성 및 평가 과정을 2012년 7월 23일부터 7월 26일까지 참여하여 이수하였다. 아래 그림은 관련한 수료증이다.

공정안전자료에는 유해위험물질자료, 유해위험설비목록 및 사양, 공정도면, 각종 건물설비의 배치도, 방폭지역 구분도 및 전기 단선도, 안전설계 제작 및 설치관련 지침서 등이 포함되어 있다. 그리고 유해위험설비목록 및 사양 중 동력기계 목록이다. 동력기계번호, 동력기계명, 사양, 주요 재질, 전동기 용량 그리고 방호장치의 종류로 구성되어 있다.

아래 그림은 유해위험설비목록 및 사양 중 안전밸브 및 파열판 사양(PSV & Rupture Disk Specification) 목록이다. 계기번호, 내용물, 배출용량, 노즐크기, 보호기기 압력(기기번호, 운전 압력, 설계 압력), 안전밸브(설정 압력, 몸체재질), 정밀도 그리고 배출 연결부위로 구성되어 있다.

안전밸브 및 파열판 사양 (PSV & Rupture Disk Specification)

계기번호 Item No.	내용물 Fluid	상태 Phase	배출용량 Capacity (kg/hr)	노즐크기 Nozzle		보호기기압력 Protected Equipment			안전밸브 PSV			정밀도 Accuracy (오차범위) (Error range)	배출 연결 부위 Relieving connection	비고 Remarks (Location)
				입구 Inlet	출구 Outlet	기기번호 Item No.	운전 Oper. pressure (kg/cm2)	설계 Design pressure (kg/cm2)	설정 Set pressure (kg/cm2)	몸체 재질 Body material	TRIM 재질 Material			
422-PSV-0001A	Sea Water	Liquid	7,573	3/4"	1"	425-M-HE-001A	3	5	5	SA351-CF3M	SUS316L HF	±3%	대기방출	열팽창
422-PSV-0001B	Sea Water	Liquid	7,573	3/4"	1"	425-M-HE-001B	3	5	5	SA351-CF3M	SUS316L HF	±3%	대기방출	열팽창
422-PSV-0001C	Sea Water	Liquid	7,573	3/4"	1"	425-M-HE-001C	3	5	5	SA351-CF3M	SUS316L HF	±3%	대기방출	열팽창
425-PSV-0002A	Cooling Water	Liquid	9,433	3/4"	1"	HE-001A	6	8.8	8	SA216 WCB	SUS316 HF	±3%	대기방출	열팽창
425-PSV-0002B	Cooling Water	Liquid	9,433	3/4"	1"	HE-001B	6	8.8	8	SA216 WCB	SUS316 HF	±3%	대기방출	열팽창
425-PSV-0002C	Cooling Water	Liquid	9,433	3/4"	1"	HE-001C	6	8.8	8	SA216 WCB	SUS316 HF	±3%	대기방출	열팽창
492-PSV-0004	Auxiliary Steam	Vapor	3,597	1.5"	2"	HX-101	25	33	33	SA216 WCB	SUS630	±3%	대기방출	Control Valve leak
442-PSV-0011	Air	Gas	472	3/4"	1"	TK-001	5	10	8.8	SA351CF8	SUS316 HF	±3%	대기방출	열팽창
492-PSV-0031	Auxiliary Steam	Vapor	239	3/4"	1"	Aux. steam line	3.5	6.5	5	SA216 WCB	SUS630	±3%	대기방출	열팽창
492-PSV-0032	Auxiliary Steam	Vapor	239	3/4"	1"	HT-001	3.5	6.5	5	SA216 WCB	SUS630	±3%	대기방출	열팽창
563-PSV-0033	Hot Water	Liquid	7,367	3/4"	1"	HT-001	3.5	6.5	5	SA351CF8	SUS316 HF	±3%	대기방출	열팽창

공정위험성평가 방식은 HAZOP, MAHID 그리고 기타 정량적인 평가로 시행되었다. 아래 그림은 HAZOP 위험성평가 결과로 가이드 워드, 원인, 결과, 안전조치 및 개선사항을 포함하고 있다.

contents:

아래 그림은 주요 위험요인 위험성평가(major hazard identification risk assessment)인 MAHID로 소개, 설비 요약, 프로젝트 주주, 발전소 기본 사양, 지역, 방법론, 위험성평가, 일반사항, 위험 리스크, 환경, 환경피해, 제언 그리고 결론으로 구성되어 있다.

contents:

아래 그림은 정량적 위험성평가(consequence analysis) 내역이다. 목차는 사고피해예측 결과, LNG누출에 의한 증기운 폭발(vapor cloud explosion modeling) 모델링, 사고피해 영향평가 등으로 구성되어 있다.

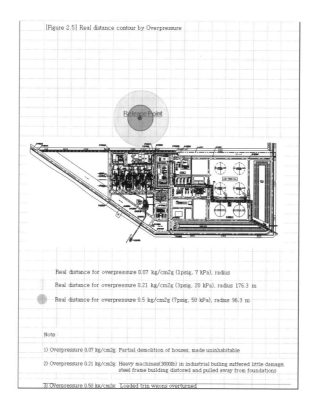

[Figure 2.5] Real distance contour by Overpressure

Real distance for overpressure 0.07 kg/cm2g (1psig, 7 kPa), radius

Real distance for overpressure 0.21 kg/cm2g (3psig, 20 kPa), radius 176.3 m

Real distance for overpressure 0.5 kg/cm2g (7psig, 50 kPa), radius 96.3 m

Note :

1) Overpressure 0.07 kg/cm2g: Partial demolition of houses, made uninhabitable

2) Overpressure 0.21 kg/cm2g: Heavy machines(3000lb) in industrial builing suffered little damage;
steel frame building distored and pulled away from foundations

3) Overpressure 0.50 kg/cm2g: Loaded trin wgons overturned

안전운전계획에는 설비점검유지, 안전작업허가, 도급업체 안전관리, 근로자 교육계획, 가동 전 점검지침, 변경요소 관리, 자체감사 계획 지침 그리고 공정사고조사 계획이 포함되어 있다.

비상조치 계획에는 목적, 비상사태의 구분, 위험성 및 재해의 파악과 분석, 유해 위험물질의 성상조사, 비상조치계획의 수립, 비상조치계획의 검토, 비상대피계획, 비상사태의 발령, 비상경보체계, 비상사태의 종결, 사고조사, 비상조치 위원회의 구성, 비상통제조직의 구성, 비상통제소의 설치, 운전정지 절차, 비상훈련의 실시 및 조정 그리고 주민(인근 사업장) 홍보계획 등의 내용으로 구성되어 있다.

(2) 공정안전보고서 심사

사업주가 작성한 공정안전보고서를 접수한 안전보건공단은 서류심사, 설치 중 검사, 시운전 중 검사를 시행하였다. 아래 그림은 사업주가 작성한 보고서를 안전보건공단이 검토하고 서류 보완을 요청한 공문이다. 안전보건공단의 주요 보완요청사항으로는 유해 위험물질 목록, 동력기계목록, 장치 및 설비 명세, 배관 및 가스켓 명세, 안전밸브 및 파열판 명세, PFD, P&ID와 관련한 내용이다.

한국산업안전보건공단

조심조심
코리아

수신자 　　　　　　　　대표이사
(경유)
제목　공정안전보고서 1차 심사결과 알림

　　　1. 귀사의 무궁한 발전과 무재해를 기원합니다.
　　　2. 산업안전보건법 제49조의2에 의거 귀사에서 제출한 공정안전보고서에 대한 1차 심사회의 결과 다음과 같이 보완사항이 있어 알려드리오니, 기한 내에 보완서류를 제출하여 주시기 바랍니다.

사 업 장 명	심 사 대 상	심 사 결 과
		서류보완 (2014. 9. 19 限)

　　가. 제출방법 : 보완내역을 목록화하고 보완서류 2부 제출
　　나. 문 의 처 :
　　　　- 주 소 :
　　　　- 전 화 :
　　　3. 보완내용과 관련하여 의문사항이 있을 경우 심사자에게 문의하여 주시기 바랍니다.

붙 임　공정안전보고서 보완요청서 1부.　끝.

공단 직원의 업무처리사항에 이의가 있는 경우 10일 이내에 전화 또는　　　　　　　　할 수 있습니다.

한국산업안전보건공단 이사장

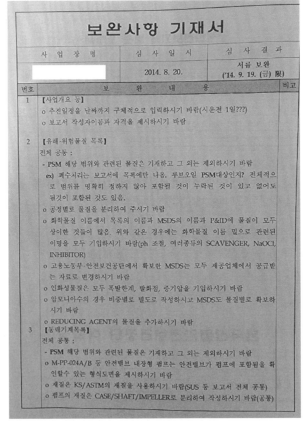

보완사항 기재서

사 업 장 명	심 사 일 시	심 사 결 과
	2014. 8. 20.	서류 보완 ('14. 9. 19. (금) 限)

번호	보 완 내 용	비고
1	【사업개요 등】 o 추진일정을 날짜까지 구체적으로 입력하시기 바람(시운전 1일???) o 보고서 작성자이름과 자격을 제시하시기 바람	
2	【유해·위험물질 목록】 전체 공통 : - PSM 해당 범위와 관련된 물질은 기재하고 그 외는 제외하시기 바람 ex) 폐수처리는 보고서에 목록에만 나옴. 루브오일 PSM대상인지? 전체적으로 범위를 명확히 정하지 않아 포함될 것이 누락된 것이 있고 없어도 될것이 포함된 것도 있음. o 공정별로 물질을 분리하여 주시기 바람 o 화학물질 이름에서 목록의 이름과 MSDS의 이름과 P&ID에 물질이 모두 상이한 것들이 많음. 위와 같은 경우에는 화학물질 이름 밑으로 관련된 이명을 모두 기입하시기 바람(ph 조절, 여러종류의 SCAVENGER, NaOCl, INHIBITOR) o 고용노동부·안전보건공단에서 확보한 MSDS는 모두 제공업체에서 공급받는 자료로 변경하시기 바람 o 인화성물질은 모두 폭발한계, 발화점, 증기압을 기입하시기 바람 o 암모니아수의 경우 비중별로 별도로 작성하시고 MSDS도 물질별로 확보하시기 바람 o REDUCING AGENT의 물질을 추가하시기 바람	
3	【동력기계목록】 전체 공통 : - PSM 해당 범위와 관련된 물질은 기재하고 그 외는 제외하시기 바람 o M-PP-024A/B 등 안전밸브 내장형 펌프는 안전밸브가 펌프에 포함됨을 확인할수 있는 형식도면을 제시하시기 바람 o 재질은 KS/ASTM의 재질을 사용하시기 바람(SUS 등 보고서 전체 공통) o 펌프의 재질은 CASE/SHAFT/IMPELLER로 분리하여 작성하시기 바람(공통)	

사업주는 안전보건공단의 서류보완 요청에 따라 개선계획을 수립하여 공정안전보고서를 제출하였다. 이후 안전보건공단은 '조건부 적정'의 판정 결과를 사업주에게 회신하였다. 그리고 사업주는 공정안전관리 설치과정 중 점검을 안전보건공단에 요청하였고, 안전보건공단은 현장점검 결과 '적합'으로 사업주에게 통보하였다. 이후 안전보건공단은 시운전 중 점검을 시행하고 적합통보를 사업주에게 하였다. 이로써 사업주는 공정안전관리 심사를 합격하고 정상적인 시운전과 상업운전을 개시하였다.

② 운영기간

가. 정기평가

(1) 공정위험성평가

사내 기준에 따라 공정안전관리 12대 요소에 대한 운전과 정비 부서 담당자를 지정하여 운영하였다. 아래는 고용부와 안전보건공단이 발간한 '공정안전관리 12대 요소'이다.

1. 공정안전자료의 주기적인 보완 및 체계적 관리
2. 공정위험성평가 체제 구축 및 사후관리
3. 안전운전 지침 안전운전절차 보완 및 준수
4. 설비점검 · 검사 및 유지 · 보수 설비별 위험등급에 따른 효율적인 관리
5. 안전작업허가 작업허가절차 준수
6. 도급업체 안전관리 도급업체 선정 시 안전관리 수준 반영
7. 근로자 등 교육 근로자(임직원)에 대해 실질적인 PSM교육
8. 가동 전 점검 유해 · 위험설비의 가동(시운전) 전 안전점검
9. 변경요소 관리 설비 등 변경 시 변경관리절차 준수
10. 자체감사 객관적인 자체감사 실시 및 사후조치
11. 공정사고 조사 정확한 사고원인규명 및 재발방지
12. 비상조치 비상대응 시나리오 작성 및 주기적인 훈련

아래 그림은 고용부와 안전보건공단이 발간한 '공정안전관리 실천과제별 세부 추진사항'이다.

PSM 12대 실천 과제별 세부 추진사항

연번	실천과제	세부 추진사항
1	공정안전자료의 주기적인 보완 및 체계적 관리	· 공정안전자료 보완 및 관리규정 제정 · 공정안전자료 관리시스템 구축 및 주기적 보완(원본 관리) · 보완내용 공지 및 공정안전자료 재·개정목록 작성
2	공정위험성평가 체제 구축 및 사후관리	· 공정위험성평가 종합계획 수립·시행 · 사업장 자체적인 위험성평가체제 구축 · 주기적인 위험성평가 실시 및 평가결과 사후관리
3	안전운전절차 보완 및 준수	· 안전운전지침서의 재·개정 절차 표준화 · 안전운전지침서의 주기적인 보완 · 안전운전지침 준수여부를 자체적으로 확인하기 위한 체제구축
4	설비별 위험등급에 따른 효율적인 관리	· 설비종류별 위험등급 분류체계 수립 및 절차 유지·관리 · 설비점검 마스터 작성, 종합계획수립 후 검사 등 실시, 설비이력관리 · 장치·설비의 유지보수시스템 구축(표준화)
5	작업허가절차 준수	· 주기적인 안전작업절차 개선보완 · 안전작업허가절차(발급·승인·입회) 준수여부 확인 · 안전작업허가서 내용 이행여부 수시점검
6	도급업체 선정 시 안전관리 수준 반영	· 객관적인 평가체제 구축 · 도급업체 선정시 안전보건분야 실적 반영 · 상주 및 비상주 도급업체에 대한 주기적인 평가 및 등급관리
7	근로자(임직원)에 대한 실질적인 PSM 교육	· 연간 교육계획의 수립 및 실행 · PSM 12개 구성 요소별 교육교재 작성 · 계층별 PSM 교육 및 성과측정
8	유해·위험설비의 가동(시운전)전 안전점검	· 유해·위험설비에 대한 설비별 가동전 점검표 작성 및 주기적인 보완 · 가동전 점검 실시, 점검결과에 따라 시운전 여부 판단 · 유해위험요인 제거 후 가동
9	설비 등 변경 시 변경관리절차 준수	· 변경의 범위(변경 판정기준)를 명확하게 설정·적용 · 변경사유 발생 시 변경관리 절차 준수 · 변경관리위원회의 실질적인 활동 및 권한부여
10	객관적인 자체감사 실시 및 사후조치	· 정기적인 자체감사 계획 수립·실시 · 자체감사 점검표(Check-List)의 주기적 보완 · 자체감사팀 구성 및 권한부여
11	정확한 사고원인규명 및 재발방지	· 아차사고(공정사고)를 포함하여 사고원인조사 수행 · 동종업체 사고사례 분석·활용 · 자사 및 타사 사고사례 데이터베이스 구축
12	비상대응 시나리오 작성 및 주기적인 훈련	· 최악 및 대안의 비상대응 시나리오 작성 · 종합적이고 입체적인 피해 최소화 전략 수립 · 주기적인 자체비상훈련 및 외부 합동비상훈련

고용노동부 · 안전보건공단 · OPEN

   사업소는 공정안전관리 12대 과제별 담당자를 지정하여 매년 정기적인 공정안전관리 자체평가를 시행하고 개선한 결과를 서류로 보관하였다. 특히 4년 주기로 시행되는 고용노동부 주관 등급심사에서 좋은 평가를 받기 위해 심사 1년 전부터 시설, 설비 그리고 서류 등에 대한 전반적인 검토를 하였다.

   발전소 책임자, 관리감독자 그리고 근로자는 고용부 감독관의 다양한 안전관련 질문에 대한 답변을 해야 하고, 그 답변 결과에 대한 점수가 평가에 반영되었으므로 상당한 시간을 할애하여 준비하였다. 아래 사진은 고용노동부가 주관하는 등급심사를 받기 위해 준비한 서류를 정리해둔 모습이다. 사업소 담당자들은 고용노동부 감독관의 요청 서류를 빠른 시간 내에 보여줄 수 있도록 관련 모든 서류를 목록화하여 심사 장소에 정리하였다.

발전소 건설 이후 상업운전 기간 고용노동부 주관의 등급심사가 진행되었다. 등급심사 평가에는 일반적으로 고용노동부 감독관 1명 그리고 안전보건 공단 2명 정도가 참여하여 시행되었고, 등급심사 점수에 따라 P등급(90점 이상, 등급 부여 후 1회/4년 점검), S등급(80점~89점, 등급 부여 후 1회/2년 점검), M+등급(70점~79점, 등급 부여 후 1회/2년 점검 및 1회/2년 기술지도) 그리고 M−등급(70점 미만, 등급 부여 후 1회/1년 점검 및 1회/2년 기술지도)을 받는다. 등급에 따라 고용부의 점검 주기가 결정된다. 3곳의 발전소는 최초 등급심사 그리고 이후심사에서 S등급을 취득하고 유지하였다.

(2) 작업위험성평가

발전소 상업운전 이전에 준비했던 작업위험성평가 인벤토리를 참조하여 매년 추가적인 내용을 검토하고 보완하였다. 작업위험성평가 인벤토리는 설비 유형별로 안전작업분석(job safety analysis) 형태로 검토되었다. 검토과정에서 법령 변경사항, 사고사례, 구성원 요청사항 그리고 타사 사고 사례 등 추가적인 정보 등을 보완하였다.

작업위험성평가 인벤토리를 기본으로 전기, 기계, 계측 등의 업무 분야별 작업과 관련이 있는 위험성평가표를 작성하였다. 그 내용으로는 작업내용, 작업단계, 작업수행 세부단계, 유해 위험요인, 위험성(사전), 위험관리방안, 위험성(사후) 내용이 기재된 위험성 등이다.

(3) 보험사 평가

회사는 발전소에서 발생할 수 있는 사고를 대비하여 손해보험을 가입하였다. 손해보험 회사는 안전보건 전문가를 주기적으로 발전소로 보내 발전소의 안전보건경영시스템 운영상태와 시설 관리 현황을 검토하였다. 보험사 소속 안전보건 전문가의 보고서는 핵심요약, 목적과 접근방식, 회사 개요, 지역, 건설현황, 운영절차, 운영 모드, 가스터빈, 가스터빈 압축기, 스팀터빈, 냉각계통, 배열회수 보일러, 변압기, 용수, 해수, 연료, 설비 보호 시스템(방호장치, 소방 등), 누출평가(연료 누출 등), 관리시스템(안전보건, 설비 관리, 설비 유지보수, 협력업체 관리, 안전작업허가, 변경관리 등) 등이다.

나. 수시평가

발전소에서 일어나는 모든 작업, 시설물 변경과 해체, 설비 신규 도입 등은 발전소 안전보건 정책에 따라 변경관리 절차와 안전작업허가 절차에 따라 수시평가를 시행한다.

(1) 변경관리(management of change) 절차

사업장의 건물, 시설, 공정, 설비, 취급 화학물질 등이 변경될 경우 변경관리 절차에 따라 '변경관리 위원회'가 사안을 검토하고 의결한다. 변경관리 위원회에는 안전보건, 운전, 기계, 전기, 제어 등 관련 담당자가 참석하여 관련한 위험성평가를 시행한다.

변경관리를 요청한 부서는 변경내용과 관련한 비용, 적정 업체, 변경 일정, 위험성평가 내용 등을 확인하고 설명회를 개최한다. 변경관리 절차는 변경관리 요청자의 역할, 변경발의 부서의 검토사항, 변경부서가 검토한 변경관련 소요 비용, 협력업체 정보, 공사 일정 등에 대한 검토사항, 변경관리가 완료된 현장 도면, 관련문서, 공사활동 사진 등을 첨부한 문서보고 그리고 변경관리 위원회의 최종 승인의 과정으로 구성되어 있다. 변경된 사항은 현장검증과 서류검토를 통해 공정안전자료 최신본으로 업데이트된다.

(2) 안전작업허가(PTW, permit to work)

수많은 부품과 다양한 에너지원이 복합적으로 상호작용하는 발전소의 정교한 시설에서 설비 유지보수, 정비, 테스트 등의 작업을 시행하는 동안 안전작업허가(이하 PTW, permit to work) 시스템 운영 미흡으로 인해 많은 사고가 발생한다고 알려져 있다. PTW 시스템은 정비, 보수 및 시운전 등의 과정에서 근로자/공정시설/환경에 영향을 줄 수 있는 위험을 효과적으로 관리할 수 있는 시스템이다.[8·9·10]

---

8 Matsuoka, S., & Muraki, M. (2002). Implementation of transaction processing technology permit-to-work systems. *Process Safety and Environmental Protection, 80*(4), 204−210.

9 Iliffe, R. E., Chung, P. W. H., & Kletz, T. A. (1999). More effective permit-to-work systems. *Process safety and environmental protection, 77*(2), 69−76.

10 Jahangiri, M., Hoboubi, N., Rostamabadi, A., Keshavarzi, S., & Hosseini, A. A. (2016). Human

효과적인 PTW 시스템을 구축하기 위해서는 공정에 존재하는 유해 위험요인을 사전에 평가, 사업장에 적합하고 체계적인 PTW 조직 구축과 운영, 에너지 통제(energy isolation)절차 수립, 소프트웨어 개발과 적용 그리고 기본안전수칙(safety golden rule) 적용이 필요하다.

PTW 절차는 사업장에서 시행하는 여러 형태의 작업을 효과적으로 통제하기 위해 (1) 안전작업계획 승인, (2) 승인 내용에 대한 교육, (3) 작업승인 내용 게시, (4) 작업 중 현장의 안전보건조치 확인 그리고 (5) 작업 후 조치사항의 확인하는 과정을 포함한다.[11]

아래 그림은 안전보건공단이 제시한 화학업종의 PTW 조직의 역할과 책임을 정의한 내용이다. 작업부서는 PTW 요구조건에 따라 안전작업허가 신청을 하고 소관부서의 승인을 받고 작업한다. 소관부서는 작업부서의 PTW 승인 요청에 대한 검토, 승인 그리고 감독의 역할을 한다. 안전부서는 소관부서의 PTW 승인요청을 검토하고 승인과 감독을 한다. 특히, 화기작업과 제한공간 작업의 경우 안전부서가 입회하여 위험요인을 확인하고 승인한다.

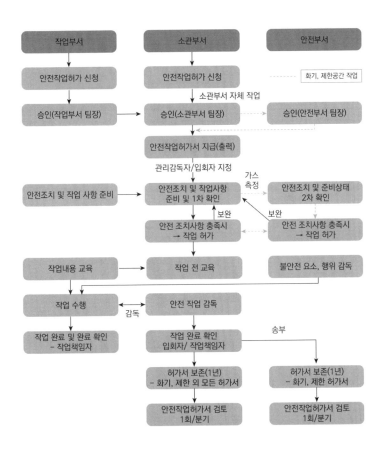

error analysis in a permit to work system: a case study in a chemical plant. *Safety and health at work*, *7*(1), 6-11.

11 안전보건공단. (2005). 유해 · 위험작업에서의 안전작업허가를 통한 안전보건관리 제조.

발전소는 안전보건공단이 제시한 화학업종의 PTW 절차와는 다른 특별한 체계를 운영하고 있다. 이 체계는 영국 BP의 PTW 철학(philosophy)과 정책(policy)을 기반으로 구축되었다.

발전소의 PTW 절차는 발전소장(FCP, facility control person)이 총괄 책임을 갖고 정비부서와 운전부서인 라인부서 주관으로 모든 PTW 업무가 준비, 관리, 승인 그리고 감독된다. 아래 PTW 조직도와 같이 정비부서의 담당자(이하 CP, competent person)는 작업과 관련한 계획 수립, 협력업체 선정, 해당 작업에 대한 위험성평가를 시행하고 운전부서의 PTW 승인권자(이하 SAP, senior authorized person)에게 승인을 요청한다.

SAP은 정비부서의 PTW 요청서를 검토하고 승인한다. 이때 시설이나 설비에 대한 에너지 통제가 필요하다면, 운전부서 에너지 통제 전담자(이하 AP, authorized person)를 직접 시설이나 설비에 보내 록아웃 텍아웃(lock-out and tag-out, 이하 LOTO)을 시행하게 한다. 안전보건 담당자는 정비와 운전부서인 라인부서의 PTW 절차가 적절하게 시행되고 있는지 모니터링하고 개선하는 역할을 한다.

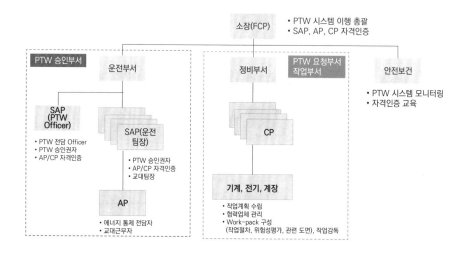

PTW 조직을 안전하고 효과적으로 운영하기 위하여 SAP, AP 및 CP에 대한 자격인증 제도를 수립하여 운영하고 있다. 아래 표는 PTW 조직의 자격인증 기준이다.

구분	SAP (Senior Authorized Person)	AP (Authorized Person)	CP (Competent Person)	안전보건 담당
인증자격 (모두 충족)	1. 운전조장/파트장 급 이상 또는 이에 준하는 경력 이상 2. 최소 3개월 이상 SAP직무 교육 이수 3. 평가를 통과한 인원	평가를 통과한 인원	평가를 통과한 인원	자격인원 및 대상자 Pool 관리
인증주체	FCP (Facility Control Person) 주로 발전소장 or 생산본부장	FCP	FCP	–
평가방법	발전소장 인터뷰	1. 에너지차단 실습 2. Test (by SAP or 부서장)	1. Test 2. SAP 또는 부서장 인터뷰	인터뷰/실습 및 Test 준비 질문지/Test 문제 관리
평가 Pass 기준	발전소장 인터뷰 점수 90점 이상	1. 에너지차단 실습 3회 실시 2. Test Score 90점 이상	1. Test Score 80점 이상 2. Interview Score 90점 이상	–
평가(재인증)주기	매년	매년	매년	재인증시기별 대상자 관리 및 준비

에너지 통제가 필요한 밀폐공간 작업, 화기작업(용접/용단 등), 정전작업 그리고 방사선작업 등은 LOTO 절차를 시행한다.

LOTO가 필요한 작업 중 일반 에너지원(general energy sources)은 전기, 공압, 유압, 가스, 물, 스팀, 화학물질, 냉각수, 방사능, 자기장 등이 있고, 저장된 에너지원(stored energy sources)은 아래의 항목을 포함한다.

- 회전: 플라이휠, 원형날개, 기타
- 중력: 금형, 헤드, 엘리베이터, 기타
- 기계: 압축된 또는 확장된 스프링, 기타
- 열: 가열로, 끓인 물, chillers, 기타
- 전기: 배터리, 콘덴서, 기타
- 유압: 축압기, 배관라인, 실린더, 기타
- 공압: 저장 또는 서지 탱크, 배관라인, 기타
- 가스: 배관, 탱크, 기타

– 물: 배관, 탱크, 기타 – 스팀: 배관, 보일러, 기타
– 화학물질 및 냉각수: 배관, 탱크, 컨테이너, 기타

아래 그림은 발전소에서 사용하는 LOTO 구성품이다. ① 에너지 통제 자물쇠/열쇠(isolation padlock/key, 붉은색), ② 개인 자물쇠/열쇠(personal padlock/key, 녹색), ③ 운영 자물쇠/열쇠(operation padlock/key, 청색), ④ 에너지 통제 열쇠 보관함(key safe box), ⑤ 에너지 통제 열쇠 보관함의 열쇠(permit key), ⑥ PTW 보관 박스(PTW document safe box), ⑦ 표지(tag), ⑧ 작업요청 표지(work order tag) 등 특성에 맞는 물품들로 구성되어 있다.

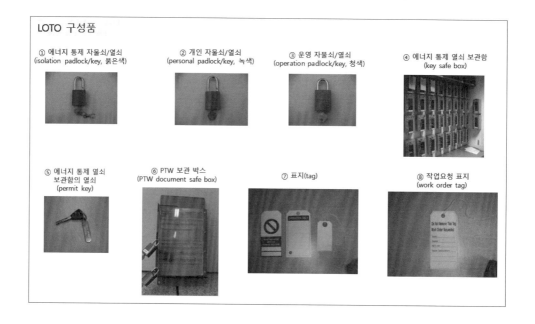

아래 그림은 시설과 설비의 다양한 전원과 밸브를 잠그는 LOTO 부속품이다.

순번	제품사진	품명(영문)	상세규격	Part No.	세부사항	Remarks
1		Breaker Lockout	1-120V Snap-on	-	- 단극 차단기 잠금 장치에 적합할 것 - 견고한 폴리프로필렌 재질일 것 - 별도의 도구없이 설치 가능할 것	Elec
2		Breaker Lockout	1-120/277V Clamp-on	-		
3		Breaker Lockout	1-480/600V Clamp-on	-		
4		Gate Valve Lockout	1"-2.5" (2.54Cm ~ 6.3Cm)	322011	- Zenex 복합소재 본체 내 환학성과 내열성 (-57 ~ 177℃) - 오작동을 방지할 수 있도록 밸브 손잡이를 완전히 개방 가능한 구조일 것 - 중앙을 개방할 수 있는 구조일 것	Mech & Elec & I&C
5		Gate Valve Lockout	2.5"-5" (6.3Cm ~ 12.7Cm)	322012		
6		Gate Valve Lockout	5"-6.5" (12.7Cm ~ 16.5Cm)	322013		
7		Gate Valve Lockout	6.5"-10" (16.5Cm ~ 25.4Cm)	322014		
8		Gate Valve Lockout	10"-13" (25.4Cm ~ 33.0Cm)	322015		
9		Electrical Plug Lockout	110V 5.90Cm(H)x8.90Cm(D)x1.3Cm(Hall)		- 견고한 폴리프로필렌 재질일 것 - 경제적인 안전장치 일 것	Elec
10			220V/500V 8.3Cm(H)x17.80Cm(D)x2.5Cm(Hall)			

순번	제품사진	품명(영문)	상세규격	Part No.	세부사항	Remarks
11		Ball Valve Lockout	0.25"-1.0"	321016	- 견고한 폴리프로필렌 재질일 것	Mech & Elec & I&C
12		Ball Valve Lockout	1.25"-3.0"	321017		
13		Butterfly Valve Lockout	max handle thickness of 0.6"		- 견고한 폴리프로필렌 재질일 것 - 경제적인 안전장치 일 것	Mech
14			max handle thickness of 1.6"			
15		HASP	- 자물쇠 Hall : 9.5mm - 길이쇠 직경 : 2.5Cm	-	- 하나의 에너지 원에 최대 6명까지 사용 - 비닐 코팅된 고장력 스틸 재질 - 녹을 방지하기 위한 아연도금	Mech & Elec & I&C

　밀폐공간 내부에서 작업하는 상황을 상정한 에너지 통제 절차를 아래와 같이 설명한다. CP는 밀폐공간 작업과 관련한 위험성평가를 시행하고 관련 절차에 따라 SAP에게 PTW 승인 요청을 한다.

　SAP은 CP에게 받은 PTW 승인 요청서를 검토하고 승인한다. 만약 에너지 통제가 필요할 경우 SAP은 AP에게 에너지 통제를 지시한다.

　AP는 SAP의 에너지 통제 지시를 받고, 에너지 통제가 필요한 시설이나 설비에 도착하여 에너지를 차단하고 통제(LOTO 구성품 ① 사용, 스위치 록을 사용하여 전원 버튼이 차단상태를 유지하도록 자물쇠로 고정하고 잠근다)한다. 그리고 밀폐공간에 영향을 줄 수 있는 관련 밸브를 통제(LOTO 구성품 ① 사용, 체인 등을 활용하여 밸브의 잠금상태를 유지하도록 자물쇠로 고정하고 잠근다)한다. 여기까지 과정이 에너지 1차 잠금 과정이다. AP는 에너지를 통제한 자물쇠(LOTO 구성품 ①)의 열쇠를 SAP에게 제출한다.

　SAP은 AP에게 받은 해당 열쇠(LOTO 구성품 ①)를 LOTO 구성품 ④ 에너지 통제 열쇠 보관함(key safe box) 내부에 넣고 잠근다. 그리고 LOTO 구성품 ⑤ 에너지 통제 열쇠 보관함의 열쇠(permit key)를 승인된 PTW 서류와 함께 CP에게 전달한다. 여기까지의 과정이 에너지 2차 잠금이다.

CP는 SAP에게 받은 LOTO 구성품 ⑤ 에너지 통제 열쇠 보관함의 열쇠(permit key)를 LOTO 구성품 ⑥인 PTW 보관 박스(PTW document safe box) 내부에 넣는다. 그리고 밀폐공간을 출입하는 작업자에게 LOTO 구성품 ②인 개인 자물쇠/열쇠를 나누어 준다.

작업자는 자신의 자물쇠를 LOTO 구성품 ⑥ PTW 보관 박스(PTW document safe box)에 잠그고 열쇠를 소지하면 에너지 통제절차가 완료된다. 여기까지의 과정이 에너지 3차 잠금이다.

에너지통제 절차

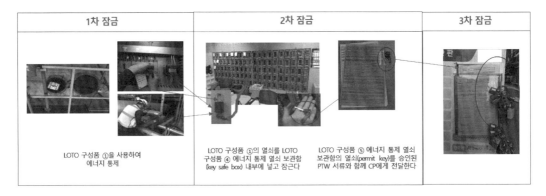

1차 잠금	2차 잠금		3차 잠금
LOTO 구성품 ①을 사용하여 에너지 통제	LOTO 구성품 ①의 열쇠를 LOTO 구성품 ④ 에너지 통제 열쇠 보관함 (key safe box) 내부에 넣고 잠근다	LOTO 구성품 ⑤ 에너지 통제 열쇠 보관함의 열쇠(permit key)를 승인된 PTW 서류와 함께 CP에게 전달한다	

PTW 관련 문서는 일반적으로 위험성평가, 에너지 통제 범위, 밀폐공간 안전점검 목록, 보호구 목록 및 안전교육 일지 등으로 구성된다.

(3) 작업위험성 평가

작업위험성 평가(작업안전분석 방식, Job Safety Analysis)는 사업소 안전보건 관리책임자 주관으로 정비부서, 운전부서 그리고 안전보건 담당자가 참여하여 시행된다. 작업위험성 평가 대상은 일상적인 작업과 비일상적인 작업 그리고 최초평가, 정기평가 그리고 수시평가로 구분되어 시행된다.

발전소 정비, 운전 및 안전보건 관련 부서의 담당자는 가스터빈, 스팀터빈, 기타 보조 설비와 기기를 작업위험성 평가 대상으로 구분하고 해당 설비별 발생 가능한 작업을 목록화하였다. 그리고 목록화한 작업에 대한 위험성평가를 시행하고 등록부(HAZID, Hazard Identification)로 관리하였다(최초 작업위험성 평가).

상업운전 이후 매년 정기적으로 시행하는 위험성평가는 상업운전 개시 전 만들어 놓은 위험성평가 등록부를 기반으로 관련법령 변경사항, 사고사례 그리고 추가적인 위험요인 발굴 내용 등을 포함하여 업데이트 되었다. 작업위험성 평가를 통해 발굴한 유해 위험요인은 추락, 전도, 끼임, 맞음, 비산, 베임, 타격, 질식, 붕괴, 화재, 폭발, 감전, 화상, 동상, 화학물질 접촉, 근골격계, 난청, 난시, 호흡기 질환, 진폐 등이다.

작업위험성 평가 과정을 설명하기 위하여 발전소에서 시행한 단순작업 한 가지를 선정하여 작업내용(step), 세부 작업내용, 위험의 종류, 위험상황 묘사, 개선 전 위험성, 위험성 감소 방안 및 개선 후 위험성 설정 등의 과정으로 설명한다.

작업은 아래 사진과 같이 발전소 배열회수보일러(HRSG, Heat Recovery Steam Generator) 고압 드럼 내부 청소작업이다. 작업내용(step)은 작업준비, 보온해체, 맨홀 커버 open, 드럼 내부 Jet Cleaning, 내부 점검, 맨홀 커버 close, 보온재 설치 및 마무리 과정이다. 본 책자에서는 핵심 작업내용(step) 일부를 선정하여 설명한다.

① 작업내용(step), 세부 작업내용, 위험의 종류 및 위험상황 묘사(a~d 단계)

맨홀커버 open 작업과 관련한 세부 작업내용은 보온재 해체와 맨홀 커버 볼트 해체이고 드럼 내부청소 작업과 관련한 세부 작업내용은 내부 Jet cleaning이다. 이와 관련한 위험의 종류와 위험상황을 아래 표와 같이 묘사하였다.

작업 단계	a	b	c	d
	작업내용	세부 작업내용	위험의 종류	위험상황 묘사
10	작업준비	에너지 통제(LOTO)	화상	드럼 내부의 뜨거운 물에 의한 화상 위험
20	맨홀커버 open	보온재 해체	호흡기 질환	보온재 해체 시 유리섬유/먼지 호흡으로 인한 건강상 위험
			베임	보온재 함석, 설비 단면에 베임
			맞음	설비, 자재, 공구가 떨어져 하부 작업자가 맞음
		맨홀 커버 볼트 해체	타격	햄머 렌치를 손으로 잡고 망치로 맨홀 커버 볼트 해체 시 손 타격
30	드럼 내부 청소	내부 Jet cleaning	질식	드럼 내부 산소부족으로 인한 질식
			타격	연결부가 탈락된 고압호스에 맞음

② 개선 전 위험성(e 단계)

위험성 추정(estimation)을 위한 위험의 빈도(likelihood)는 매우 높음 5점(피해가 발생할 가능성이 매우 높음), 높음 4점(피해가 발생할 가능성이 높음), 보통 3점(부주의하면 피해가 발생할 가능성이 있음), 낮음 2점(피해가 발생할 가능성이 낮음) 그리고 매우 낮음 1점(피해가 발생할 가능성이 매우 낮음)으로 설정되어 있다. 강도는 중대 5점(사망재해), 중요 4점(영구 손실재해), 보통 3점(의료 치료), 경미 2점(응급처치 사고) 그리고 사고 1점(부상이나 질병이 수반되지 않음)으로 설정되어 있다. 아래 그림은 빈도와 강도의 매트릭스이다.

구분 중대(5)		강도(severity)				
		중요(4)	보통(3)	경미(2)	사소(1)	
빈도	매우 높음(5)	25	20	15	10	5
	높음(4)	20	16	12	8	4
	보통(3)	15	12	9	6	3
	낮음(2)	10	8	6	4	2
	매우 낮음(1)	5	4	3	2	1

위험성 결정(evaluation)은 위험성 추정 결과에 따라 4단계로 구분한다. 허용 불가 위험성은 17점~25점으로 작업을 할 수 없으며, 즉시 개선이 필요하다. 고 위험성은 9점~16점으로 작업을 할 수 없으며, 가능한 빨리 개선이 필요하다. 중 위험은 4점~8점으로 작업이 가능하지만 위

험 감소방안이 필요하다. 저 위험성은 1점~3점으로 작업 수행이 가능하다. 맨홀커버 open작업과 드럼 내부 청소의 위험성을 추정하고 개선 전 위험성을 확인한 결과는 아래 표와 같다.

작업단계	c	d	e 개선 전 위험성		
	위험의 종류	위험상황 묘사	빈도(L)	강도(S)	위험성(R)
10	화상	드럼 내부의 뜨거운 물에 의한 화상 위험	3	3	9
20	호흡기 질환	보온재 해체 시 유리섬유/ 먼지 호흡으로 인한 건강상 위험	3	2	6
	베임	보온재 함석, 설비 단면에 베임	3	3	9
	맞음	설비, 자재, 공구가 떨어져 하부 작업자가 맞음	4	4	16
	타격	햄머 렌치를 손으로 잡고 망치로 맨홀 커버 볼트 해체 시 손 타격	4	3	12
30	질식	드럼 내부 산소부족으로 인한 질식	4	5	20
	타격	연결부가 탈락된 고압호스에 맞음	3	3	9

작업단계 10에서 드럼 내부 청소 작업자가 드럼으로 유입되는 뜨거운 물로 인해 화상을 입을 가능성이 있으므로 비도를 3점으로 설정하고, 강도는 화상으로 인해 의료치료 수준의 피해가 우려되어 3점을 설정하였다. 그 결과 빈도 3점과 강도 3점을 곱하여 위험성(risk)은 9점이 되었다. 화상으로 인한 위험성 결과는 고 위험으로 작업을 할 수 없으며, 가능한 빨리 개선해야 한다.

작업단계 20에서 맨홀 커버 open으로 인한 보온재 해체 시 부주의하면 호흡기 질환을 유발할 가능성이 있으므로 빈도(likelihood)를 3점으로 설정하고, 강도(severity)는 보온재 흡입으로 인해 응급처치 수준의 피해가 우려되어 2점을 설정하였다. 그 결과 빈도 3점과 강도 2점을 곱하여 위험성(risk)은 6점이 되었다. 보온재 해체로 인한 위험성 결정은 중 위험으로 위험감소방안이 필요하다.

작업단계 20에서 맨홀 커버 open시 보온재 함석이나 설비 단면의 날카로운 부위에 부주의하면 베일 가능성이 있으므로 빈도를 3점으로 설정하고, 강도(severity)는 날카로운 부위에 베임으로 인해 의료치료 수준의 피해가 우려되어 3점을 설정하였다. 그 결과 빈도 3점과 강도 3점을 곱하여 위험성(risk)은 9점이 되었다. 보온재 해체로 인한 위험성 결정은 고 위험으로 작업을 할 수 없으며, 가능한 빨리 개선해야 한다.

작업단계 20에서 맨홀 커버 open시 설비, 자재, 공구를 부주의로 떨어뜨리면 하부 통행작업자가 맞을 수 있는 가능성이 높으므로 빈도를 4점으로 설정하고, 강도(severity)는 맞음으로 인해 영구 손실재해의 피해가 우려되어 4점을 설정하였다. 그 결과 빈도 4점과 강도 4점을 곱하여 위험성(risk)은 16점이 되었다. 맞음으로 인한 위험성 결정은 고 위험으로 작업을 할 수 없으며, 가능한 빨리 개선해야 한다.

작업단계 20에서 맨홀 커버 open시 햄머 렌치를 손으로 잡고 망치로 맨홀 커버 볼트 해체 시 망치에 손을 타격 받을 수 있는 가능성이 높으므로 빈도를 4점으로 설정하고, 강도(severity)는 타격으로 인해 의료치료의 피해가 우려되어 3점을 설정하였다. 그 결과 빈도 4점과 강도 3점을 곱하여 위험성(risk)은 12점이 되었다. 타격으로 인한 위험성 결정은 고 위험으로 작업을 할 수 없으며, 가능한 빨리 개선해야 한다.

작업단계 30에서 드럼 내부 청소 시 산소부족으로 질식의 가능성이 높으므로 빈도를 4점으로 설정하고, 강도(severity)는 질식으로 인해 사망의 피해가 우려되어 5점을 설정하였다. 그 결과 빈도 4점과 강도 5점을 곱하여 위험성(risk)은 20점이 되었다. 질식으로 인한 위험성 결정은 허용 불가의 위험으로 작업을 할 수 없으며, 즉시 개선해야 한다.

작업단계 30에서 드럼 내부 청소 시 Jet cleaner의 연결부가 탈락된 호스에 맞을 수 있는 가능성이 있으므로 빈도를 3점으로 설정하고, 강도(severity)는 맞음으로 인해 의료치료 수준의 피해가 우려되어 3점을 설정하였다. 그 결과 빈도 3점과 강도 3점을 곱하여 위험성(risk)은 9점이 되었다. 맞음으로 인한 위험성 결정은 고 위험으로 작업을 할 수 없으며, 가능한 빨리 개선해야 한다.

위험성 결정(risk evaluation)에 따라 위험성 감소 조치(risk reduction)로 활용되는 방안은 ISO 45001이 제시하는 위험성 통제 위계(hierarchy of risk control)인 (1) 위험 제거, (2) 덜 위험한 물질, 공정, 작업 또는 장비로 대체, (3) 공학적 대책 사용, (4) 교육을 포함한 행정적 조치, (5) 개인보호구 사용과 같은 우선순위를 부여하여 조치한다. 자세한 사항은 제8장 유해 위험요인 확인 및 개선의 '다. 위험성평가와 위험성 감소 조치'를 참조한다.

③ 위험성 감소 방안 및 개선 후 위험성

위험성 감소 방안 및 개선 후 위험성은 아래 표와 같다.

d	f 위험성 감소 방안	g 개선 후 위험성		
위험상황 묘사		빈도(L)	강도(S)	위험성(R)
드럼 내부의 뜨거운 물에 의한 화상 위험	– 에너지 통제(LOTO) 구역 선정 – 물 공급 배관 내 뜨거운 물 배수 – 에너지 통제(LOTO) – 작업 전 에너지 통제 (LOTO) 상태 확인	2	3	6

보온재 해체 시 유리섬유/ 먼지 호흡으로 인한 건강상 위험	– 방진복 착용 – 방진 마스크 착용 – 안면 보호구 착용 – 유리섬유/먼지 유해성 안전교육 시행	2	2	4
보온재 함석, 설비 단면에 베임	– 안전장갑 착용 – 모서리 부분 보호 – 보안경 착용 – 규정된 작업복 착용 – 날카로운 부위 베임 위험 안전교육 시행	2	2	4

설비, 자재, 공구가 떨어져
하부 작업자가 맞음
	– 하부 통행로 통행금지 구역 설정/안내
	  표시 게시
	– 상부 작업 구역 낙하물 방지 패드 설치
	– 해체한 자재는 떨어지지 않도록 고정
	– 상부 작업구역 작업자 간 공구/물건
	  던지기 금지
	– 공구 정리정돈
	– 낙하물 위험 안전교육 시행
		3	2	6

햄머 렌치를 손으로 잡고 망치 로 맨홀 커버 볼트 해체 시 손 타격	– 임팩(impact) 렌치 사용 – 임팩 렌치 사용이 어려울 경우, 안전 장갑 착용 – 손 타격 위험 안전교육 시행	2	2	4
드럼 내부 산소부족으로 인한 질식	– 에너지 통제(LOTO) – 산소/가스농도 확인(주기적) – 밀폐공간 감시자 배치 – 비상용 호흡기 및 구조장비 비치 – 환기장치 설치 – 질식 위험 안전교육 시행	2	4	8
연결부가 탈락된 고압호스에 맞음	– 고압호스 연결부 점검 – 손상된 호스 사용금지 – 연결부 결속 시험 후 사용 – 작업구역 통제 – 고압호스 타격 위험 안전교육 시행	2	3	6

작업단계 10에서 드럼으로 유입되는 뜨거운 물에 신체가 접촉되어 드럼 청소 작업자가 화상을 입을 수 있는 위험의 위험성 감소방안은 에너지 통제(LOTO) 구역 선정, 물 공급 배관 내 뜨거운 물 배수, 에너지 통제(LOTO), 작업 전 에너지 통제(LOTO)상태 재확인 시행으로 빈도는 2점 그리고 강도는 3점을 설정하였다. 그 결과 빈도 2점과 강도 3점을 곱하여 위험성(risk)은 6점으로 작업은 가능하지만 위험 감소방안이 필요하다. 에너지 통제를 위해서는 전술한 에너지

통제 절차를 따라야 한다.

작업단계 20에서 맨홀 커버 open으로 인한 보온재 해체 시 유리섬유/먼지 호흡으로 인한 건강상 위험의 위험성 감소방안은 방진복 착용, 방진 마스크 착용, 안면 보호구 착용, 유리섬유/먼지 유해성 안전교육 시행으로 빈도는 2점 그리고 강도는 2점을 설정하였다. 그 결과 빈도 2점과 강도 2점을 곱하여 위험성(risk)은 4점으로 작업은 가능하지만 위험 감소방안이 필요하다.

작업단계 20에서 맨홀 커버 open시 보온재 함석이나 설비 단면의 날카로운 부위에 베이는 위험의 위험성 감소방안은 안전장갑 착용, 모서리 부분 보호, 보안경 착용, 규정된 작업복 착용, 날카로운 부위 베임 위험 안전교육 시행으로 빈도는 2점 그리고 강도는 2점을 설정하였다. 그 결과 빈도 2점과 강도 2점을 곱하여 위험성(risk)은 4점으로 작업은 가능하지만 위험 감소방안이 필요하다.

작업단계 20에서 맨홀 커버 open시 설비, 자재, 공구가 떨어져 하부 통행작업자가 맞을 수 있는 위험의 위험성 감소방안은 하부 통행로 통행금지 구역 설정/안내 표시 게시, 상부 작업구역 낙하물 방지 패드 설치, 해체한 자재는 떨어지지 않도록 고정, 상부 작업구역 작업자 간 공구/물건 던지기 금지, 공구 정리정돈, 낙하물 위험 안전교육 시행으로 빈도는 3점 그리고 강도는 2점을 설정하였다. 그 결과 빈도 3점과 강도 2점을 곱하여 위험성(risk)은 6점으로 작업은 가능하지만 위험 감소방안이 필요하다.

작업단계 20에서 맨홀 커버 open시 햄머 렌치를 손으로 잡고 망치로 맨홀 커버 볼트 해체 시 망치에 손을 타격 받을 수 있는 위험의 위험성 감소방안은 임팩(impact) 렌치 사용, 임팩 렌치 사용이 어려울 경우, 안전장갑 착용, 손 타격 위험 안전교육 시행으로 빈도는 2점 그리고 강도는 2점을 설정하였다. 그 결과 빈도 2점과 강도 2점을 곱하여 위험성(risk)은 4점으로 작업은 가능하지만 위험 감소방안이 필요하다.

작업단계 30에서 드럼 내부 청소 시 산소부족으로 질식 위험의 위험성 감소방안은 에너지 통제(LOTO), 산소/가스농도 확인(주기적), 밀폐공간 감시자 배치, 비상용 호흡기 및 구조장비 비치, 환기장치 설치, 질식 위험 안전교육 시행으로 빈도는 2점 그리고 강도는 4점을 설정하였다. 그 결과 빈도 2점과 강도 4점을 곱하여 위험성(risk)은 8점으로 작업은 가능하지만 위험 감소방안이 필요하다.

작업단계 30에서 드럼 내부 청소 시 Jet cleaner의 연결부가 탈락된 호스에 맞을 수 있는 위험의 위험성 감소방안은 고압호스 연결부 점검, 손상된 호스 사용금지, 연결부 결속 시험 후 사용, 작업구역 통제, 고압호스 타격 위험 안전교육 시행으로 빈도는 2점 그리고 강도는 2점을 설정하였다. 그 결과 빈도 2점과 강도 2점을 곱하여 위험성(risk)은 4점으로 작업은 가능하지만 위험 감소방안이 필요하다.

이상과 같이 발전소 배열회수보일러(HRSG, Heat Recovery Steam Generator) 고압 드럼 내부 청소작업을 예로 작업위험성 평가를 시행하였다. 아래의 표는 전술한 작업위험성 평가 양식의 예이다.

작업 단계	a 작업 내용	b 세부 작업 내용	c 위험의 종류	d 위험 상황묘사	e 개선 전 위험성			f 위험성 감소방안	g 개선 후 위험성		
					빈도 (L)	강도 (S)	위험 성(R)		빈도 (L)	강도 (S)	위험 성(R)
10											
20											

모든 작업위험성 평가 시 발전소의 필수 안전보호구는 안전모, 안전화, 보안경 및 형광 안전조끼 착용으로 설정한다. 그리고 유해 화학물질 취급 등 특수한 작업에 필요한 안전보호구는 안전절차에 따라 별도로 평가하고 착용한다.

무엇보다 중요한 사항은 작업위험성 평가를 완벽하게 시행하였다고 하여도 작업 현장은 상황이 변하고, 사람은 실수(to error is human)할 수 있으므로 지속적인 관리감독이 필요하다. 작업 내용이 변경될 경우 반드시 작업위험성 평가를 재시행하여야 한다. 그리고 위험성 감소방안을 적용할 경우, 새로운 위험이 존재(risk 항상성)할 수 있음을 잊지 말아야 한다.

제9장

위험인식
수준 향상

1 위험과 위험 인식

위험(hazard)은 부상과 건강 악화를 유발할 가능성이 있는 요인으로 위험의 잠재적 근원, 위험 원, 위험요인, 유해 위험요인 등으로 정의할 수 있다. 인식(認識)은 대상을 아는 일이다. 인식은 인간이 하는 행동에서 시작되며, 감각적 기관에 의해 직접적, 개별적, 구체적인 감성으로 형성된다.

감성적 인식은 사물의 본성을 파악한 것이 아니라 피상을 포착한 것이다. 인간은 이 감성적 인식을 바탕으로 행동을 거듭하면서 잘못된 것은 수정하고 다른 사물과 구별하면서 개념·판단·추리를 통해 이성적 인식을 얻는다.[1]

위험 인식(hazard recognition)은 전술한 위험(hazard)과 인식의 정의를 기반으로 불안전한 상태나 행동으로 인하여 재해를 입을 수 있다는 사실을 사람이 분별하고 판단하여 아는 일이다.[2]

 2 위험 인식은 왜 중요한가?

근로자의 불안전한 행동이 사고 발생의 주요 기여 요인이라고 알려져 있다. 연구에 따르면 근로자가 고의로 불안전한 행동을 하는 경우보다는 위험 인식 수준이 낮기 때문에 불안전한 행동을 하는 경우가 많다고 알려져 있다. 따라서 불안전한 행동을 줄이기 위해서는 근로자의 위험 인식 수준을 높이는 것이 중요하다.[3]

작업현장은 환경이 변화되고 제한된 시간 안에 공사나 작업을 마쳐야 하는 등의 여러 특성

---

1 위키백과의 정의

2 Bahn, S. (2013). Workplace hazard identification and management: The case of an underground mining operation. *Safety science*, 57, 129–137.

3 Liao, P. C., Sun, X., & Zhang, D. (2021). A multimodal study to measure the cognitive demands of hazard recognition in construction workplaces. *Safety Science*, 133, 105010.

이 존재하므로 근로자의 위험 인식은 무엇보다 중요하다. 이러한 사실을 뒷받침해 주는 연구에 따르면, 건설 현장 사고의 약 42%는 근로자의 위험 인식 부족에서 발생했다고 알려져 있다. 또한 호주에 있는 건설 현장에서 발생한 사고를 분석한 결과, 약 57%의 사고가 근로자의 위험 인식 부족으로 인하여 발생했다고 알려져 있다. 현장 근로자와 관리감독자가 수시로 변화하는 상황에서 잠재된 위험을 인식하지 못할 경우, 위험 상황판단이 적절하지 못해 심각한 사고가 일어날 수 있다. 따라서 위험을 쉽고 효과적으로 인식하도록 하는 방안이 절실히 필요하다.[4]

3 위험 인식을 어떻게 해야 하는가?

근로자의 위험 인식 수준을 높이는 방법으로는 위험을 예상하여 인지하는 방식(predictive hazard recognition)과 이미 발생하였던 위험을 인식하는 방식(retrospective hazard recognition)이 있다. 작업위험분석(JSA, job safety analysis 또는 JHA, job hazard analysis)은 위험을 예상하여 인지하는 방식이고 사고조사는 이미 발생했던 위험을 인지하는 방식이다.

전술한 두 가지 방식은 전형적인 위험 인식 방법으로 활용되고 있지만, 두 가지 방식을 적용한다고 해도 사업장은 상황에 따라 조건이 변화되는 등 새로운 위험이 존재할 수 있다. 그리고 사전에 위험을 인식하는 방식은 실제 사업장 작업 상황을 모두 고려하기 어려운 단점이 있다.

이러한 단점을 보완하면서 근로자의 위험 인식 수준을 높이는 좋은 예는 미국 안전보건청이 개발하여 시행하고 있는 '주요 핵심 위험 4가지를 항목화(categorization)하여 집중한 교육 프로그램'이다. 미국 안전보건청은 다년 간의 사고조사와 분석을 통해 주요 핵심 위험이 추락, 끼임, 타격 및 감전이라는 것을 파악하였다. 그리고 이러한 주요 핵심 위험을 근로자에게 효과적으로 인식시키기 위한 조치 방안을 적용하였다.[5]

이와 관련한 연구논문을 살펴보면, 미국에 있는 건설 현장 57곳의 근로자 280명을 대상으로 조사한 결과, 근로자들은 미국 안전보건청의 '주요 핵심 위험 4가지'에 대한 인식 수준이 매우 높았다고 하였다.[6] 하지만, 이러한 위험 인식 방법은 주로 작업 전 교육과 툴 박스 미팅

4 Haslam, R. A., Hide, S. A., Gibb, A. G., Gyi, D. E., Pavitt, T., Atkinson, S., & Duff, A. R. (2005). Contributing factors in construction accidents. *Applied ergonomics*, 36(4), 401-415.

5 미국 고용부가 주관하는 "Outreach training program"으로 미국 건설 현장에서 중대한 사고가 발생하는 4가지 분야인 추락, 끼임, 타격 및 감전에 대한 중요성을 근로자에게 알리기 위한 교육 프로그램임.

6 Rozenfeld, O., Sacks, R., Rosenfeld, Y., & Baum, H. (2010). Construction job safety analysis. Safety (tool box meeting, 작업 전 위험요인 공유 미팅) 등으로 공유되는 방식이기 때문에 작업 진행 중이나 작업상황이 변경될 경우 대처하기 어려운 단점이 있다.

따라서 미국 안전보건청이 강조하는 '주요 핵심 위험 항목화' 방안과 함께 근로자가 작업 동안 지속적으로 위험을 인식할 수 있도록 지원하는 프로그램이 필요하다고 판단한다.

 4 **SAFETY Program 적용 절차**

저자는 근로자가 잠재된 위험을 효과적으로 항목화하고 인식하도록 지원하는 "SAFETY program'적용을 추천한다. SAFETY에서 S는 위험을 조사한다는 의미에서 Scan, A는 위험을 분석한다는 의미에서 Analyze, F는 위험을 확인한다는 의미에서 Find hazard, E는 파악한 위험인식을 강화한다는 의미에서 Enforcement, 마지막으로 TY는 근로자를 위한 안전활동이라는 의미에서 to you라고 저자가 새로 만든 용어이다.

SAFETY program은 위험을 미리 인지하는 방법(predictive hazard recognition)과 이미 발생하였던 위험을 인지하는 방법(retrospective hazard recognition)을 활용하지만, 별도의 문서를 작성하거나 기재하는 방식이 아니다. SAFETY program은 근로자 스스로 시행하는 지속적인 위험 인식 과정(mental processing)으로 작업 시행 전, 작업 시행 중 그리고 작업내용 변경 시 약 2분 정도 자신이 하고 있는 업무나 작업 주변을 살피고 위험을 조사(S), 분석(A), 위험확인(F), 강화(E)하는 'SAFE 절차'를 포함한다.

이러한 과정은 마치 우리가 운전을 하는 동안 차량의 계기판에 있는 속도계, 온도 및 속도 등을 습관적으로 확인하는 것과 같다. 자신의 차량 주변 다른 차량의 근접 상황을 확인하는 과정과도 같다. 그리고 도로에 설치된 안전표지, 신호 및 CCTV를 주시하며 주행 페달과 브레이크를 번갈아 가며 조작하는 것과 같다. 또한 비가 오는 양에 따라 와이퍼의 속도를 가감하는 것과 같다. 이렇듯 도로상의 운전자가 차량을 운전하면서 지속적인 위험 인식을 통해 안전운전과 방어 운전을 하는 상황은 좋은 위험인식의 예이다.

이 과정은 차량을 운행하는 동안 발생할 수 있는 충돌, 부딪침 그리고 속도위반 등을 하지 않기 위해 운전자가 지속해서 SAFE 절차를 수행한 결과로 누가 보고 있거나 지시해서 하는 과정으로 보기보다는 위험에 대한 높은 인식 수준이 몸에 밴 행동이다.

이러한 과정을 작업 현장에 적용해 본다면, 근로자가 작업 장소에 존재하는 추락 위험을 인지하고 안전벨트를 지지점에 연결하는 경우와 같다. 높은 장소에 있는 물건이 떨어질 위험이 있어 결속하는 행동과 같다. 이동용 전동장치의 전선 피복이 심하게 벗겨져 사용을 금지한

_____

science, 48(4), 491–498.

행동과 같다. 통행로 개구부로 인해 넘어짐이나 추락의 위험을 개선한 조치 행동과 같다. 이런 과정 또한 안전 운전과 방어 운전을 한 사례로 누가 보고 있거나 지시해서 하는 과정이기보다는 위험에 대한 높은 인식이 몸에 밴 행동으로 볼 수 있다.

전술한 운전자와 근로자의 상황을 객관적으로 평가하면, 운전자는 도로상에서 마주한 위험이 임박했고, 자신에게 직접적인 영향을 주므로 이에 상응한 안전행동을 했다고 생각할 수 있다. 한편, 작업장의 경우는 운전하는 상황과는 다르게 마주한 위험이 그다지 심각하지 않고 자신과는 상관없는 위험임에도 불구하고 그런 행동을 했다는 것은 일반적이지 않고 "나 같으면 그렇게까지는 하지 않을 것"이라는 의견이 있을 수 있다. 그렇다면, 이러한 상황에서 작업 현장의 근로자를 운전자와 같은 안전한 행동을 하도록 하려면 어떻게 해야 할까?

운전자 사례에서 보았듯이 운전자는 다양한 위험 상황에서 위험 인식 능력, 안전 운전과 방어 운전 능력을 갖추고 있다. 그리고 그 운전자는 작업현장에 도착해서도 안전한 작업을 할 수 있는 능력을 갖추었다고 볼 수 있다. 따라서 안전한 운전자를 안전한 근로자가 될 수 있도록 지원하는 SAFETY Program이 필요하다. 구성원의 위험인식 수준을 높여 사고예방 활동 수준을 높이고 싶은 사업장은 아래와 같은 SAFETY Program개발과 적용을 추천한다.

가) 위험 확인(identification)

사업장 특성을 고려한 유해 위험요인을 찾는 것이 먼저이다. 보통 사업장 특성에 따라 위험은 다를 수 있다. 그리고 그 위험의 심각도나 빈도에 따라 위험(risk) 수준도 다를 수 있다. 위험과 관련한 정보를 담고 있는 각종 공정 위험성 평가자료, 작업 위험성 평가자료, 아차사고, 근로손실사고, 중대사고 등 모든 기록 가능한 사고자료, 산업안전보건법 등 관련 안전 관계 법령, 외부 정부 기관의 개선 명령 자료, 외부 컨설팅 기관의 점검 개선 자료 등을 확인하여 효과적으로 위험을 확인하고 목록화한다.

나) 위험 항목화(categorization)

위험(hazard)에 대한 심각도와 빈도 평가를 시행한 이후 어떤 위험(risk)이 심각하고 많은 점유율을 보이는지 검토하고 선별한다. 그리고 선별된 위험을 항목화(categorization)한다. 위험 항목화 개수는 근로자가 언제나 쉽고 빠르게 선별된 위험을 인식할 수 있도록 5가지 이내로 선정할 것을 추천한다(최대 7개를 넘지 않는 것이 좋다).

본 책자는 위험을 항목화하는 방법을 설명하기 위하여 고용부가 발간한 산업재해 현황분석 자료를 참조하였다.[7] 이 자료가 담고 있는 재해 유형은 위험 항목으로 볼 수 있으며, 그 예

---

7 고용노동부. (2020). 산업재해 현황분석, 2020년 광업, 제조업, 건설업, 전기 가스 수도업, 운수 창고 통

시로는 떨어짐, 넘어짐, 깔림/뒤집힘, 물체에 맞음, 무너짐, 끼임, 절단/베임/찔림, 화재/폭발/파열 등 8가지이다.

아래 표와 같이 위험의 점유율을 확인한 결과 넘어짐 위험이 20,659명으로 19%를 차지한다. 떨어짐 위험이 14,406명으로 13%를 차지한다. 끼임 위험이 12,894명으로 12%를 차지한다. 절단/베임/찔림 위험이 10,374명으로 10%를 차지한다. 부딪힘 위험이 7,503명으로 7%를 차지한다. 물체에 맞음 위험이 7,248명으로 7%를 차지한다. 그 외에는 교통사고, 무리한 동작, 기타 및 업무상 질병 등이 차지한다.

위험	요양자 수	점유율
넘어짐	20,659	19%
떨어짐	14,406	13%
끼임	12,894	12%
절단 · 베임 · 찔림	10,374	10%
부딪힘	7,503	7%
물체에 맞음	7,248	7%
교통사고	5,533	5%
기타	6,138	6%
깔림 · 뒤집힘	2,201	2%
화재 · 폭발 · 파열	549	1%
무너짐	535	0%
무리한 동작	4,343	4%
업무상 질병	15,996	15%
총계	108,379	100%

위험항목은 고용노동부의 산재 분석자료를 기반으로 넘어짐, 떨어짐, 끼임, 부딪힘 및 물체에 맞음 등 주요 5가지로 선정하였다. 다만, 절단 · 베임 · 찔림과 같은 위험은 위험성이 상대적으로 낮아 제외하였다.

신업, 임업, 어업, 농업, 금융보험업 및 기타의 사업에서 발생한 요양 재해자는 108,379명이다.

다) SAFE 슬라이드 개발

마이크로소프트 파워포인트 프로그램을 활용하여 SAFE 슬라이드를 구성하고 위험의 정의, 상황 사진, 인식내용 등을 포함한다. 이 슬라이드를 기반으로 근로자 교육을 시행하므로 근로자가 쉽게 이해할 수 있는 사진을 사용한다. 사진은 사고 현장 사진이나 위험이 존재하는 상황이 묘사된 것을 활용하고 만약 적절한 사진이 없다면 별도의 만화 제작을 추천한다.

교육 효과를 높이기 위해서는 전체 SAFE 슬라이드는 약 30장에서 50장 사이가 바람직하다. 5가지 위험 항목 점유율에 따라 SAFE 슬라이드 개수가 달라질 수 있다. 즉 전술한 고용노동부 산재 분석자료에 따라 넘어짐 위험이 가장 많았으므로 넘어짐과 관련한 SAFE 슬라이드를 가장 많이 할당하는 방식이다.

한 가지 사진에는 여러 위험을 포함하는 작업상황이 존재할 수 있다. 따라서 전술한 위험 항목 5가지에 대한 위험을 모두 확인하고, 그 중에서 가장 위험한 항목을 집중하고 대책을 수립한다.

아래 표는 넘어짐과 맞음 위험에 대한 SAFE 절차이다. 넘어짐 위험은 사람이 서서 미끄러지거나 이동 중 넘어져 균형을 잃는 상황 그리고 발(신발)과 보행/작업 표면 사이의 마찰력이 너무 적어 균형을 상실하는 상황이다. 맞음 위험은 물체나 물체의 일부분에 의한 강제적인 충격이나 날아오거나 떨어진 물체에 맞는 상황이다.

SAFE 절차	넘어짐/맞음
	OO부두에서 파이프 선적작업을 위해 육상 줄걸이 작업 중 파이프 슬링 벨트를 잡으려고 이동하다 미끄러져 넘어짐.[8]
Scan	작업상황을 조사한다(약 30초).

---

[8] 안전보건공단 (2021). 항만하역재해사례, 2021-교육혁신-567

Analyze	유해 위험요인을 분석한다(약 30초). 떨어짐 □ 넘어짐 □ 끼임 □ 부딪힘 □ 맞음 □ ※ 작업상황을 Scan 이후 해당 위험을 모두 체크한다(- 표기). 가장 위험한 요인을 확인한다(+ 표기).
Find hazard	유해 위험요인을 도출한다(30초). Analyze단계에서 확인한 가장 위험한 항목(+) - 미끄러운 바닥면에서 넘어진다. - 중량물에 맞는다.
Enforcement	도출된 유해 위험요인에 대한 대책을 수립하고 강화한다(30초) - 미끄러운 바닥의 물기를 제거하거나 발판을 설치한다. - 중량물 하부에 위치하지 않는다.

아래 표는 떨어짐 위험에 대한 SAFE 절차이다. 떨어짐 위험은 일반적으로 근로자가 균형을 잃거나 신체 지지력을 상실하여 균형의 중심에서 멀리 떨어져 있을 때 발생한다. 그리고 보행하거나 작업하는 표면 아래로 떨어질 수 도 있다.

	떨어짐(추락)
SAFE 절차	아래 사진은 4층 높이의 비계구조에서 근로자가 떨어져 사망한 사례이다. 근로자는 가설 비계 발판을 따라 이동하는 동안 균형을 잃고 떨어졌다.
Scan	작업상황을 조사한다(약 30초).
Analyze	유해 위험요인을 분석한다(약 30초). 떨어짐 □ 넘어짐 □ 끼임 □ 부딪힘 □ 맞음 □ ※ 작업상황을 Scan 이후 해당 위험을 모두 체크한다(- 표기). 가장 위험한 요인을 확인한다(+ 표기).

Find hazard	유해 위험요인을 도출한다(30초). Analyze단계에서 확인한 가장 위험한 항목(+) – 가설비계 발판에서 이동 시 떨어질 수 있다.
Enforcement	도출된 유해 위험요인에 대한 대책을 수립하고 강화한다(30초) – 가설비계 발판의 안전난간대 설치 여부를 확인한다. – 가설비계 발판에서 균형을 잃어 떨어질 수 있는 위험을 인식한다.

아래 표는 끼임 위험에 대한 SAFE 절차이다. 끼임 위험은 일반적으로 사람의 신체가 두 개 이상의 물체 사이 또는 물체의 일부 사이 또는 기계설비에 끼이는 상황이다.

SAFE 절차	끼임
	원재료 배합실에서 배합기 내부 청소를 하는 동안 배합기가 작동하여 회전날과 배합기 내벽 사이에 신체가 끼이는 상황이다.[9]
Scan	작업상황을 조사한다(약 30초).
Analyze	유해 위험요인을 분석한다(약 30초). 떨어짐 □ 넘어짐 □ 끼임 □ 부딪힘 □ 맞음 □ ※ 작업상황을 Scan 이후 해당 위험을 모두 체크한다(– 표기). 가장 위험한 요인을 확인한다(+ 표기).
Find hazard	유해 위험요인을 도출한다(30초). Analyze단계에서 확인한 가장 위험한 항목(+) – 회전하는 회전날과 배합기 내벽 사이에 신체가 끼인다. – 내부 청소 시 배합기 전원을 차단하지 않으면 배합기가 작동한다.
Enforcement	도출된 유해 위험요인에 대한 대책을 수립하고 강화한다(30초) – 전원을 차단(롯아웃 텍아웃)하고 배합기 내부 작업을 시행한다.

---

9 안전보건공단이 발간한 사망 재해사례

아래 표는 부딪힘 위험에 대한 SAFE 절차이다. 부딪힘 위험은 일반적으로 움직이는 물체가 사람에 부딪치거나 사람이 움직이는 물체에 부딪히는 상황이다.

SAFE 절차	부딪힘
	제철 공장에서 재해자가 코일 이송용 대차 운행 궤도에 들어가 청소작업 도중 이동하는 코일 이송용 대차에 부딪히는 상황이다.[10]
Scan	작업상황을 조사한다(약 30초).
Analyze	유해 위험요인을 분석한다(약 30초). 떨어짐 ☐ 넘어짐 ☐ 끼임 ☐ 부딪힘 ☐ 맞음 ☐ ※ 작업상황을 Scan 이후 해당 위험을 모두 체크한다(- 표기). 가장 위험한 요인을 확인한다(+ 표기).
Find hazard	유해 위험요인을 도출한다(30초). Analyze단계에서 확인한 가장 위험한 항목(+) - 운행 중인 이송용 대차 운행 궤도에 들어가면 부딪힌다. - 청소 작업 시 이송용 대차의 전원을 차단하지 않으면 부딪힌다. - 이송 대차가 운행 중일 경우 경보음이 나지 않을 수도 있다.
Enforcement	도출된 유해 위험요인에 대한 대책을 수립하고 강화한다(30초) - 청소 작업 시 전원을 차단(롯아웃 텍아웃)한다.

---

10 안전보건공단이 발간한 사망 재해사례

아래 표는 맞음 위험에 대한 SAFE 절차이다. 맞음 위험은 일반적으로 물체의 일부분에 의한 강제적인 충격이나 날아오거나 떨어진 물체에 맞는 상황이다.

	맞음
SAFE 절차	00조선소에서 판계 작업자가 철판을 핀 지그 위에 올려 판계 작업을 실시하던 중 도면의 위치대로 철판을 배열하기 위해 철판을 고정하고 있던 레버 풀러를 조작하는 순간 철판이 미끄러져 떨어지면서 철판 아래를 지나가던 재해자(용접작업자)가 철판(2.3톤)에 맞는 상황이다.[11]
Scan	작업상황을 조사한다(약 30초).
Analyze	유해 위험요인을 분석한다(약 30초). 떨어짐 □ 넘어짐 □ 끼임 □ 부딪힘 □ 맞음 □ ※ 작업상황을 Scan 이후 해당 위험을 모두 체크한다(- 표기). 가장 위험한 요인을 확인한다(+ 표기).
Find hazard	유해 위험요인을 도출한다(30초). Analyze단계에서 확인한 가장 위험한 항목(+) - 작업장소 주변 통제가 안되면 철판에 맞는다. - 철판이 움직이는 것을 막을 수 있는 판받이가 없으면 맞는다.
Enforcement	도출된 유해 위험요인에 대한 대책을 수립하고 강화한다(30초) - 작업 전 판받이를 설치하고 작업한다. - 철판을 크레인으로 인양하여 작업한다(다만, 크레인 사용 시 주의한다)

---

11 안전보건공단이 발간한 사망 재해사례

개발된 SAFE 슬라이드를 근로자에게 보여주고 SAFE 절차에 따라 작업상황 조사, 유해 위험요인 분석 및 도출, 대책수립 절차를 시연해 보도록 요청한다. 근로자가 처음에는 위험을 찾는데 어려움이 있을 수 있으나, 계속 반복한다면 해당 위험을 찾는 방법을 깨우칠 것이다. 그리고 이러한 과정을 강화(reinforcement)하기 위한 방법으로 근로자가 맞춘 SAFE 슬라이드의 위험개수를 점수로 부여하는 방식을 추천한다.

예를 들어 한 장의 SAFE 슬라이드에 떨어짐, 넘어짐 및 맞음 등 3가지의 위험이 동시에 존재하고 근로자가 이 위험을 다 맞추면 100점을 부여하는 방식이다. 이러한 방식으로 총 30장의 SAFE 슬라이드가 있고 여기에 해당하는 위험이 100개가 된다고 하면, 근로자가 100개를 다 맞추면 100점을 부여하는 방식이다. SAFE 슬라이드는 파워포인트의 슬라이드 쇼 기능을 활용하고 일정 시간 이후 자동으로 넘어갈 수 있도록 설정할 것을 추천한다.

라) SAFETY program 이행과 피드백

관리감독자는 매일 작업 전 근로자와 함께 당일 업무와 해당 위험을 토론하고 SAFE 절차 시행의 중요성을 강조한다. 이후 근로자는 자신의 작업장 주변의 위험을 SAFE 절차에 따라 조사(S), 분석(A), 위험확인(F), 강화(E)를 시행한다. 그리고 점심 식사나 기타 사유로 작업이 중지되어 작업을 재개할 때 또는 작업 방법이 변경되었을 때도 SAFE 절차를 시행한다. 이때 근로자가 하는 SAFE 절차는 별도의 문서에 기재하는 방식이 아닌 위험인식(metal processing) 과정임을 명심한다.

관리감독자는 주기적으로 근로자가 일하는 현장을 방문하여 해당 작업의 위험요인을 파악하고 근로자의 SAFE 절차 이행 여부를 확인한다. 만약 근로자가 시행했던 SAFE 절차에서 발견하지 못한 위험이 있다면, 추가적인 피드백을 해 주는 것도 좋은 방법이다.

이러한 과정이 조금은 부자연스럽고 어색하다고 생각할 수 있지만, 일관성 있고 지속적으로 시행한다면 근로자와 관리감독자 간에 열린 안전소통이 이루어질 수 있다. 그리고 근로자는 관리감독자의 의도에 따라 자신이 일하는 장소의 위험을 인식하려는 노력을 할 것이다. 이때 근로자의 긍정적인 위험 인식을 강화하기 위해 감사, 인정, 노력의 보상, 감사 카드(thank you card) 수여 등의 보상(reward)을 할 것을 추천한다.

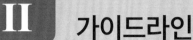

II 가이드라인

 SAFETY program 추진 정책 수립

SAFETY program을 전사적인 사고예방 활동 프로그램으로 안전보건 소위원회 과제로 지정할 것을 추천한다. SAFETY program 소위원장은 사업 부문을 총괄하는 임원으로 선임하고 그 소위원회 하부에 실행 TF를 구성하도록 한다.

② 위험 확인

사업장 건설 당시 검토하였던 유해 위험요인 검토 내용, 공정 위험성 평가 내용, 전문기관의 감사 결과, 작업 위험성 평가 내용, 정부 기관의 개선명령, 설비 제조자가 검토한 유해 위험 내용 등을 검토한다. 그리고 사업장 사고사례 조사와 분석 결과 내용, 관련 법령 준수 조항 등을 검토한다.

③ 위험 항목화

사업장의 위험을 심각도와 빈도에 따라 평가한 이후 어떤 위험이 심각도가 높고 많은 점유율을 보이는지 검토한다. 그리고 선별된 위험을 항목화(categorization)한다. 위험 항목화 개수는 5가지 이내로 선정한다(최대 7개를 넘지 않는 것이 좋다).

④ SAFE 슬라이드 개발

SAFE 슬라이드는 사업장에 존재하는 위험을 근로자가 인식할 수 있도록 안내해 주는 중요한 자료이다. 따라서 SAFETY program의 취지에 맞게 효과적인 SAFE 슬라이드를 개발해야 한다. 먼저 사업장에 존재하는 위험요인으로 인하여 사고가 일어날 빈도와 심각도를 평가한 위험 항목화 기준에 따라 현장의 위험한 상황을 묘사할 수 있는 사진을 적절하게 활용한다. SAFE 슬라이드 개발과 관련하여 전술한 5가지 위험에 대한 SAFE 슬라이드를 참조하여 사업 장에 적합한 자료를 개발한다.

 5 근로자 의견 청취

SAFETY program의 취지, 목적, 방식을 먼저 근로자에게 묻고 요청사항을 반영하는 것이 중요하다. 다만 모든 근로자의 의견을 수렴하는 과정은 많은 시간이 필요하기도 하고 공통된 의견을 찾는 것이 어려울 수 있다. 따라서 근로자를 대표할 수 있는 사람과 관리감독자를 선 정하여 의견을 듣는 방식을 추천한다.

 6 강사 양성 교육

근로자 교육을 하기 전 먼저 각 사업장에서 안전을 담당하지 않는 리더급 감독자를 선별하 여 강사로 양성하는 방식을 추천한다. 그 이유는 안전 업무는 안전을 담당하는 사람의 일이라 는 고정관념을 피하기 위한 목적이 있으며, 현장과 관련이 있는 사람이 직접 교육을 시행한다 는 관점에서 긍정적인 효과가 있기 때문이다. 물론 안전 업무를 담당하지 않는 사람이 이러한 교육을 하기에는 여러 어려움이 존재할 수 있으므로 안전 업무를 담당하는 사람이 배석하여 조력자(facilitator)의 역할 수행하는 것이 필요하다.

 7 근로자 교육

사업장 특성이나 상황에 따라 SAFETY program 교육 시행을 위한 소개, 목적, SAFE 슬라 이드 구성, 시험 등의 패키지로 구성한다. 최초 교육 시간은 약 8시간 정도가 적정하며, 이후 재교육(refresher training)은 약 4시간 정도가 적정하다고 생각한다. 시험은 미리 준비한 SAFE 슬 라이드의 위험을 맞춘 개수에 비례하여 점수를 부여하는 방식이다. 이때 70점 이하는 재시험 을 보도록 하는 방안을 추천한다.

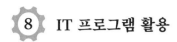

8 IT 프로그램 활용

전술한 SAFETY program의 모든 내용을 IT 프로그램(모바일 프로그램 등)으로 개발하여 근로자 스스로 언제든지 교육받을 수 있는 방식을 추천한다. 그리고 관리감독자가 해당 근로자의 위험인식 수준을 확인하고 자료화하는 방식을 고려해 볼 수 있다.

9 SAFETY program 이행과 피드백

근로자가 매일 SAFE 절차를 시행할 수 있도록 교육을 시행하고 관리감독자는 주기적으로 근로자의 SAFE 절차 시행 여부를 확인한다.

10 경영층 보고

SAFETY program 소위원장은 주기적으로 사업장의 SAFETY program의 시행 현황을 CEO 에게 보고하는 것을 추천한다.

제10장
검사와 감사
(inspection
and audit)

I 검사와 감사의 정의

 1 일반적인 사례

　검사와 감사는 안전을 전문적으로 하는 사람들도 오해하기 쉬운 용어이다. 검사와 감사의 의미를 구분하기 위하여 자동차를 유지보수하는 과정으로 설명하고자 한다.

　자동차를 유지보수하는 이유는 차량을 안전하게 운행하고자 하는 것이고, 환경 오염을 원하지 않기 때문이다. 10대의 운전자가 있다고 가정하고 운전자가 차량의 오일, 휘발유 및 타이어를 점검한다면 이 과정은 검사(inspection)한다고 할 수 있다.

　이때 10대 운전자에게 부모가 있다면, 자녀가 안전과 환경을 보다 신경 쓸 것을 원할 것이다. 부모는 자동차 제조자가 제공한 안전 책자를 읽고 타이어의 압력 점검 기준과 엔진 오일 점검과 관련한 정보를 입수하여 검토한 이후 10대 자녀가 차량을 점검한 과정을 물을 것이다 (때로는 점검하는 과정을 보여 달라고 할 수도 있다). 이 과정은 감사(audit)이다. 부모는 감사를 시행하는 동안, 직접 타이어 압력계를 사용하여 점검할 수도 있다. 그 이유는 부모도 자녀의 자동차에 탑승하기 때문에 부모의 안전 또한 달려 있기 때문이다. 요약하면, 검사는 주로 스스로 하면서 이상 여부를 확인하는 반면, 감사는 검사가 어떻게 수행되었는지 등을 묻는 질문으로 시작해 답변을 받는 과정이다.

 2 사업장 사례

　사업장에서 시행하는 검사와 감사는 어떤 차이가 있을까? 먼저 검사는 주로 규정과 절차의 요건을 확인하며 육안으로 확인하는 특징이 있으며, 대상에 대한 조사와 검토를 하지만 평가를 하지 않는다. 사업장에서 시행하는 검사의 종류에는 위험성평가, 보안경 착용 현황 확인, 물질안전보건 자료 부착, 안전교육 실시 여부 확인 등이 있다. 검사를 시행할 때 주로 물리적인 환경을 확인하지만, 때로는 사람의 작업 방법 또한 확인할 수 있다. 그리고 검사는 주로 상급자(상급기관)가 권한을 갖고 시행하는 것이 통상적이다.

194

감사는 검사에 비해 독립성을 가지며 주로 시스템을 조사한다. 그리고 감사를 통해 조직이 갖고 있는 시스템상의 긍정적인 측면과 부정적인 측면을 찾아야 하므로 객관적이어야 하고 조직과는 별개의 독립된 사람이 시행해야 한다(검사를 시행한 사람이 자신을 감사한다는 것은 객관적이라고 보기 어렵다).

 II 검사와 감사의 특징

 1 검사의 특징

검사는 시설에 대한 위험요인과 안전하지 않은 관행을 찾는 활동으로 안전장치 설치 여부 확인, 장비의 위험 존재 여부, 공기, 물 및 기타 샘플을 수집하여 유해성 확인, 작업 관행을 준수하지 않는 불안전한 행동 등을 확인하는 과정이다. 사업장의 유해 위험요인을 체크리스트로 만들어 점검을 시행한다. 아래의 사례는 점검 체크리스트에 포함될 수 있는 유해 위험요인의 종류이다.

- 회전체의 방호가 설치되고 작동되고 있는가?
- 모든 화학 용기는 안전 매뉴얼 요건에 따라 라벨을 부착하고 보관하고 있는가?
- 계단 및 통로에 넘어짐의 위험이 있는가?
- 출구가 차단되었는가?

검사는 안전조사(safety survey), 안전점검(safety inspection), 안전투어(safety tour) 및 안전 샘플링 조사(safety sampling) 등으로 구분하여 시행할 수 있다.[1]

2 감사의 특징

가. 개요

안전보건경영시스템의 PDCA 사이클에서 A인 act에 해당하는 단계가 감사이다. 감사단계는 안전보건경영시스템의 효율성, 효과성 및 신뢰성에 대한 독립적인 정보를 수집하고 시정조

---

1 Ferrett, E. (2015). *International Health and Safety at Work Revision Guide: For the NEBOSH International General Certificate in Occupational Health and Safety.* Routledge.

치 계획을 수립하는 구조화된 과정이다. 감사는 안전보건경영시스템의 적절성을 평가하는 수단으로 정기적으로 수행하는 주요 활동으로 주로 서면 질문을 사용하여 구조화된 방식으로 여러 측면의 정보를 수집한다.

나. 목적

감사의 목적은 안전보건경영시스템의 요소(element)가 효과적으로 작동하는지 확인하고 보증(assurance)하는 것이다.[2]

- 조직과 사업장의 안전 문제를 확인하고 현재의 안전보건 프로그램이 사고예방에 적절한지 여부를 확인한다.
- 최근에 발생한 사고에 대한 후속 조치가 적절한지 여부를 확인한다.
- 회사가 안전과 관련한 운영기준과 법적 요구 사항을 충족하고 있는지 확인한다.
- 감사를 통해 발견된 문제를 해결하여 안전문화 수준을 높인다.

다. ILO-OSH 2001 요구조건[3]

ILO-OSH 2001 지침에서 감사시행을 위한 요구사항은 아래와 같다.

- 안전보건경영시스템 요소가 근로자의 안전과 건강을 보호하고 사고를 예방하는 데 있어 적절하고 효과적인지 여부를 결정하기 위해 주기적인 감사를 시행한다.
- 감사 정책과 시행 프로그램을 개발한다.
- 감사평가에는 안전보건경영시스템 요소에 대한 검토가 포함되어 있다.
- 감사는 감사 대상 활동과 무관한 조직 내부 또는 외부의 유능한 인력에 의해 수행된다.
- 감사 결과와 결론은 시정 조치 책임자에게 전달되어야 한다.

감사대상에는 정책(policy), 작업자 참여, 책임, 역량과 훈련, 시스템 부속 설명서, 의사소통, 예방과 통제 조치, 변경 관리, 비상대응, 조달, 성능 모니터링 및 측정, 업무 관련 부상, 건강 이상, 질병 및 사고, 안전 및 건강 성과에 미치는 영향, 예방과 시정 조치 및 지속적인 개선 및 기타 적절한 감사 기준 또는 요소 등이 있다.

감사결과는 안전보건 목표 달성 여부, 근로자의 참여 촉진 여부, 시스템에 대한 이전 감사

---

2 HSE, U. (1998). HSG65. Successful Health and Safety Management.

3 Beres, E. (2002). Guidelines on occupational safety and health management systems ILO-OSH 2001.

후속 조치 등 시스템 요소(element)별 진행 현황을 포함한다.

라. 내부감사자와 외부감사자의 장단점

내부 감사자는 작업장, 시스템, 프로세스 및 조직에 대한 정보를 잘 알고 있고, 지난 감사에서 발견된 내용에 대한 후속조치를 이해할 수 있다. 다만, 사업장 사람들과 친밀함이 있어 일부 문제를 누락할 수 있는 가능성이 있고, 전문성이 떨어질 수 있다.

외부감사자는 새로운 시각으로 사업장을 객관적으로 바라볼 수 있다. 유사한 기타 사업장의 문제 해결 경험이 있지만, 해당 사업장의 특징과 업무 절차를 잘 알지 못하고 비용이 소요된다. 회사는 내부감사자와 외부감사자의 장단점을 검토하여 상황에 적절한 감사자를 활용해야 한다.

마. 감사 후속 조치

감사 결과 보고서는 CEO에게 보고하여 적절한 조치가 되어야 한다. 특히 서면으로 보고하는 방식 외에 직접 경영층을 모이게 하여 감사 결과와 권장 사항을 공유하는 방식은 효과가 좋다. 그리고 감사결과 개선을 위한 투자 계획을 수립하고 이행을 확인한다.

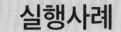 
OLG 기업이 국내와 해외 법인을 대상으로 시행한 안전보건경영시스템 감사 시행사례를 설명한다. 감사 시행 사례는 감사자 양성교육, 감사준비, 감사팀의 책임, 감사 프로토콜(protocol), 추적(trail), 발견사항 보고, 점수부여, 종료미팅 및 사후관리 등으로 구성하여 설명한다.

① 감사자 양성교육

OLG 기업의 미국 본사(United Technologies)는 전 세계 국가의 안전보건경영시스템 수준 향상을 위하여 감사자 양성교육을 시행하였다. 저자는 2004년 미국 본사가 주관하는 안전보건경영시스템 감사자 양성교육인 Assurance review auditor 과정(필리핀 법인에서 시행)에 참석하였다. 본 과정은 아시아 태평양 지역 안전담당자(중국, 홍콩, 싱가폴, 말레이시아, 태국, 필리핀, 한국 등)를 대상으로 시행(80시간)이 되었다. 아래 그림은 저자가 'Assurance Auditor Training' 과정을 참석하고 받은 수료증이다.

감사준비

미국 본사는 매년 국가별 감사시행 계획을 수립하였다. 저자의 회사가 속했던 아시아 태평양 지역은 아시아 권역에 있는 국가별 감사계획을 수립하고 감사를 시행하였다. 아시아 권역 국가별 감사에 미국 본사소속 담당자, 북미 지역 담당자, 유럽 지역 담당자 등이 합류하여 감사를 시행하는 경우도 있었다.

감사팀은 감사시행 계획을 수립하기 전 피 감사 국가의 안전보건 관리 현황과 정보를 평가하였다. 평가표에는 해당 국가의 (1) 통제시스템 관련으로 이전에 실시한 감사에 대한 점수, 기한 내 개선완료 여부, 자체평가 실적 등이 포함된다. (2) 해당 국가의 근로손실 사고율, 총 근로손실 사고율, 중대산업재해 건수 등이 포함된다. (3) 사회 환경적 위험(risk) 관련으로 해당 국가의 법규 강도, 절차의 강도, 사업이 갖는 위험도 및 해당 지역이 갖는 위험 수준 등이 포함된다. (4) 안전보건 담당자 선임 비율 등이 포함된다.

피 감사 국가에 대한 평가결과에 따라 해당 국가의 감사 횟수를 조정할 수 있다. 그리고 위험도가 높은 피 감사 국가는 낮은 국가에 비해 더 많거나 더 짧은 주기로 감사를 시행할 수 있었다.

3 감사팀의 책임

감사팀은 계획된 감사 일정 동안 피 감사 국가의 본사와 사업장을 방문하여 감사를 시행하므로 감사와 관련한 책임 기준을 명확하게 이해하고 있어야 한다. 감사팀은 해당 국가 조직의 안전보건 관리 현황, 시스템 구성 요건, 제품을 생산하는 공정 절차, 위험성 평가 결과, 사고조사 방법, 교육과 훈련 체계 그리고 각종 안전보건 관련 보고 내용 등을 잘 알고 있어야 한다.

감사팀은 해당 국가의 경영층, 관련 관리자, 감독자, 작업자, 도급업체 근로자 등을 수시로 만나 인터뷰를 하고 관련 서류를 검증해야 하는 업무를 수행하므로 아래의 기준을 숙지하여야 한다.

- 항상 공손해야 한다.
- 정직하고 빠른 응대를 해야 한다.
- 감사를 받는 회사의 근무시간을 준수한다.
- 감사자는 항상 손님이라는 것을 상기한다.
- 감사 지침을 정확하게 전달해야 한다.

- 약속시간을 준수한다.
- 적절한 보호구를 착용한다.
- 흥미를 갖는다.
- 발견사항을 절대 누락하지 않는다.
- 감사 대상 회사의 사전 평가정보를 숙지한다.

가. 감사팀장의 책임

감사팀장은 피 감사 국가의 책임자에게 최소 2개월 전 감사 시행 계획을 알린다. 해당 감사의 시행 범위, 출장 관련 정보 및 사전 미팅 일정 등을 피 감사 회사에 알린다. 그리고 필요한 정보를 피 감사 회사에 요청한다.

감사팀장은 해당 국가에서 시작 미팅을 주관한다. 이 미팅에서 감사 일정, 역할, 현장 감사 일정, 필요사항을 상호 협의하고, 감사 팀원에게 적절한 업무를 할당한다. 그리고 감사와 관련한 정보수집, 질의 회신 내용, 검토 사항, 이슈 등을 검토하고 해결 방안을 모색한다. 감사팀장은 감사 결과의 후속 조치 여부를 주기적으로 모니터링하고 그 결과를 확인한다.

나. 감사팀원의 책임

감사팀원은 시작 미팅에 참석하고 피 감사 회사의 안전보건 관련 절차, 현장상황 및 관련 법규를 검토한다. 감사팀원은 본사와 현장 감사에서 발견한 사항을 문서로 정리하고 결함사항을 메모한다. 그리고 발견사항을 감사팀장에게 공유하고 그 해결방안을 검토한다.

 4 ## 감사 프로토콜(protocol)

회사가 운영하는 안전보건표준(standards), 회사가 갖고 있는 위험 목록 그리고 국가의 안전 관련 법규 등은 감사를 시행하는데 중요한 요소로 '프로토콜(protocol)'이라고 부른다. 프로토콜은 위험요인을 평가할 때 또는 안전보건표준 요건을 평가할 때 사용한다. 회사의 유해 위험요인 영역과 항목, 절차, 교육, 검사 평가 등이 프로토콜에 해당할 수 있다.

5 추적(trail)

감사는 단기간에 시행되며 고도의 역량을 발휘해야 하는 중요한 활동이므로 효과적인 감사 시행을 위한 추적(trail)이 필요하다. 추적을 효과적으로 하기 위한 요구조건에는 하향방식과 상향방식, 현상확인, 관찰, 메모, 사진촬영 등이 있다.

가. 하향방식과 상향방식(top-down and bottom-up)

감사팀은 피 감사 회사의 안전보건경영시스템 서류를 확인한다. 그리고 사업장 운영현황과 작업현황을 확인한다. 일반적으로 하향방식은 서류검토와 관련자와의 인터뷰를 통해 시행하는 감사 방식이고, 상향방식은 서류에 언급되어 있는 내용을 기반으로 현장 활동을 확인하는 방식이다. 하향방식과 상향방식을 효과적으로 활용하기 위해서는 해당 회사가 보유하고 있는 프로토콜을 면밀히 확인해야 한다. 감사자는 피 감사 회사의 안전보건경영시스템 운영의 공백을 확인하기 위하여 반드시 '확인과 검증(test and verify)' 과정을 거친다. 여기에서 test는 어떠한 기준과 관련한 내용을 확인하는 것이고, verify는 확인된 사실을 검증하는 것이다.

나. 현상확인

감사자는 피 감사 회사가 하고 있는 여러 활동과 사례를 접할 것이다. 그리고 여러 사람들을 만나 다양한 대화를 나눌 것이다. 여기에서 주의해야 할 사항은 감사자가 수집한 정보나 자료는 객관적으로 검증될 때까지 사실로 믿어서는 안 된다는 사실이다.

예를 들어 감사자가 피 감사 회사의 CEO와 대화를 나누던 중 CEO가 월 1회 이상안전점검을 하고 있다는 사실을 듣고 그대로 믿기보다는, 감사자는 실제 CEO가 안전점검을 시행했는지 관련부서에 확인해야 한다는 것이다. 그리고 그 점검결과는 어떤 내용으로 구성되어 있으며, 실제 현장 개선을 위해 어떻게 활용되었는지 확인하는 것이 필요하다.

주로 감사자가 방문하는 현장은 사전에 누군가가 청소를 했거나 정리정돈을 했을 가능성이 높다. 따라서 깨끗한 현장이 안전한 현장이라는 공식을 세운다는 것은 비 논리적이다. 그리고 피 감사 회사의 관리자 몇 명 정도에게 사실을 확인하여 일관성 있는 답변을 얻었다고 하여도 그 사실이 검증되기 전까지 믿지 말아야 한다.

다. 관찰(observation)

관찰은 주로 작업 현장에 있는 사물과 사람들의 행동을 보는 것으로 감사자의 전문성이 드러나는 부분으로 경험이 풍부한 감사자일수록 관찰 기술이 탁월하다고 볼 수 있다. 감사자는 관련 정보수집, 검토, 문헌조사, 이전에 시행된 감사 결과, 사고현황 자료 등을 확인하고 해당 사업장의 상황을 최대한 이해하려는 노력을 해야 효과적인 관찰을 할 수 있다.

저자가 인도 공사현장을 방문했을 때의 일이다. 저자가 작업현장을 도착했을 때 추락위험이 있는 장소에서 일을 하는 근로자 4명의 안전벨트가 모두 새 것이었다. 저자는 한 작업자에게 안전벨트를 언제 받았는지 물어본 일이 있었는데 근로자는 예전에 주지 않다가 어제 갑자기 받았다고 저자에게 얘기하였다. 이 상황을 지켜본 관리감독자는 갑자기 정색을 하며 그것은 사실이 아니라고 하자, 근로자는 금세 자신이 잘못 얘기했다고 답변하는 상황이 벌어진 일이 있었다.

저자는 근로자가 정말 안전벨트를 오래 전에 받아 사용했는지 의구심을 가졌다. 저자는 해당 현장의 관리감독자에게 보호구 지급 관리 대장을 보여 줄 것을 요청하였고, 관리감독자는 보호구 지급 대장을 저자에게 보여 주었다. 하지만 보호구 지급 대장에는 근로자 4명에게 지급한 안전벨트 내역은 없었다. 저자는 근로자 4명에게 지급한 안전벨트 내역이 왜 없는지 이유를 알려 달라고 하자 관리감독자는 자신이 기재하는 것을 깜박 했다고 답변한 일이 있었다.

저자가 피 감사 회사의 본사에 방문하여 보호구 지급과 관련한 절차를 검토해본 결과, 현장 관리감독자는 근로자에게 보호구를 지급하고 그 근거를 지급 대장에 기록하도록 되어 있었다. 이에 따라 저자는 당시 상황을 피 감사 회사의 안전보건경영시스템 운영의 공백(gap)으로 기재하고 감사 점수를 삭감하였다. 전술한 내용은 감사를 시행하는 동안 많이 발생하는 상황으로 감사자는 사소한 사안이라도 놓치지 말고 의구심을 갖고 확인하고 검증(test and verify)해야 한다.

현장 감사를 시행하는 동안 작업행동을 촬영하거나 기타 행동을 관찰하는 과정에서 근로자는 위험한 상황에 놓일 수 있다. 근로자는 감사자의 요청을 따라야 하므로 자신의 안전을 확보하지 못할 가능성이 존재하므로 감사자는 여러 상황을 검토하여 근로자의 안전을 우선하여 감사를 시행하여야 한다. 그리고 작업자가 있는 장소에 긴박한 위험이 존재하는 경우에는 즉시 작업을 중지하고 개선하도록 지시해야 한다.

라. 메모

감사자는 본사나 현장에서 익숙한 서류나 상황을 접할 수도 있지만, 때로는 익숙하지 않은 상황을 접할 수도 있다. 감사자는 익숙하지 않은 상황에서 잊어버릴 수 있는 사안을 주기적으로 메모해야 한다. 저자는 국내와 해외에서 감사를 수행할 때 피 감사 회사의 관리감독자, 근로자와 면담할 때 들었던 내용을 메모하고 당일의 감사 결과 보고서에 요약했다.

가급적 회사명, 현장명, 근로자 이름, 관리감독자 이름, 작업장소 등 관련 정보를 메모해 두면 좋다. 정리된 메모는 사실 확인을 거쳐 감사 결과의 증빙으로 채택할 수 있다.

마. 사진촬영

사진은 설비상태, 작업장 상황 그리고 근로자의 행동과 관련한 발견사항을 증빙하는 효과적인 매체이다. 저자가 2000년 초반 일본을 방문하여 감사를 시행하던 시기에는 디지털 카메라가 없었다. 당시 감사자들은 필름을 넣는 카메라를 휴대하고 현장에 방문하여 감사를 시행하였다. 피 감사 회사의 다른 지역을 다녀온 감사자들이 감사를 완료하고 처음 하는 일은 그들이 촬영한 필름을 모두 회수하여 현상하는 일이다.

감사자들은 현상된 사진을 기반으로 보고서를 만들었다. 당시에는 빔 프로젝터가 없었던 시절이라 보고서를 컬러 OHP(overhead projector)로 출력하여 피 감사회사의 CEO와 임원 그리고 관련자들이 참석한 보고회의에서 발표하였다.

사진촬영과 함께 동영상 촬영 또한 매우 효과적인 자료로 활용될 수 있다. 2000년 중반에는 디지털 카메라가 시판되고 동영상 기능까지 탑재한 카메라가 시판되었다. 당시 저자는 감사를 효과적으로 시행하기 위해서는 동영상을 탑재한 디지털 카메라가 필요하다고 회사에 요청하였고, 회사는 흔쾌히 값비싼 디지털 카메라를 구입해 주었다.

저자는 이 디지털 카메라를 갖고 인도를 방문하여 감사를 시행하였다. 인도의 한 작업현장에서 근로자가 추락의 위험이 있는 지역에서 안전벨트를 착용하고 있었지만, 지지대에 걸지 않은 상황을 목격하고 사진 촬영을 하였다. 아쉽게도 촬영 당시 근로자가 갑자기 움직이는 바람에 안전벨트를 지지대에 걸지 않은 상황을 담지 못했다. 하지만, 당시 피 감사 회사 해당현장 관리감독자는 근로자가 안전벨트를 걸지 않은 사실을 인정한 터라 저자는 그 결과를 감사보고서 양식에 기재해 두었다.

저자는 당일의 감사 일정을 마치고 오후경 당일에 발견된 여러 현장의 주요 사안을 해당지역 책임자에게 설명하는 동안 근로자가 안전벨트를 지지대에 걸지 않았던 사실을 전달하자, 해당 지역 책임자는 그 사실을 부인하였다. 그리고 당시 저자와 같이 있던 해당 관리감독자 또한 그 사실을 부인하였다. 저자는 상황을 설명하고 해당 관리감독자가 당시에 상황을 동의한바 있다고 강변하였으나, 해당 지역의 관리감독자와 책임자는 저자의 주장을 받아들이지 않았다.

저자는 이러한 상황에서 근로자가 안전벨트를 지지대에 걸지 않았음을 확신하고 있었기 때문에 이러한 사실을 감사 발견 보고서에 기재할 수 있는 권한이 있었다. 하지만 결정적으로 사진 증빙이 부족하였기 때문에 바로 결정하기보다는 더 많은 현장을 돌아보고 최종 결정을 하는 것으로 마음먹었다.

감사 이틀날부터는 현장의 주요 발견사항을 동영상으로 촬영하였다. 마침 다른 지역의 근로자가 안전벨트를 지지대에 걸지 않았던 유사한 사례를 발견하고 동영상으로 촬영하였다. 동영상이라는 확실한 증빙 앞에 해당 관리감독자와 해당 지역 책임자는 더 이상의 핑계를 댈 수 없었다. 그리고 그들은 디지털 카메라에 동영상 기능이 탑재되어 있다는 사실에 놀라움을 보였다.

이렇듯 사진촬영은 감사결과에 있어 가장 효과적인 증빙이 될 수 있다. 최근에는 휴대폰에 고성능 카메라가 내장되어 있어 매우 편해졌지만, 때로는 사진 촬영으로 인하여 근로자가 위험한 상황에 처할 수도 있으니 주의해야 한다. 특히 카메라의 후레쉬 기능을 켜서 촬영할 경우 근로자가 놀랄 수 있으므로 주의해야 한다. 그리고 사람을 촬영할 경우에는 가급적 얼굴을 피해야 한다.

 발견사항 보고

발견(fact) 사항은 사실을 입증하는 설명이나 관찰사항으로 피 감사회사의 본사와 현장에서 수집한 여러 자료를 확인하고 검증하는 과정을 거친다. 발견사항은 감사보고서에 담길 핵심적인 내용으로 충분한 사실적 근거가 입증되어야 한다. 따라서 발견사항은 정확, 명료, 원인 추적 가능한 자료로 구성되어야 한다.

발견사항에는 위험상황이나 법적 기준을 준수하지 않는 등의 상황이나 정황이 포함되며, 세부 발견사항들은 최종적으로 시스템 요소(element)로 구분되어 정리된다. 예를 들어 현장에서 발견한 회전체 방호가 안된 설비가 있다면, 위험은 회전체에 끼이는 위험이고, 여기에 해당하는 시스템 요건은 유해 위험요인과 관련이 있는 요소(element)가 될 수 있다.

 점수부여

감사 점수는 경영시스템 요소(element)를 기반으로 작성된 체크리스트를 통해 부여된다. 체크리스트는 시스템 각 요소별 감사 질문항목을 검토하여 점수를 부여하는 방식이다.

점수 부여기준에 따라 4점에서 0점을 부여한다. 4점은 상기 요건들이 충분히 실행되고 있고 효과적인 경우이다. 3점은 상기의 요건 중 어느 한 가지라도 실행도 측면이나 효과성 측면에서 minor한 gap이 존재한다. 이 요건과 관련한 안전보건경영시스템상에 minor한 지적 사항이 있다. 상기 요건과 관련된 세부 발견사항(detail finding)의 위험(risk) 크기가 낮다. 2점은 상기의 요건 중 어느 한 가지라도 실행도 측면이나 효과성 측면에서 gap이 존재한다. 이 요건과 관련한 안전보건경영시스템상의 지적 사항이 있다.

상기 요건과 관련된 세부 발견사항(detail finding)의 위험(risk) 크기가 중간이다. 1점은 상기의 요건 중 어느 한 가지라도 실행도 측면이나 효과성 측면에서 major gap이 존재한다. 요건이 누락되었거나 이 요건과 관련한 안전보건경영시스템상에 major한 지적 사항이 있다. 상기 요건과 관련된 세부 발견사항(detail finding)의 위험(risk) 크기가 높다. 0점은 상기 요건에 대한 어떠한 증빙도 없는 경우이다.

　　아래 표는 규칙과 절차 요소(element)에 대한 점수부여 항목 예시로 피 감사회사는 2점을 획득하였다.

항목 8 - 규칙 & 절차	
평가 항목	Rating(4점)
2 종업원은 수립된 규칙과 절차를 충실히 따라야 한다 　Auditor Guidance (감사자 지침) 　발견사항은 다음사항을 포함한다 : 발견사항은 종업원 및 모든 사람이 회사에 존재하는 규칙과 절차를 따르고 있는가이다 　EHS 규칙과 절차를 심각하게 위반하는 관찰사항은 그 차이를 나타낼 것이며, 규칙과 절차를 따르지 않아 발생할 수 있는 많은 사고이다. 　Component (구성 요건) 　　a.작업현장에서 종업원이 규칙과 절차에 익숙하고 이용 가능하다. 　　b.종업원이 규칙과 절차를 충실히 따르고 있다 　　c.회사는 규칙과 절차의 적용 여부를 평가하고 있고 결점에 대한 정확한 확인이 되어있다 　Scoring Criteria (점수 부여 기준) 　(4점) 상기 요건들이 충분히 실행되고 있고 효과적이다. 　(3점) 상기의 요건 중 어느 한 가지라도 실행도 측면이나 효과성 측면에서 Minor한 Gap이 존재한다. 　　　　이 요건과 관련해서 EH&S Management System 상에 Minor한 지적사항이 있다. 　　　　상기 요건과 관련된 Detail Finding의 Risk 크기가 Law Risk이다 　(2점) 　(1점) 　(0점)	2
증빙자료 또는 도움을 줄 수 있는 자료	

　　아래 표는 안전보건경영시스템 12가지 요소(elements) 평가를 통한 취득 점수 현황이다. 평가, 예방 및 통제 요소가 가장 많은 점수(24점)로 할당되어 있다. 그리고 프로그램 평가(12점), 계획(10점) 등의 순이다.

　　점수부여와 관련한 보다 상세한 설명은 14장 안전보건경영시스템 평가를 참조한다.

Element	Criteria Attained				% (x 100)		Value		Points
I. Policy and Leadership	0	of	16	=	0.00%	x	6	Points =	0.00
II. Organization	0	of	12	=	0.00%	x	8	Points =	0.00
III. Planning	0	of	16	=	0.00%	x	10	Points =	0.00
IV. Accountability	0	of	8	=	0.00%	x	8	Points =	0.00
V. Assessment, Prevention and Control	0	of	40	=	0.00%	x	24	Points =	0.00
VI. Education and Training	0	of	12	=	0.00%	x	6	Points =	0.00
VII. Communications	0	of	8	=	0.00%	x	4	Points =	0.00
VIII. Rules and Procedures	0	of	12	=	0.00%	x	6	Points =	0.00
IX. Inspections and Audits	0	of	20	=	0.00%	x	8	Points =	0.00
X. Incident Investigations	0	of	12	=	0.00%	x	6	Points =	0.00
XI. Documents and Records Management	0	of	4	=	0.00%	x	2	Points =	0.00
XII. Program Evaluation	0	of	20	=	0.00%	x	12	Points =	0.00
								Total Points =	0.00
Overall Rating	0.00 Total Pts/				100	x 100 %		=	0.00%

 종료미팅

감사팀장은 서로 다른 지역을 다녀온 감사자들의 결과보고서를 취합하고 종료미팅 자료를 만든다. 발표자료에는 세부발견 사항과 시스템 발견사항, 감사 목적, 감사결과, 개선방안 마련 등의 내용이 포함된다.

발표자료를 사전에 피 감사 회사에 공유하게 되면 감사 내용에 대한 이견 충돌로 인해 종료 미팅 진행이 어려울 수도 있으므로 가급적 종료미팅 이후에 전달하는 것이 좋다. 다만, 중요한 이슈 사항은 피 감사회사의 안전 전담 임원 등에게 사전에 공유하여 이견을 줄인다.

 사후관리

감사팀장은 감사 결과보고서를 피 감사회사 CEO에게 통보하고 개선 계획 수립을 요청한다. 피 감사회사의 안전보건 전담부서는 세부발견사항에 대한 개선대책을 수립하여 CEO에게 보고하고 감사팀장에게 보낸다. 높은 위험의 발견사항은 종료미팅으로부터 30일 이내 조치, 모든 법적인 위험은 60일 이내 조치, 중간과 낮은 위험은 9개월 이내 조치 그리고 모든 시스템 발견사항은 9개월 이내 조치하는 기준으로 운영하였다.

BBS Program 적용

① 인간실수

미국 에너지부(DoE, Department of Energy)가 발간한 인간성과 개선(human performance improvement handbook) 핸드북[1]에 따르면, 전체 사고의 80%는 인간실수(human error)와 관계가 있고, 20%는 설비나 시설 결함에 의해 발생한다고 알려져 있다. 그리고 인간실수의 70%는 CEO의 리더십, 공사기간 단축, 예산 삭감, 인력 감소 등 조직적인 문제나 약점에 의해 발생하고, 30%는 사람의 착각으로 인해 발생한다고 하였다.

Reason(1990)은 아래 그림과 같이 사람의 불안전한 행동을 "의도하지 않은 행동"과 "의도한 행동"으로 분류하였다. 그리고 의도하지 않은 행동을 부주의(slip) 및 망각(lapse)으로 구분하고 의도한 행동은 착각(mistake)과 위반(violation)으로 구분하였다. 그리고 부주의(slip), 망각(lapse) 및 착각(mistake)을 기본적인 인간실수(human error)라고 정의하였다.[2]

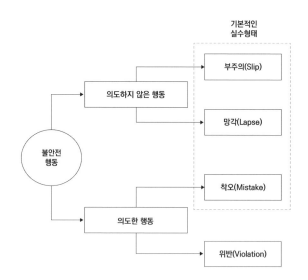

1 DoE. (2009). Human Performance Improvement Handbook, DoE Vol 1, pp.1-27

2 Reason, J. (1990). "*Human error*", Cambridge university press, pp. 206-207

전술한 내용과 같이 인간실수는 사고를 일으키는 기여요인(contributing factors)으로 불안전한 행동의 범주이다. 인간실수를 보는 오래된 관점은 "그 결과에 대한 책임은 누구에게 있는가?", "인간실수는 문제의 원인(causal factors)이다.", "인간실수는 무작위적이고 신뢰할 수 없는 행동이다." 등 모든 원인을 사람의 문제로 도출하는 비효율적인 접근방식이었다.

하지만 인간실수는 누구나 할 수 있고, 방지가 불가능한 요인이다. 더욱이 인간실수는 사람을 둘러싼 운영과 환경, 도구 등과 복잡하고 시스템적으로 연결되어 있으므로 인간실수를 시작점으로 보고 해결하는 새로운 관점의 접근방식이 필요하다.[3]

사고가 발생하는 과정을 묘사한 아래 그림(accident sequence model)과 같이 위험이 있는 장소에서 근로자는 위험한 행동과 안전한 행동을 결정한다. 위험한 행동을 결정하는 근로자는 주로 인지능력과 주의력 수준이 낮아 대체로 위험을 받아들이는 집단이다.

한편 안전한 행동을 결정하는 근로자는 위험에 대한 인지능력과 주의력이 있는 집단이다.[4] 따라서 위험한 행동을 결정하는 근로자에게는 적절한 교정을 주어 안전 행동으로 유도하고, 안전한 행동을 결정하는 근로자에게는 안전 행동을 유지하도록 하는 행동기반안전관리 프로그램이 필요하다.

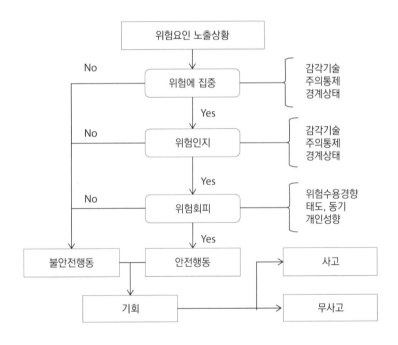

3 Dekker, S. (2017). *The field guide to understanding 'human error'.* CRC press.

4 Asadi, S., Karan, E., & Mohammadpour, A. (2017). "Advancing safety by in-depth assessment of workers attention and perception" *International Journal of Safety, 1*(03), pp. 46–60.

⚙️② BBS Program의 역사

산업재해를 줄이기 위한 오래된 방식은 설비의 신뢰성을 높여 기계적 결함이나 기술적인 문제를 줄이면서 안전보건경영시스템을 효과적으로 운영하는 것이었다. 하지만 지속적으로 발생하는 산업재해는 안전문화라는 새로운 관리 방식을 등장시킨 원동력이 되었다. 행동기반 안전관리(BBS, behavior based safety program)는 사람의 불안전한 행동이나 실수를 관찰하고 좋은 피드백을 주어 근로자의 안전행동을 강화하기 위한 방안으로 시행되었고, 안전문화 수준을 향상시켜주는 안전활동으로 알려져 있다.[5·6·7]

1940년대 B. F. Skinner[8]는 조건을 통제한 상태로 동물에게 강화(reinforcement)를 주어 행동에 미치는 영향을 실험한 사람이다. 그는 실험 결과를 토대로 사람에게도 이 연구 결과를 적용함으로써 사람의 행동은 측정이 가능하다는 결론을 얻었다. 즉 결과(consequence)를 조건으로 행동(behavior)이 변한다는 사실을 파악한 것이다. 초기 행동 교정은 산업계에 효과적인 프로그램으로 받아들여졌다.

하지만 시간이 흐르면서 실질적인 대중성은 얻지 못하였는데, 그 이유는 당시의 시대적 상황에 따라 행동 교정이라는 실질적인 한계가 있었기 때문이다. 행동 교정이 잘못 적용되면 근로자의 행동을 개선하기보다는 조작적인 활동으로 인식될 수 있기 때문이었다. 1975년 F. Luthan과 R. Kreitner에 의해 행동 교정은 산업안전 분야에 적용되었다.

그리고 조지아 공대의 Judith Komaki에 의해 처음으로 산업안전 분야에 행동 분석 연구가 적용되었다. 이후 1984년 Monsanto에 의해 근로자가 참여하는 행동기반안전관리 프로그램이 적용되면서 성공을 거두기 시작하였다. 화학회사인 Shell도 비슷한 시기에 행동 교정 프로그램을 적용하였던 선도적인 회사이다. 이후 1980년 Alcoa, Rohm and Haas, ARCO 화학, Chevron 등 여러 회사가 유사한 프로그램을 적용하여 좋은 안전 성과를 얻었다.[9]

행동 교정을 하기 위한 원칙은 ABC 절차를 활용하는 것이다. A는 전례, 선행자극 혹은 촉

---

5 Straughen, M., Williams, S., Wilkinson, M., Robb, R., Richardson, R., Smith, J., & Fleming, M. (2000). "Changing Minds", A practical guide for behavioural change in the oil and gas industry, pp. 5–6.

6 Turney, R. D., & Alford, L. (2003). "Improving human factors and safety in the process industries", *Institution of Chemical Engineers*, pp. 398–399.

7 Health and safety executive. (2007). "HSE Human factors briefing note no.7 safety culture", pp. 1–2.

8 행동주의 심리학자로 교육과 심리학에 많은 영향을 끼쳤다. 하버드 대학교에서 1958년부터 1974년 은퇴할 때까지 심리학과의 교수였다. "스키너의 상자"로 불리는 조작적 조건화 상자를 만들었으며 이를 바탕으로 행동주의가 더 발전하였다(위키백과).

9 Krause, T., & Hidey, J. H. (1990). The behavior–based safety process.

진제(antecedent 혹은 activator), B는 사람의 행동(behavior)으로 안전한 행동과 불안전한 행동이 있으며, C는 결과(consequence)로 향후의 안전 행동 혹은 불안한 행동을 이끈다.

 ## 행동교정 ABC 절차

ABC 절차의 한 예로 현관의 초인종이 울리면(선행자극, Antecedent) 사람은 누가 왔는지 보기 위해(결과, Consequence) 확인할 것이다(행동, Behavior). 여기에서 선행자극은 초인종이고 사람의 행동을 이끄는 요인이다.

만약 누군가의 장난으로 초인종이 울린다는 상황을 가정해 보자. 사람은 처음 몇 번 초인종 소리에 반응하여 문을 열 것이다. 하지만, 이러한 상황이 자주 반복된다면, 아마도 누군가 장난으로 그런 것으로 생각하고 초인종 소리를 무시할 것이다. 이런 상황을 통해 우리가 알 수 있는 사실은 초인종이 울리는 선행자극에도 불구하고 누군가 장난으로 인해 초인종을 울린다는 결과를 알기 때문에 문을 여는 행동을 하지 않는다.[10] 아래 그림은 전술한 상황을 묘사한 그림이다.

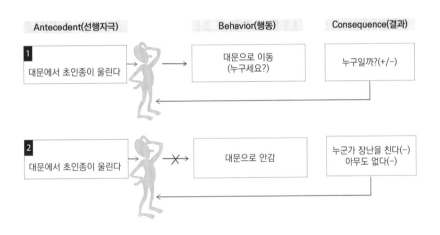

이 사례를 통해 사람은 행동 결정 시 선행자극보다는 결과를 중요하게 생각한다는 것을 알수 있다. 결과는 시간 요인(즉시 또는 나중), 확실성(확실 또는 불확실) 및 행동의 결과(긍정 또는 부정) 세 가지로 구분할 수 있다. 사람의 행동은 어떤 것에 대해 즉시 효과를 원하고, 확실함을 원하며 긍정적인 결과를 원한다. 아래 그림은 ABC 절차이다.

---

10 Geller, E. S. (2001). *Working safe: How to help people actively care for health and safety*. CRC Press.

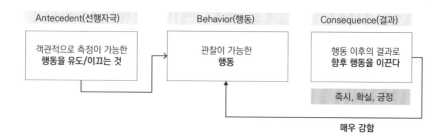

B. F. Skinner는 선행자극보다는
결과가 행동을 결정하는 강한 요인이라고 하였다.

이러한 이론을 안전보건에 적용하기 위해 소음이 심한 사업장에서 근로자가 작업을 한다는 상황을 가정해 보자. 여기에서 선행자극은 근로자에게 귀덮개/귀마개 지급, 착용 포스터 부착, 안전 절차 수립과 교육을 하는 것이다.

근로자는 이러한 선행자극에 따라 귀덮개/귀마개를 착용할 것이다. 하지만, 근로자는 귀덮개/귀마개 착용으로 얻는 이득인 청력 손상 예방 등의 결과는 장시간에 걸쳐 입증되고, 귀덮개/귀마개를 착용하지 않아 얻는 편안함은 즉시 얻을 수 있으므로 귀덮개/귀마개를 착용하지 않는 상황이 발생한다.[11] 아래의 표와 같은 ABC 절차의 예시를 확인할 수 있다.

선행자극(Antecedent)	행동(Behavior)	결과(Consequence)
· 회사가 귀덮개/귀마개를 지급 · 특정 지역에서 귀덮개/귀마개 착용을 회사의 기준으로 수립 · 귀덮개/귀마개 미착용 시 청력 손상이 있음을 교육 · 귀덮개/귀마개 착용 지시 포스터 부착 · 시끄러운 작업 장소 등	· 시끄러운 장소에서 귀덮개/귀마개 착용	· 미래에 청력 손상이 발생할 수 있다고 걱정한다. · 귀덮개/귀마개 미착용으로 인한 관리자에게 꾸지람을 듣고 싶지 않다.
· 위 칸의 선행자극에도 불구하고 · 동료들은 귀덮개/귀마개를 착용하지 않음 · 귀덮개/귀마개 착용에 대한 강제 기준이 없음 등	· 시끄러운 장소에서 귀덮개/귀마개 미착용	· 막연한 미래에 청력 손상이 있을 수 있다. · 귀덮개/귀마개 착용이 불편하다. · 귀덮개/귀마개를 착용하지 않아도 누구도 뭐라고 하는 사람이 없다.

---

11 Fleming, M., & Lardner, R. (2002). Strategies to promote safe behaviour as part of a health and safety management system. *HSE CONTRACT RESEARCH REPORT*.

아래 그림은 사업장에서 주로 사용하는 귀덮개/귀마개이다.

귀마개

귀덮개

선행자극은 안전 절차, 기준, 규정의 형태로 근로자가 해야 하는 안전 활동을 구체화한 내용으로 존재하며, 때로는 이러한 기준을 알려주는 안내서, 포스터 또는 그림 형태로 존재한다. 다만, 근로자는 자신이 처한 환경과 조건에 따라 선행자극 준수 여부를 결정한다.

선행자극은 근로자를 안전한 방향으로 이끄는 좋은 수단과 방법이 되므로 초기 설정이 중요하다. 초기 설정 이후에는 지속적인 모니터링을 통해 결과(consequence)를 긍정적으로 변화시키는 방안을 수립해야 한다. 결과는 아래 표와 같이 안전 행동을 증가시키는 긍정적 강화와 부정적 강화가 있다. 그리고 안전 행동을 감소시키는 처벌이 있다.

안전 행동을 증가시키는 결과	
긍정적인 강화	부정적인 강화
원하는 무언가를 얻음	원하지 않는 것을 피하도록 함

안전 행동을 감소시키는 결과	
처벌	처벌
원하지 않는 무언가를 얻음	원하거나 가진 무언가를 잃음

위 표에서 가장 추천할 만한 방법은 안전 행동을 증가시키는 결과에서 긍정적인 강화이다. 물론 부정적인 강화 또한 안전 행동을 증가시키는 요인이지만, 근로자가 싫어하는 무언가를 피하게 해주는 강화이므로 되도록 적용하지 않는 것이 좋다. 긍정적인 강화는 근로자가 무언가를 안전하게 해보겠다고 하는 자율의식을 갖게 하므로 근로자의 향후의 안전 행동에 영향을 준다.

II 가이드라인

효과적인 행동기반안전관리 프로그램을 운영하기 위해서는 안전 평가, 경영층 검토, 목표와 일정 수립, 안전 관찰 절차 수립, 피드백과 개선 활동, 인센티브와 안전보상, 교육 시행, 모니터링, 경영층 검토 단계로 적용한다.

⚙ 1 안전 평가

회사나 사업장의 안전문화 수준과 새로운 문화를 받아들이는 유연성 여부에 따라 행동기반안전관리 프로그램의 성패가 달려 있다. 그 이유는 아무리 좋은 프로그램일지라도 해당 사업장의 상황이나 수준에 맞지 않는다면, 성공하기 어렵기 때문이다. 이러한 문제를 줄이기 위해서는 근로자와 인터뷰, 토론 등을 통해 이 프로그램 적용의 필요성을 검토하고 의견을 충분히 수렴해야 한다.

그리고 해당 사업장의 유해 위험요인, 위험한 행동 이력, 과거 안전성과 요약, 근로자의 안전 지식, 안전에 영향을 주는 관리 요소, 안전 감사, 안전 미팅, 보상 등을 검토한다. 안전 평가의 목적은 조직에 적용되고 있는 안전 활동, 교육요구도 및 경영층의 지원현황을 파악하기 위함이다. 이러한 과정을 통해 관찰방식, 소요 비용, 실행일정 등을 결정할 수 있다. 평가 시 아래에 열거된 절차를 참조한다.

• 인터뷰

인터뷰를 시행하는 이유는 사업장의 시스템, 기준, 실행사례 등을 확인하기 위한 것이다. 이때 근로자의 의견을 솔직하게 받아들이기 위해 지역, 직급, 경험 등의 특징을 고려한다. 관리감독자 중 약 10% 정도를 인터뷰 대상으로 포함한다. 회사에 노조가 존재한다면, 일정 수 이상의 간부 인원을 포함한다. 아래의 내용은 일반적으로 추천할 수 있는 인터뷰 예시이다.

- 사업장을 안전하게 했던 원동력은 무엇인가?
- 현재보다 높은 안전수준을 유지하려면 어떤 개선을 하여야 하는가?
- 개선에 있어 걸림돌은 무엇인가?
- 사업장의 안전 성과가 어느 정도인가?
- 사고가 발생한다면 어떻게 대처하는가?
- 사업장에서 발생하는 사고에 대한 보고 비율은?
- 관리감독자나 도급업체는 안전 개선을 위하여 무엇을 해야 하는가?
- 불안전한 행동을 감소시킬 수 있는 사람은 누구인가?
- 위험작업을 거부할 수 있는 제도나 기준이 있는가?
- 불안전한 행동을 하였는가?
- 안전 개선을 위한 동인(driver)은 무엇인가?
- 누가 주로 당신에게 안전을 언급하는가? 주로 어떤 내용인가?
- 안전을 확보하기 위해 어느 정도의 시간을 투자하는가?

• 설문서 접수

인터뷰는 근로자의 느낌과 인지도를 파악할 수 있는 좋은 방법이다. 하지만 근로자가 너무 많거나 야간 근무자에 대한 인터뷰가 어려울 때, 설문서를 활용하는 것을 추천한다. 설문을 하는 사람이 압박감이나 스트레스 없이 편안함을 느끼도록 하는 설문 내용을 선정하여 개발한다. 아래 표는 일반적으로 추천할 수 있는 설문서의 예시이다.

- 응답자의 안전 참여 노력도
- 사업장에 존재하는 긍정적인 안전 강화 방법으로는 무엇이 있는가?
- 안전과 관련한 안전기준 지속성 여부
- 생산과 안전이 상충하는 상황
- 안전에 대한 경영층의 참여 정도
- 사고와 불안전한 행동의 상관관계
- 안전교육의 효과성
- 설비나 도구의 안전설계 반영 여부
※ 기타 설문 문항은 연구논문이나 인터넷에서 검색이 가능한 여러 종류를 참조하여 사업장 특성에 맞게 변형하여 사용할 것을 추천한다.

• 사업장의 사고통계 확인

사업장에서 주로 발생하는 사고의 유형을 확인하고 어떤 유형의 행동이 우선 개선되어야 할지 검토한다. 이러한 검토 결과는 핵심행동 체크리스트에 포함한다.

경영층 검토

안전문화 수준을 검토하여 우선순위, 시급성, 유연성 등을 고려한 프로그램의 소요 비용, 일정, 지원사항을 보고하고 승인을 얻는다. 효과적인 행동기반안전관리 프로그램 운영을 위해서는 경영층의 지원이 핵심 조건임을 인지하고 추진해야 한다. 행동기반안전관리 소위원회를 구성할 경우, 전사 차원의 의사결정과 호응을 끌어낼 수 있으므로 적극적으로 추천한다.

 목표와 일정 수립

행동기반안전관리 프로그램 활동은 여러 조직과 관련이 있는 사안이므로 각 사업부의 해당 부서와 긴밀하게 협조하여 전사 차원의 목표를 설정한다. 설정된 이정표를 기반으로 해당 항목별 목표점과 일정을 주기적으로 공유하고 변경하여 효과적인 추진을 한다.

④ 안전 관찰 절차 수립

관찰이란 사람의 행동을 유심히 보고 관련 사실을 확인하는 일련의 과정이다. 관찰을 통해 발견한 불안전한 행동은 잘못이 아닌 누구나 할 수 있는 현실로 생각하고 배움의 기회로 삼아야 한다.[12] 관찰은 근로자의 안전한 행동과 불안전한 행동을 발견하여 개선하는 과정이다.[13]

관찰은 자발적으로 참여하는 관찰방식과 강제적으로 관찰하는 방식으로 구분할 수 있다. 자발적으로 참여하는 방식은 일정한 관찰 목표를 정하지 않고 근로자가 자발적으로 시행하는 방식이다. 이 방식은 근로자의 자율성을 부여하는 긍정적인 면이 있지만, 실제 여러 연구결과에 따르면 관찰 참여율이 낮았다고 한다. 한편 강제적으로 관찰하는 방식은 강압적인 느낌은 있지만, 정해진 횟수의 관찰과 피드백을 시행하여 근로자의 행동 개선 효과가 높았다고 한다.[14]

행동을 관찰하기 위해서는 사업장 특성이 반영된 핵심행동 체크리스트(critical behavior checklist)가 준비되어야 한다. 이 체크리스트는 사업장의 아차사고, 근로손실 사고와 불안전한

---

12 Geller, E. S. (2005). Behavior-based safety and occupational risk management. *Behavior modification, 29*(3), 539-561.

13 Cooper, D. (1998). *Improving safety culture: A practical guide*. Wiley.

14 DePasquale, Jason P., & E. Scott Geller. (2000). Critical success factors for behavior-based safety: A study of twenty industry-wide applications. *Journal of Safety Research, 30*(4), pp. 237-249.

행동 보고서, 위험성평가 결과, 작업안전분석(job safety analysis) 자료를 검토하여 개발하되 한 페이지를 넘지 않는 것을 추천한다.[15 · 16]

관찰 대상이 되는 근로자의 성명을 체크리스트에 기재하지 말아야 한다. 그 이유는 관찰자가 근로자를 고발한다는 부정적인 인식을 줄 수 있기 때문이다. 그리고 목표 행동을 측정하기 위해 체크리스트에 있는 핵심 행동에 대한 관찰 결과를 안전 또는 위험으로 기재하여 안전 행동률을 산출해야 한다(예시: 총관찰된 안전 행동/총관찰된 안전 행동+위험 행동에 대한 백분율). 아래 그림은 사업장의 핵심행동 체크리스트 예시이며, 관찰을 통해 안전한 행동과 불안전한 행동을 기재하게 되어 있다.

사업장 특성에 따라 "홀로 일하는 근로자(lone worker)"는 관찰이 어려울 수 있다. 설비나 기계를 매일 홀로 점검하는 근로자, 어떤 물건을 차량에 탑재하여 주기적으로 가정에 배달하는 업무를 수행하는 근로자, 작업 장소에서 멀리 떨어져 있는 근로자의 행동을 관찰하는 일은 다소 어려울 수 있다.

---

15 Fishwick, T., Southam, T., Ridley, D., & Blackpool, L. (2004). BEHAVIOURAL SAFETY APPLI-CATION GUIDE.

16 Cooper, M. D. (2009). Behavioral safety interventions a review of process design factors. *Professional Safety*, 54(02)

이러한 근로자는 때때로 작업을 조기에 완료해야 하는 압박이나 스트레스 그리고 누군가 자기 행동을 보지 않는다는 인식 등으로 인하여 불안전한 행동을 할 가능성이 있다. 또한 자신의 불안전한 행동을 인식하기 어렵고 누군가 교정을 해 주지 못하는 상황에 처한다. 이러한 근로자들의 경우 스스로 자신의 행동을 관찰(self-observation)하고 피드백하는 방법으로 안전한 행동을 유도할 수 있다.

홀로 일하는 근로자(lone worker)가 사용할 만한 핵심행동 체크리스트를 개발하고 근로자 스스로 행동관찰과 피드백 결과를 기록하도록 하는 방식은 효과적인 방법으로 알려져 있다. 체크리스트를 핸드폰 모바일 프로그램으로 연동하여 기록관리를 한다면 더욱 효과적일 수 있다.

 5 피드백과 개선 활동

행동기반안전관리 프로그램의 성패는 효과적인 관찰 이외에도 피드백 시행에 있다. 관찰자는 근로자의 불안전한 행동, 불안전한 작업 조건, 부적절한 도구와 장비 사용 그리고 부적절한 안전보호구 사용 등을 개선하도록 조언할 수 있다. 그리고 그 조언사항을 체크리스트에 기재하고 관리부서에 통보한다. 아래는 여러 종류의 피드백을 열거한 내용으로 사업장의 특성에 따라 적용할 수 있다.

- 관찰자와 피 관찰자 간 피드백
- 현장에서 직접 피드백 혹은 사무실에서 피드백
- 팀 미팅 시 피드백
- 위원회를 통해 공유하는 피드백
- 포스터, 차트 및 게시판을 활용한 피드백
- 관찰 결과에 대해서 경영층에게 하는 피드백
- 그룹 간 피드백

아래 그림은 글로벌 회사의 작업 중지 권한 포스터가 부착된 장면이다. 근로자가 작업에 집중하여 혹시 모를 위험한 행동을 하는 것을 목격하면, 동료로서 그리고 관찰자로서 그 행동을 개선해야 한다는 의미를 담고 있다. 포스터는 "만약 우리 아빠가 불안전한 행동을 하면, 제발 그를 멈춰 주세요(stop work authority)"라는 내용을 담고 있다.

피드백은 구체적(specific) 그리고 포괄적(global)인 것으로 구분할 수 있다. 구체적 피드백은 체크리스트에 언급된 핵심 행동 하나하나를 피 관찰자에게 알려주는 방식이다. 예를 들면, 추락방지 안전벨트 미착용, 추락의 위험이 있는 지역에서 작업, 안전모 미착용, 안전화 미착용 등이다. 포괄적 피드백은 일정한 기간에 누적된 자료를 통계 자료로 분석하여 여러 사람에게 공유하는 방식이다. 연구에 따르면 포괄적 피드백보다는 구체적 피드백이 행동 개선에 더 효과적인 것으로 알려져 있다.[17·18·19]

또한, 피드백은 부가적이고 강화적인 방법으로도 구분할 수 있다. 부가적인 피드백은 근로자의 안전한 행동에 대해서 잘했다고 긍정적으로 조언하는 것이다. 상황에 따라서 개별적으로 할 수도 있고, 여러 근로자가 있는 곳에서 할 수도 있다. 강화적인 피드백은 근로자의 미흡한 행동에 대해서 향후 개선하였으면 좋겠다는 기대를 포함한다.

개선 활동(intervention)은 결과(consequence)를 긍정적인 방향으로 이끌어 근로자가 안전한 행동을 할 수 있도록 지원해 주는 역할을 한다. Geller(2001)는 관찰자가 근로자에 대한 코치(coach)로서의 역할 수행을 강조하였다. 아래 그림과 같이 우리가 잘 알고 있는 운동 경기의 코치는 선수들의 동작하나 하나를 유심히 관찰한 이후 개별적인 피드백을 시행한다.

---

17 Keil Centre (2000). Behaviour modification to improve safety: literature review, HSE Books, p. 19.

18 Roberts, D. Steve, and E. Scott Geller. (1995). An actively caring model for occupational safety: A field test. *Applied and Preventive Psychology, 4*(1), pp. 53–59.

19 Cheah, W. L., Giloi, N., Chang, C. T., & Lim, J. F. (2012). The perception, level of safety satisfaction and safety feedback on occupational safety and health management among hospital staff nurses in Sabah State health department, *The Malaysian journal of medical sciences, MJMS, 19*(3), pp. 57–63.

그리고 아래 그림과 같이 코치는 경기가 종료된 이후 모든 선수들이 있는 곳에서 무엇을 잘하였고 무엇을 개선해야 하는지 상호 토론한다.

이러한 상황을 산업현장에 적용해 본다면, 관찰자는 매일 근로자들을 대상으로 안전 행동 지침을 준수하고 있는지 개별적인 관찰을 하고 피드백을 시행한다. 그리고 작업이 종료되고 근로자들과 어떤 행동이 안전했고 어떤 행동이 불안전했는지 상호 토론하는 과정을 갖는다. Geller(2001)는 코치의 역할 수행을 잘하기 위해 'COACH' 절차를 추천하였다. 여기에서 COACH는 care, observe, analyze, communicate, help의 영어 약자이다.

Care는 근로자를 "적극적으로 돌본다."라는 의미를 담고 있다. 근로자는 관찰자(코치)의 말과 몸짓을 통해 자신이 관심을 받고 있음을 깨달을 때 안전과 관련한 조언을 더 잘 듣고 수용할 수 있다. 적극적인 Care를 위해서 근로자가 안전에 참여할 수 있는 기회를 주고, 그들이 안전 계획을 스스로 관리하도록 권한을 부여한다. 그리고 회사나 사업장에서 안전과 관련한 열린 토론의 장을 만든다. 처음에는 다소 서툴고 어려울 수 있으나, 쉽게 효과를 낼 수 있는 것부터 시작하고 칭찬을 통해 근로자가 안전에 관한 자신감을 갖도록 유도해야 한다. 아래 그림은 아버지가 자녀에게 활을 쏘는 방법에 대해서 조언을 하는 모습으로 자녀에게 자신감을 불어 넣는 과정을 묘사한 그림이다. 작업현장의 관리감독자는 자신이 관리하는 근로자를 대상으로 활을 쏘는 방법을 조언하는 아버지처럼 관심을 갖고 피드백을 시행해야 한다.

Observe는 근로자의 작업 행동을 객관적이고 체계적으로 관찰하여 안전한 행동을 지원하고 위험한 행동을 교정하는 것이다. 관찰자는 근로자의 작업 행동을 염탐하는 간첩이 아니다. 따라서 항상 관찰 전에 근로자에게 허락을 구해야 한다.

Analyze는 ABC 절차에 따라 어떻게 하면 근로자가 안전 행동을 할 수 있는지 여러 방향으로 개선방안을 검토하는 과정이다. 특히 긍정적인 결과가 향후의 행동에 미치는 영향이 크므로 이러한 논리를 기반으로 개선방안을 고려한다.

Communicate는 좋은 코치가 가져야 할 기본적인 소양이다. 관찰자는 적극적인 경청자이자 설득력 있는 연설자가 되어야 한다. 좋은 의사소통에는 미소, 개방, 친절, 열정과 눈맞춤이 있는 부드러움이 있어야 한다. 그리고 각종 보상 등을 활용하여 안전한 행동을 지속해서 유지할 수 있는 조치를 시행해야 한다.

Help는 안전은 확실히 심각한 문제이지만 때로는 약간의 유머를 통해 활기를 더할 수 있는 도움이 필요하다. 근로자의 자존감을 높이기 위한 적절한 용어를 활용한다. 훌륭한 코치는 다른 사람의 자존감을 높이기 위해 부정적인 것보다 긍정을 강조하면서 단어를 신중하게 선택한다. 근로자와 유대감을 형성하는 강력한 도구는 듣는 것이다. 사소한 일이라도 칭찬한다면 근로자는 칭찬받은 일을 잊지 않고 지속할 것이다.

⚙ 6 인센티브와 안전보상

피드백을 강화(reinforcement)하기 위한 수단으로 인센티브와 안전 보상을 적절하게 적용한다면 효과 높은 행동 개선을 이룰 수 있다. 강화의 방식은 상품 지급, 휴가 보상, 상품권 지급 등과 같이 긍정적이어야 한다. 하지만 이러한 강화방식 적용 시 근로자는 강화의 이점에 현혹되어 실제 이행하지 않은 내용을 거짓으로 보고할 수 있다는 상황을 검토해야 한다.

이러한 문제를 개선하기 위해 추천할 만한 방법은 근로자 개인에게 지급하는 시상보다는 팀 단위나 그룹 단위로 시상하는 방법이 있으며, 시상 비용을 모아 외부에 기부하는 방식도 좋은 방안이다. 그리고 시상을 받을 사람을 선정하여 회사의 소개 자료나 방송에 출연할 수 있도록 해 주는 것도 좋은 방법이다.

행동 개선을 위해 적용되는 강화의 방안으로는 인센티브와 안전 보상이 좋은 효과가 있다고 알려져 있다. 아래의 표는 인센티브와 보상 설계 방법으로 사업장의 특성을 고려하여 적용한다.[20]

구분	인정 보상	고정적인 보상	단계적 보상	보상체계와 통합된 인센티브
인정/보상	사회적 인정, 회의에서 감사 메시지 전달	근로자에게 지급하는 고정적인 보상 메뉴 선택	단계별 적합한 보상체계	인센티브 지급
기준	미리 설정하지 않음	관련 기준 수립	각 단계에 적합한 기준	사고율, 근로 손실율 수준
대상	개인/팀	개인/팀	개인/팀	개인/팀
검토사항	모든 직급과 기능에 따라 동등한 인정	간략한 보상 항목을 다양화/신비화. 많은 사람이 받을 수 있게 구성.	다양하고 좋은 보상 제공. 우수자를 선정하여 최고의 보상을 지급	분기, 반기 혹은 년간 안전행동 증가율, 사고 발생율 등

※ McSween(2003)의 제안사항을 기반으로 저자가 일부 내용 수정

---

20 McSween, T. E. (2003). *Values-based safety process: Improving your safety culture with behavior-based safety*. John Wiley & Sons, pp. 103-111.

아래의 표는 인정 보상 적용 시 참조할 만한 사례로 사업장의 특성을 고려하여 적용한다.

구분	내용
사회적	경영층, 관리자, 감독자의 감사 편지 우수자 이름을 게시 사내 방송이나 매체를 통한 안내 가족에게 감사 메시지 송부
일과 관련	우수자에게 공장순회의 기회 부여 경영층이 참석하는 위원회에 참여 기회 제공 우수자가 원하는 교육 제공 희망하는 직무로 변경할 수 있는 기회 제공 공장장과 함께 식사할 수 있는 쿠폰 제공

7 교육 시행

행동기반 안전관리 프로그램 시행 전 전술한 안전 평가, 경영층 검토, 목표와 일정 수립, 안전 관찰 절차 수립, 피드백, 인센티브와 안전 보상 등의 검토과정을 기반으로 해당 조직과 근로자에게 안내하는 과정을 갖는다. 이러한 과정은 회사가 운영하는 여러 안전교육 방법으로 시행할 수 있다.[21 · 22]

행동기반 안전관리 프로그램은 국가, 기관 그리고 회사별 특성에 따라 다른 호칭을 하고 있다. 영국 BP사의 경우 ASA(advanced site audit)라고 호칭하고 있다. ASA는 관찰자 양성교육을 5일간 시행한다. 그리고 근로자를 대상으로 하루나 반나절 이상 교육을 시행한다. 듀폰이라는 회사의 STOP(safety training observation program)은 관리자 대상으로 1일 교육을 시행한다. S 기업은 ASSA(advanced site safety audit)라고 호칭하고 있고, 전 근로자를 대상으로 초기 4시간 교육을 시행하고 이후 재교육(refresher training) 차원으로 추가적인 교육을 시행한다.

핵심행동 체크리스트의 내용을 근로자가 잘 이해할 수 있도록 관찰항목별 행동 정의서를 만들어 교육을 시행한다. 아래 표는 개인보호구와 관련한 행동 정의서와 관련된 그림이다.

---

21 Wirth, O., & Sigurdsson, S. O. (2008). "When workplace safety depends on behavior change: Topics for behavioral safety research", *Journal of safety Research, 39*(6), pp. 589-598.

22 Myers, W. V., McSween, T. E., Medina, R. E., Rost, K., & Alvero, A. M. (2010). "The implementation and maintenance of a behavioral safety process in a petroleum refinery. *Journal of Organizational Behavior Management*", *30*(4), pp. 285-307.

항목	구분	행동 정의서(예시)
개인 보호구	머리	적절한 안전모 여부와 착용 여부. 턱끈 체결
	눈	적절한 보안경 여부와 착용 여부. 보안경의 옆면 보호 기능 여부
	안면	적절한 안면보호구 여부와 착용 여부. 기능작동 여부. 긁힘으로 인한 시야 가림 등
	손	적절한 손 보호 장갑 여부와 착용 여부. 절연 장갑의 여부
	발	적절한 안전화 여부와 착용 여부 등

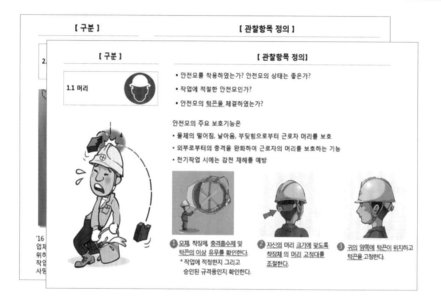

⚙8 모니터링

행동기반 안전관리 프로그램의 운영 현황을 모니터링한다. 모니터링은 자체적으로 시행할 수도 있고 외부의 전문가를 동원하여 시행할 수도 있다. 무엇보다 이 단계에서는 최초로 계획하고 목표했던 내용이 적절하게 추진되는지 확인하는 과정이므로 관찰 목표 대비 시행 결과 확인, 체크리스트 활용 방법, 불안전한 행동 피드백 개선 여부, 안전 인증과 인센티브 지급의 객관성과 효과성 등을 검토한다.

⚙️9 경영층 검토

안전 평가, 경영층 검토, 목표와 일정 수립, 안전 관찰 절차 수립, 피드백과 개선 활동, 인센티브와 안전 보상, 교육 시행, 모니터링 단계의 검토와 추진 현황을 종합적으로 확인하고 요청사항을 보고한다.

OLG 기업의 미국 본사는 아시아 태평양 지역 안전담당 구성원을 대상으로 2008년 중국에 있는 공장 연수원에서 5일간의 행동기반안전관리 강사 양성과정을 시행하였다. 아래 그림은 저자가 행동기반안전관리 프로그램 강사양성과정(people based safety trainer)을 수료하고 받은 수료증이다.

행동기반 안전관리 프로그램을 여러 사업장에 적용한 사례를 기간별로 구분하여 안내하고자 한다. McAfee와 Winn(1989)의 연구, Krause(1999)의 연구, Laitinen(1999)의 연구, Sulzer-Azaroff(2000)의 연구, 오세진(2012)의 연구, Tholén(2013)의 연구, Choudhry(2014)의 연구, Yeow(2014)의 연구, Kaila(2014)의 연구, Nunu(2018)의 연구, 양정모(2018)의 연구 등이 있다.

McAfee와 Winn(1989)은 조선소, 섬유공장, 엔진 제조공장, 철강소, 포장회사 탄광에서 시행된 행동기반 안전관리 프로그램 연구 결과를 발표하였다. 모든 연구에서 시행된 개선 활동(intervention)인 칭찬, 포인트 교환, 인센티브, 교육, 긍정 피드백, 상품교환 방식을 적용한

결과, 재해율이 감소하였고 안전 행동이 증가하였다. 아래 표는 연구의 결과를 요약한 내용이다.[23]

연구자	대상	개선활동	측정	결과
Uslan (1975)	조선소, 94명	칭찬	상해건수, 눈/손 상해	총재해율, 눈/손 상해 감소
Zohar & Fussfeld (1981)	섬유공장, 직공 70명	포인트/상품교환 방식	귀마개 착용율	귀마개 착용 증가율
Geller, Davis, & Spicer (1983)	엔진 제조공장, 450명	인센티브(주차장에서 안전벨트 착용 전단지 배포, 무료저녁 제공	안전벨트 착용율	안전벨트 착용율 증가
Chhokar L Wallin (1984)	철강소, 58명	교육, 목표설정, 피드백	35개 체크리스트 달성도	안전행동 증가
Fellner & Sulzer-Azaroff (1984)	제지공장, 158명	긍정 피드백	안전 행동율	안전행동 증가, 상해감소
Karan 1 Kopelman (1987)	포장회사, 운전/정비 인력	피드백	차량사고 건수	차량사고, 산업재해 감소
Fox, Hopkins, 6 Anger (1987)	탄광, 647~1,107명	도장/상품교환 방식	사고율, 강도율, 사고비용	근로손실, 손실비용 감소

1999년 미국에 있는 서비스, 식료, 유리, 플라스틱 제조, 화학회사 등에 행동기반 안전관리 프로그램을 5년간 73개 사업장에 적용한 결과, 평균 사고율은 첫해 약 26%가 감소하였고, 5년 이후 69%가 감소하였다.[24]

1999년 핀란드에 있는 305곳의 건설 현장에서 근무하는 근로자를 대상으로 안전 관찰 시행과 사고 발생의 상관관계를 조사하였다. 관찰자는 체크리스트를 활용하여 근로자의 안전한 행동과 불안전한 행동을 확인하고 점수를 부여하는 과정으로 관찰을 시행하고 피드백을 시행하였다. 그 결과, 안전 관찰을 많이 시행한 현장이 적게 시행한 현장보다 사고 발생률이 3배 정도 낮았다.[25]

---

23 McAfee, R. B., & Winn, A. R. (1989). "The use of incentives/feedback to enhance work place safety: A critique of the literature", *Journal of Safety Research, 20*(1), pp. 7-18.

24 Krause, T. R., Seymour, K. J., & Sloat, K. C. M. (1999). Long-term evaluation of a behavior-based method for improving safety performance: a meta-analysis of 73 interrupted time-series replications. *Safety Science, 32*(1), 1-18.

25 Laitinen, Heikki, Markku Marjamäki, & Keijo Päivärinta. (1999). "The validity of the TR safety observation method on building construction", *Accident Analysis & Prevention, 31*(5), pp. 463-472.

2000년 미국에 있는 제지공장, 조선소, 가스 배관회사, 철도, 전기공급 회사, 건설회사 등을 대상으로 1982년부터 1999년까지 행동기반 안전관리 프로그램을 적용한 결과, 이 프로그램을 적용하기 전보다 사고율이 감소하였다.[26]

2012년 국내에 있는 건설 현장과 철강회사 사업소의 근로자를 대상으로 행동기반 안전관리 프로그램을 적용한 이후 안전 분위기와 안전 행동에 영향을 주는 요인을 확인하였다. 철강회사 사업소의 경우 근로자 15명을 대상으로 43회의 관찰을 시행하고 피드백을 시행한 결과 안전 행동이 58%에서 87% 수준으로 증가하였다. 그리고 안전 분위기는 72%에서 80%로 수준으로 증가하였다. 건설 현장은 20명에서 25명 사이의 근로자를 대상으로 110회의 행동 관찰과 피드백을 시행한 결과, 안전 행동이 74%에서 87% 수준으로 증가하였다. 그리고 안전 분위기는 80%에서 88% 수준으로 증가하였다.[27]

2013년 독일에 있는 터널 공사 현장 289명을 대상으로 1년 9개월간 안전 풍토와 안전 행동 간의 상관관계를 연구한 결과, 안전 풍토와 안전 행동 간 상관관계가 있었다. 그리고 안전 행동은 안전 분위기와 상관관계가 있었다.[28]

2014년 홍콩에 있는 고속도로 건설 현장 근로자 550명을 대상으로 60일간 행동기반 안전관리 프로그램을 적용한 결과, 근로자의 안전 행동이 86%에서 92.9% 수준으로 증가하였다. 터널 공사 현장 근로자 270명을 대상으로 60일간 행동기반 안전관리 프로그램을 적용한 결과, 근로자의 안전 행동이 81.5%에서 93.5% 수준으로 증가하였다. 도로 건설 현장 근로자 400명을 대상으로 60일간 행동기반 안전관리 프로그램을 적용한 결과, 근로자의 안전 행동이 85.8%에서 91.9% 수준으로 안전 행동이 증가하였다.[29]

2014년 미국에 있는 우유 가공 사업소 근로자를 대상으로 약 2년 2개월간 행동기반 안전관리 프로그램을 적용하여 행동 관찰과 피드백을 시행하였다. 당시 근로자를 실험 대상과 통제공장으로 구분한 연구를 시행하였다. 362명의 근로자는 실험 대상 사업장에서 근무하였고, 338명의 근로자는 통제공장 사업소에서 근무하였다. 행동기반 안전관리 프로그램 적용 24개월 무렵 실험공장의 근로 손실사고는 통제공장에 비해 42%가 감소하였다. 그리고 26개월 되는 시점에는 근로 손실사고가 33% 감소하는 효과가 있었다.[30]

26 Sulzer-Azaroff, B., & Austin, J. (2000). Does BBS work. *Professional Safety, 45*(7), 19–24.

27 오세진, 이재희, 이계훈, & 문광수. (2012). 행동주의 기반 안전관리 (BBS) 프로그램이 안전분위기와 안전행동에 미치는 효과: 현장 연구. 한국심리학회지: 산업 및 조직, 25(2), 349–372.

28 Tholén, S. L., Pousette, A., & Törner, M. (2013). "Causal relations between psychosocial conditions, safety climate and safety behaviour-A multi-level investigation", *Safety science, 55*, pp. 62–63.

29 Choudhry, R. M. (2014). Behavior-based safety on construction sites: A case study. *Accident analysis & prevention, 70*, 14–23.

30 Yeow, P. H., & Goomas, D. T. (2014). Outcome-and-behavior-based safety incentive program

2014년 인도에 있는 철강과 광업 4개 현장에서 근무하는 9천 명의 근로자를 대상으로 행동기반 안전관리 프로그램을 적용하고, 포스터 게시, 행동 개선 위원회 개최, 안전 행동 추이 게시 및 월간 시상제도 등의 개선 활동을 적용하였다. 그 결과 안전 행동은 평균 60%에서 96% 수준으로 증가하였다.[31]

2018년 짐바브웨 시멘트 공장에 행동기반 안전관리 프로그램을 적용하였다. 본 연구에서는 관찰 카드 발행시스템이 사고 감소에 어떤 영향을 미치는지 확인하는 연구이다. 무작위로 선정된 근로자 40명에게 설문서를 받고 t 검정 테스트를 시행하였다. 그 결과, 관찰 카드 발행으로 인해 사고와 재해가 감소하였다.[32]

2017년부터 2018년까지 국내 발전소에서 근무하는 근로자를 대상으로 행동기반 안전관리 프로그램을 적용하였다. 본 연구는 근로자에게 행동기반 안전 프로그램을 적용하고 안전 행동, 안전 분위기 및 만족도에 미치는 영향을 확인하기 위해 대응 표본 t 검정을 수행하였다. 연구 결과 근로자를 대상으로 한 행동 관찰, 피드백, 피드백 차트 게시, 작업 전 안전교육, 행동 개선 위원회 등의 개선 활동을 적용한 결과, 근로자가 지각하는 안전 행동 수준이 87%에서 91% 수준으로 증가하였다. 안전 분위기는 85%에서 90% 수준으로 증가하였다. 만족도는 85%에서 89% 수준으로 증가하였다. 그리고 직영 근로자의 관찰된 안전 행동은 87%에서 89% 수준으로 증가하였다. 또한 협력업체 근로자의 관찰된 안전 행동은 87%에서 88% 수준으로 증가하였다.[33] 아래 논문은 저자가 국내 안전관련 학회에 출판한 사례이다.

to reduce accidents: A case study of a fluid manufacturing plant. *Safety Science, 70*, 429-437.

31 Kaila, H. L. (2014). A CASE OF BEHAVIOUR BASED SAFETY (BBS) IMPLEMENTATION AT A MULTINATIONAL ORGANISATION. *Journal of Organisation & Human Behaviour, 3*.

32 Nunu, W. N., Kativhu, T., & Moyo, P. (2018). An evaluation of the effectiveness of the Behaviour Based Safety Initiative card system at a cement manufacturing company in Zimbabwe. *Safety and health at work, 9*(3), 308-313.

33 양정모, & 권영국. (2018). 행동기반안전관리 프로그램이 안전행동, 안전 분위기 및 만족도에 미치는 영향. *Journal of the Korean Society of Safety, 33*(5), 109-119.

Journal of the Korean Society of Safety, Vol. 33, No. 5, pp. 109-119, October 2018
Copyright@2018 by The Korean Society of Safety (pISSN 1738-3803, eISSN 2383-9953) All right reserved.　　　https://doi.org/10.14346/JKOSOS.2018.33.5.109

행동기반안전관리 프로그램이 안전행동, 안전 분위기 및 만족도에 미치는 영향

양정모 · 권영국†

서울과학기술대학교 안전공학과

(2018. 8. 29. 접수 / 2018. 9. 20. 수정 / 2018. 10. 24. 채택)

Effect of Behavior Based Safety Program on Safety Behavior, Safety Climate and its Satisfaction

Jeong Mo Yang · Young Guk Kwon†

Department of Safety Engineering, Seoul National University of Science and Technology

(Received August 29, 2018 / Revised September 20, 2018 / Accepted October 24, 2018)

Abstract : This study has performed to identify the effect of safety behavior, safety climate and its satisfaction through the Behavior Based Safety Program for 5 sites of the same Company. The study result indicated that the level of recognized safety behavior, climate and its satisfaction improved by conducting observation of worker behavior, jobsite feedback, displaying feedback chart, safety training, behavior modification committee. Additionally, the participation level of safety activity and conformity level of safety rule improved. The recognized level of safety climate improved together with recognized safety value by management, safety participation of direct boss, communication with each other to be dealt with safety matter, safety training material to be contained unsafe behavior and practical hazard, understanding and conducting safety standard. In addition, The recognized level of satisfaction improved together with safety behavior and climate. As a result, this program provided an opportunities to correct worker's unsafe behavior to safe behavior in conjunction with increasing number of observation, providing additional time to have a safety check, safety suggestion to improve work situation and a permit to work rule. It will be integrated into health and safety management system to be able to reduce industrial accident.

Key Words : behavior based safety, safety behavior, safety climate, satisfaction

제11장 BBS Program 적용

I 개요

 1 대형사고(catastrophic)

영국 플릭스보로 화학공장 폭발(1974년)로 28명 사망, 북해 파이퍼알파(piper alpha, 1988년) 사고로 167명 사망, 비피텍사스(BP Texas City, 2005년) 정유 공장 폭발 사고로 15명이 사망하고 180명 부상, 멕시코만 딥워터 호라이즌(Deep water horizon, 2010년) 석유시추선 폭발 사고로 11명이 사망한 바 있다. 사고와 관련한 기여 요인은 인간실수(human error)가 관련되어 있는 것으로 알려져 있다.[1·2·3·4·5·6]

2013년 3월 국내 여수산업단지 공장의 HDPE 공정 사일로에서 폭발 사고로 인하여 근로자 6명이 사망하였다. 2013년 5월 국내 철강회사 보수공사(전로) 도급업체 근로자 5명이 아르곤 가스에 의하여 중독되어 사망하였다. 2019년 5월 국내 화학공장에서 소디움알콕사이드 합성 중 화재·폭발로 인하여 반응기 주변에 있던 근로자 3명이 사망하였다.

2019년 8월 충북에 있는 화장품 원료(방부제) 반응기에서 반응 폭주로 인하여 인화성 증기

1 Perrow, C. (1999). *Normal accidents: Living with high risk technologies*. Princeton university press.

2 Nwankwo, C. D., Arewa, A. O., Theophilus, S. C., & Esenowo, V. N. (2022). Analysis of accidents caused by human factors in the oil and gas industry using the HFACS−OGI framework.*International journal of occupational safety and ergonomics, 28*(3), 1642−1654.

3 Saleh, J. H., Haga, R. A., Favarò, F. M., & Bakolas, E. (2014). Texas City refinery accident: Case study in breakdown of defense−in−depth and violation of the safety – diagnosability principle in design.*Engineering Failure Analysis,36*, 121−133.

4 Ismail, Z., Kong, K. K., Othman, S. Z., Law, K. H., Khoo, S. Y., Ong, Z. C., & Shirazi, S. M. (2014). Evaluating accidents in the offshore drilling of petroleum: Regional picture and reducing im−pact. *Measurement,51*, 18−33.

5 Wiegmann, D. A., & Shappell, S. A. (2017). *A human error approach to aviation accident analysis: The human factors analysis and classification system*. Routledge.

6 Theophilus, S. C., Esenowo, V. N., Arewa, A. O., Ifelebuegu, A. O., Nnadi, E. O., & Mbanaso, F. U. (2017). Human factors analysis and classification system for the oil and gas industry (HFACS−OGI). *Reliability Engineering & System Safety, 167*, 168−176.

누출로 인하여 점화원에 의해 폭발로 1명이 사망하였다. 2019년 5월 충남에 있는 정제공정 혼합잔사유 탱크에서 이상 중합반응으로 과압이 발생하여 저장탱크 비상 압력방출로 SM혼합물이 대규모로 누출되어 약 3,600명이 대피하였다. 이러한 대형사고를 일으킨 기여 요인은 인간실수(human error)와 관련이 있다고 알려져 있다.[7 · 8 · 9 · 10 · 11]

 ## ② 인간실수(human error)

인간실수는 어떠한 목적을 갖고 한 행동이 성공하지 못한 상황으로 범위를 벗어난 작업, 예상에서 벗어난 결과, 정신적/육체적으로 의도한 목적을 달성하지 못한 상황, 의도한 행동에 대해 의도하지 않은 실패 그리고 어떤 사건 이후 다른 사람들이 판단하는 행동의 결과로 정의할 수 있다.

인간실수를 보는 오래된 관점(old view)은 인간실수를 사고의 근본 원인으로 보고 사고조사를 종료하는 것이다. 하지만 새로운 관점(new view)은 인간실수를 근본 원인으로 보지 않고 사고를 유발한 도구, 작업, 환경, 기능과 관련된 기여 요인(contributing factor)을 찾는 시작점으로 보는 것이다.[12 · 13 · 14]

 ## ③ 조직사고 모델(organizational accident model)

해외에서 발생한 치명적인 사고인 체르노빌 원자력 발전소, 스리마일아일랜드, 보팔, 플릭스보로, 엔터프라이즈, 킹스 크로스, 엑손 발데즈 및 파이퍼 알파의 사고 기여 요인은 조직적인 문제인 것으로 알려져 있다. 이러한 조직적인 문제로 인해 발생하는 사고를 "man-made

7 안전보건공단 (2013). "HDPE 공장 사일로 폭발사고", pp. 1–34.

8 고용노동부 (2013). "현대제철(주) 산업재해, 구조적 문제로 밝혀져!", pp. 1–5.

9 안전보건공단 (2019). "합성반응기 폭주반응에 의한 화재 · 폭발", pp. 32–37.

10 안전보건공단 (2018). "화장품 원료 반응 중 반응폭주로 인한 폭발사고", pp. 1–15.

11 안전보건공단 (2020). "스티렌모노머 혼합물 누출사고", pp. 1–14.

12 Reason, J. (1990). "Human error", Cambridge university press. p. 9.

13 Swain, A. D. (1983). Handbook of human reliability analysis with emphasis on nuclear power plant applications. NUREG/CR–1278, SAND 80–0200.

14 Sidney, D. (2014). The field guide to understanding human error, CRC Press Taylor & Francis NW, pp. 1–26.

disaster model"이라고 한다.[15]

사람이 관련되어 조직적인 문제를 일으키는 주요 요인으로는 경영책임자의 안전 리더십 부족, 안전 투자 예산 감소, 안전 전담 인력축소, 공사 기간 단축 등의 요인이 존재한다. 이러한 조직적인 문제는 조직 전체에 기생하면서 현장 조직(사업소, 건설현장 등)에 영향을 주고 근로자의 불안전한 행동인 실행 실패(active failure)를 불러일으킨다.

조직적인 문제를 일으키는 사람들은 주로 현장과 멀리 떨어져 있으므로 '무딘 가장자리(blunt end)'에 있다고 한다. 그리고 근로자가 유해 위험요인에 직접적으로 노출되어 사고를 입을 수 있으므로 '날카로운 가장자리(sharp end)'에 있다고 한다. 여기에서 근로자가 하는 불안전한 행동은 '사고를 일으키는 선동자(instigator)'가 아닌 강요받아 불안전한 행동을 할 수밖에 없는 '사고 대기자(accident in waiting)'로 표현할 수 있다.

무딘 가장자리는 잠재 요인(latent condition)이 발생하는 장소이다. 그리고 잠재 요인으로 인해 근로자는 불안전한 행동을 하게 된다. 이러한 사고 과정을 조직사고 모델(organizational accident model)[16]이라고 한다. 아래 그림은 전술한 상황을 묘사한 그림이다. 이 상황을 James Reason은 "orgax"라고 정의하였다.

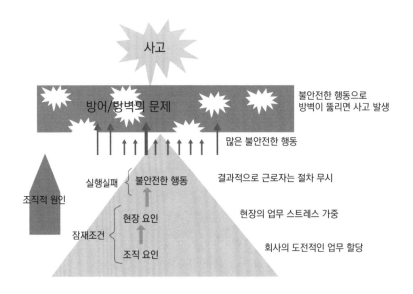

잠재 요인(latent condition)은 잠재 실패(latent failure)로도 정의할 수 있는데, 이러한 잠재 실

15 Pidgeon, N., & O'Leary, M. (2000). Man-made disasters: why technology and organizations (sometimes) fail. *Safety science, 34*(1-3), 15-30.

16 Reason, J. (2016).Organizational accidents revisited. CRC press.

패를 막기 위해서는 효과적인 실패 방어(fail defense)가 필요하다. 실패 방어에는 방벽(barrier)과 안전장치(safeguard) 및 통제(control)가 있다. 원자력 발전소와 같이 고도의 위험이 존재하는 장소에는 다중 심층방어 시스템(defense-in-depth) 적용이 필요하다. 하지만 다중 심층방어 시스템에서도 사람의 실수 등으로 인하여 잠재 실패가 발생할 수 있다.

 ## 4 스위스 치즈 모델(Swiss cheese model)

스위스 치즈 모델은 잠재 실패(latent failure) 모델이며, man-made disasters model에서 진화하였고, 조직사고(organizational accidents)를 일으키는 기여 요인을 찾기 위한 목적으로 개발되었다.[17] 치즈에 구멍은 사고를 일으키는 기여 요인으로 만약 한 조각에 구멍이 있어도 다른 한 조각이 막아준다면 사고가 발생하지 않는다는 이론이다. 아래 그림은 스위스 치즈 모델을 형상화한 그림이다.

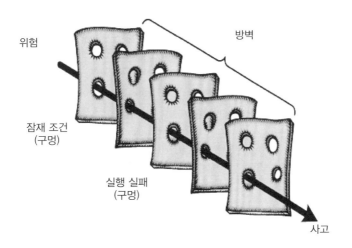

사고 예방을 위한 방벽, 안전장치 및 통제가 미흡하다는 것은 해당 조직이 병원균에 취약하다는 의미로 볼 수 있다. 그리고 조직의 의사결정 단계가 많을수록 병원균에 노출될 가능성이 크다. 또한 병원균은 사고가 일어나기 전보다는 사고가 발생한 이후에 주로 발견된다. 이러한 사유로 스위스 치즈 모델을 참조하여 잠재 요인과 잠재 실패를 확인하고 개선한다면 사

---

17 Larouzee, J., & Le Coze, J. C. (2020). Good and bad reasons: The Swiss cheese model and its critics. *Safety science, 126,* 104660.

고 예방에 효과가 있다. [18·19·20·21·22·23]

하지만, 스위스 치즈 모델의 긍정적인 면이 있음에도 불구하고 많은 현장 전문가와 학자들은 이 모델로는 구체적인 사고 기여 요인을 찾기 어렵다는 의견이 팽배하였다. 또한 사고조사를 전문적으로 수행하는 사람들을 혼란스럽게 한다는 의견이 생겨났다.

 ## 5 HFACS(인적요인분석 및 분류시스템)

스위스 치즈 모델은 인간실수로 인한 기여 요인을 파악하는 데에는 기본적인 체계를 제공하였지만, 세부적인 지침이 없고 이론에 치중된 면이 있다. 이러한 사유로 인간실수 기여 요인을 구체적으로 확인할 수 있는 인적요인분석 및 분류시스템(HFACS) 체계가 2000년도 초반에 개발되었다. [24·25·26·27]

18 Strauch, B. (2017). *Investigating human error: Incidents, accidents, and complex systems*. CRC Press.

19 Reason, J., Hollnagel, E., & Paries, J. (2006). Revisiting the Swiss cheese model of accidents. *Journal of Clinical Engineering*, *27*(4), 110−115.

20 Underwood, P., & Waterson, P. (2014). Systems thinking, the Swiss Cheese Model and accident analysis: a comparative systemic analysis of the Grayrigg train derailment using the ATSB, AcciMap and STAMP models. *Accident Analysis & Prevention*, *68*, 75−94.

21 Zhan, Q., Zheng, W., & Zhao, B. (2017). "A hybrid human and organizational analysis method for railway accidents based on HFACS−Railway Accidents (HFACS−RAs)", *Safety science*, *91*, pp. 232−250.

22 Liu, R., Cheng, W., Yu, Y., & Xu, Q. (2018). Human factors analysis of major coal mine accidents in China based on the HFACS−CM model and AHP method. *International journal of industrial ergonomics*, *68*, 270−279.

23 Alexander, T. M. (2019). A case based human reliability assessment using HFACS for complex space operations. *Journal of Space Safety Engineering*, *6*(1), 53−59.

24 Schröder−Hinrichs, J. U., Baldauf, M., & Ghirxi, K. T. (2011). Accident investigation reporting deficiencies related to organizational factors in machinery space fires and explosions. *Accident Analysis & Prevention*, *43*(3), 1187−1196.

25 Liu, S. Y., Chi, C. F., & Li, W. C. (2013, July). The application of human factors analysis and classification system (HFACS) to investigate human errors in helicopter accidents. *In International conference on engineering psychology and cognitive ergonomics*(pp. 85−94). Springer, Berlin, Heidelberg.

26 Kim, S. K., Lee, Y. H., Jang, T. I., Oh, Y. J., & Shin, K. H. (2014). An investigation on unintended reactor trip events in terms of human error hazards of Korean nuclear power plants. *Annals of Nuclear Energy*, *65*, 223−231.

27 Bonsu, J., Van Dyk, W., Franzidis, J. P., Petersen, F., & Isafiade, A. (2016). "A systems ap−

인적요인분석 및 분류시스템(HFACS, human factor analysis and classification system) 체계는 잠재 요인과 잠재 실패를 효과적으로 찾을 수 있는 대안을 제시한다. 이 체계는 아래 그림과 같이 조직영향, 불안전한 감독, 불안전한 행동 전제조건 및 불안전한 행동으로 구분되어 있다.[28 · 29 · 30 · 31 · 32 · 33 · 34]

proach to mining safety: an application of the Swiss cheese model", *Journal of the Southern African Institute of Mining and Metallurgy, 116*(8), pp. 776−784.

28 Xia, N., Zou, P. X., Liu, X., Wang, X., & Zhu, R. (2018). A hybrid BN−HFACS model for pre−dicting safety performance in construction projects. *Safety science, 101*, 332−343.

29 Celik, M., & Cebi, S. (2009). Analytical HFACS for investigating human errors in shipping acci−dents. *Accident Analysis & Prevention, 41*(1), 66−75.

30 Chauvin, C., Lardjane, S., Morel, G., Clostermann, J. P., & Langard, B. (2013). Human and or−ganisational factors in maritime accidents: Analysis of collisions at sea using the HFACS. *Accident Analysis & Prevention, 59*, 26−37.

31 Patterson, J. M., & Shappell, S. A. (2010). Operator error and system deficiencies: analysis of 508 mining incidents and accidents from Queensland, Australia using HFACS. *Accident Analysis & Prevention, 42*(4), 1379−1385.

32 Gong, Y., & Fan, Y. (2016). Applying HFACS approach to accident analysis in petro−chemi−cal industry in China: Case study of explosion at Bi−benzene Plant in Jilin. *In Advances in Safety Management and Human Factors*(pp. 399−406). Springer, Cham.

33 Hsieh, M. C., Wang, E. M. Y., Lee, W. C., Li, L. W., Hsieh, C. Y., Tsai, W., ..., & Liu, T. C. (2018). Application of HFACS, fuzzy TOPSIS, and AHP for identifying important human error factors in emergency departments in Taiwan. *International Journal of Industrial Ergonomics, 67*, 171−179.

34 Reinach, S., & Viale, A. (2006). Application of a human error framework to conduct train accident/incident investigations. *Accident Analysis & Prevention, 38*(2), 396−406.

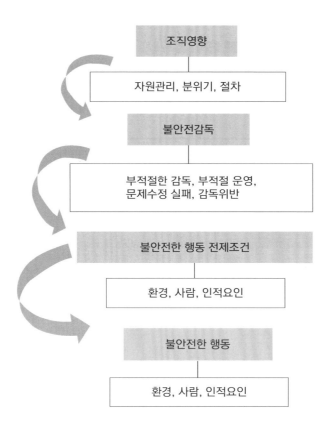

조직영향

자원관리, 분위기, 절차

불안전감독

부적절한 감독, 부적절 운영,
문제수정 실패, 감독위반

불안전한 행동 전제조건

환경, 사람, 인적요인

불안전한 행동

환경, 사람, 인적요인

⑥ 산업별 HFACS 적용 사례[35]

　　HFACS 체계는 2000년 항공산업에 처음으로 적용되었다. 이후 철도, 의료, 건설, 광업, 화학, 가스, 발전 등 다양한 산업에 적용되었다.[36·37] 아래 표는 산업별 HFACS 종류이다.

35　Yang, J., & Kwon, Y. (2022). "Human factor analysis and classification system for the oil, gas, and process industry", *Process Safety Progress*, pp. 1-9.

36　Liu, R., Cheng, W., Yu, Y., & Xu, Q. (2018). Human factors analysis of major coal mine accidents in China based on the HFACS-CM model and AHP method. *International journal of industrial ergonomics, 68*, 270-279.

37　Wang, J., Fan, Y., & Gao, Y. (2020). Revising HFACS for SMEs in the chemical industry: HFACS-CSMEs, *Journal of Loss Prevention in the Process Industries, 65*, pp. 1-10.

산업 (HFACS 버전-연도)	수준(level) 개수	단계(tier) 개수	기여요인 개수
항공(2000)	4	3	19
철도(RR-2006)	5	3	23
광업(MI-2010)	5	3	21
해운(MSS-2011)	5	3	26
석유가스 산업(OGI-2017)	5	3	26
소규모 화학산업(CSMEs-2020)	4	4	56
석유, 가스, 발전산업(OGAPI-2022)	5	4	56

항공 분야는 미국 연방 교통안전 위원회가 취합한 사고(1992년부터 2002년까지) 1,020건을 분석하여 개발하였다. 이 체계는 조직영향, 불안전한 감독, 불안전한 행동 전제조건과 불안전한 행동 4가지 수준(level)의 19가지 인간실수 기여 요인으로 구성되었다.

철도 분야(RR-2006)는 미국 연방철도위원회가 취합한 사고사례(2004년 5월부터 10월까지)의 6건의 사고를 분석하여 외부요인, 조직영향, 불안전한 감독, 불안전한 행동 전제조건, 불안전한 행동 5가지 수준(Level)을 3단계로 분류하고 23가지 인간실수 기여 요인으로 구성되었다.

광업 분야(MI-2010)는 호주 광업과 에너지국이 취합한(2004년부터 2008년까지) 탄광 사고 508건을 분석하였다. 외부요인, 조직영향, 불안전 리더십, 불안전한 행동 전제조건, 불안전한 행동 5가지 수준(level)을 3단계로 분류하고 21가지 인간실수 기여 요인으로 구성되었다.

해운 분야(MSS-2011)는 국제 해운 정보시스템이 취합한 사고(1990년부터 2006년까지) 41건을 분석하여 외부요인, 조직영향, 불안전한 감독, 불안전한 행동 전제조건 및 불안전한 행동 5가지 수준(level)을 3단계로 분류하고 26개의 인간실수 기여 요인으로 구성되었다.

석유 가스 분야(OGI-2017)는 미국 CSB가 분석한 사고(1998년부터 2012년까지) 11건을 분석하여 법령영향, 조직영향, 불안전한 감독, 불안전한 전제조건 및 불안전한 행동 5가지 수준(Level)을 3단계로 분류를 하고 26개의 사고 기여 요인으로 구성되었다.

소규모 화학산업 분야(CSMEs-2020)는 중국 남부 국가분석국(southern province national bureau of statistics)이 분석한 2012년부터 2016년까지의 소규모 화학사고 101건을 분석하여 불안전한 행동, 불안전한 행동전제조건, 불안전감독, 조직영향 4가지 수준(level)을 4가지 단계로 분류하고 56개의 인간실수 기여 요인으로 만들어졌다.

석유, 가스, 발전산업 분야의 HFACS 체계(HFACS-OGI 2017)와 소규모 화학산업의 HFACS(CSMEs 2020) 체계의 단점을 보완하고 내용을 확장한 석유, 가스, 발전 등 공정산업의 HFACS 체계(HFACS-OGAPI)는 미국 CSB와 안전보건공단이 발간한 사고 45건을 분석하여 법규영향, 조직영향, 불안전한 감독, 불안전한 행동 전제조건 및 불안전한 행동 5개 수준(level)을 4

단계로 분류하고 56개의 인간실수 기여 요인으로 구성하였다.

　　아래 논문은 저자가 해외 SCIE 저널인 process safety progress에 출판한 사례이다.

Received: 9 February 2022 | Accepted: 18 February 2022

DOI: 10.1002/prs.12359

ORIGINAL ARTICLE

Human factor analysis and classification system for the oil, gas, and process industry

Jeongmo Yang | YoungGuk Kwon

Department of Safety Engineering, Seoul National University of Science and Technology, Seoul, South Korea

Correspondence
YoungGuk Kwon, Department of Safety Engineering, Seoul National University of Science and Technology, 232 Gongneung-ro, Nowon-gu, Seoul 01811, South Korea.
Email: safeman@seoultech.ac.kr

Abstract

Human error can cause severe problems in industrial oil, gas, and chemical processes. Although human factors analysis and classification systems (HFACSs) for the oil and gas industry (HFACS-OGI) and the small-scale chemical industry (HFACS-CSMEs) have been independently developed, there are some limitations in providing detailed information on the contributing factors. Therefore, a new HFACS must be developed that can be commonly applied to the oil, gas, and chemical fields. This paper develops an integrated HFACS that can be applied to the oil, gas, chemical, and power plants, called HFACS-OGAPI, by analyzing 45 accidents that occurred in domestic and overseas oil, gas, chemical, and power plants, based on the HFACS-OGI system. An integrated HFACS-OGAPI that can be applied to the oil, gas, chemical, and power plants is developed. The framework effectively identifies the contributing factors by providing specific information on Tiers 1, 2, 3, and 4 for Levels 1, 2, 3, 4, and 5. The contributing factors are effectively identified by analyzing the BP Texas Refinery explosion (2005), the Kleen Energy natural gas explosion (2010), and the Aghorn Operating Waterflood Station accidents (2019) with the developed framework. A checklist suitable for the HFACS-OGAPI is developed by considering the contents developed by the National Aeronautics and Space Administration and the Department of Defense to determine the contributing factors. The developed checklist is expected to effectively identify and improve on the causes of human error through periodic inspection.

KEYWORDS

accident contributing factors, accident investigators checklist, human error, human factors analysis and classification system

II 가이드라인

 1 **인간실수 기여 요인 점검표(HFACS-OGAPI) 활용**[38]

인간실수 기여 요인 점검표(HFACS-OGAPI)를 활용하여 사업장에 존재하는 인간실수 기여 요인을 확인하고 개선하는 방식을 추천한다. 이 점검표는 미국 NASA와 미국 국방부 항공 안전센터가 사용하고 있는 점검표를 정유, 화학, 가스, 발전 등 공정산업에 적합하게 개발한 내용이다. 점검표는 아래 표와 같이 구성되어 있다.

수준 5 법규영향		
단계 2	**점검내용**	**출처**
국가법규체계	– 국가 법규체계 존재 여부 – 국가 법규 체계는 산업 안전 규정 및 지침에 따른 적절한 안전조치 여부	HFACS–OGAPI
산업표준	– 산업 안전 코드 및 표준 존재 여부 – 산업 안전 코드 및 표준이 공장시설의 안전조치 반영 여부	HFACS–OGAPI
감독기관의 능력	– 부처의 유능한 검사원과 함께 안전 감사/검사 수행 여부 – 안전 요구사항에 대한 이행 여부 확인 여부	HFACS–OGAPI

---

38 Yang, J., & Kwon, Y. (2022). "Human factor analysis and classification system for the oil, gas, and process industry", *process safety progress*.

수준 4 조직영향		
단계 2	점검내용	출처
자원관리	– 조직이 임무를 수행하는 데 필요한 사람 또는 제품과 같은 요소가 부적절하여 운영 위험을 증가시킨다.	미국 NASA
	– 자원부족으로 인한 불안전한 상황 존재 여부	항공 안전센터
	– 위험요인을 인식하기에 충분한 프로그램 존재 여부	HFACS-OGAPI
	– 과도한 비용 절감과 자금 부족으로 인한 위험요인 존재 여부	HFACS-OGAPI
조직분위기	– 부정적인 태도, 가치, 신념 또는 사기로 인해 위험요인이 존재 여부	미국 NASA
	– 부정적인 안전풍토와 문화로 불안전한 상황 존재 여부	항공 안전센터
조직절차	– 부정적인 조직절차, 위험 관리 및 감독으로 인한 위험요인 존재 여부	미국 NASA (조직운영)
	– 일정과 시간 단축으로 인한 압박 존재 여부	HFACS-OGAPI
공정안전문화	– 적절한 위험평가와 변경을 통한 변경관리 적합 여부 – 적절한 위험확인과 평가를 통한 안전작업허가 승인 여부 – 위험요인이 통제되는 위험성평가 체계 운영 여부	HFACS-OGAPI

수준 3 불안전감독		
단계 2	점검내용	출처
부적절한 감독	– 부적절한 위험식별, 통제, 교육, 감독으로 인한 불안전한 행동 및 불안전한 상황 존재 여부	미국 NASA
계획된 부적절한 운영	– 부적절한 감독으로 인하여 위험요인 상존 및 불필요한 위험 허용 여부 – 부적절한 관리로 인해 미숙련자가 자신의 능력을 넘어서 업무수행	미국 NASA
문제수정 실패	– 부적합한 문서, 절차, 결함, 감독부재로 불안전한 상황 존재여부	미국 NASA
감독위반	– 표준, 지침 및 기준을 감독자가 의도적으로 위반하여 발생하는 불전한 상황 존재 여부	미국 NASA

수준 2 불안전한 행동 전제조건		
단계 2	점검내용	출처
환경요인	– 날씨와 기후로 인한 불안전한 행동 여부	미국 NASA (물리적 환경)
	– 자동화 또는 시설과 환경 부족으로 인한 불안전한 행동 발생 여부	미국 NASA (기술적 환경)
	– 협력업체의 안전계획, 안전평가 및 위험성평가 부족으로 인한 하여 불안전한 행동 존재 여부	HFACS–OGAPI
개인과 팀	– 기준 미준수, 판단력 부족, 준비부족으로 인한 불안전 상황 존재 여부	미국 NASA (개인 스트레스)
	– 개인의 생리학적 문제로 인하여 불안전한 상황 발생 여부	미국 NASA (생리학)
	– 개인의 심리적학 문제로 인한 현실 타협 등으로 불안전한 상황 발생 여부	미국 NASA (심리학)
	– 과도한 업무로 인한 신체적 또는 정신적 능력이 부족으로 불안전한 행동 발생 여부	미국 NASA (Medical/Mental)
개인요인	– 업무준비 또는 작업팀 간 상호작업 부족으로 인한 불안전한 상황 발생 여부	미국 NASA (커뮤니케이션)
	– 휴식 요구조건 및 교육요건을 무시한 불안전한 행동 발생 여부	HFACS–OGAPI

수준 1 불안전한 행동		
단계 2	점검내용	출처
실수	– 특정 작업행동이 불안전한 행동 발생 여부	미국 NASA (기술 사건)
	– 부주의. 판단부족, 의사결정 부족으로 인한 불안전한 행동 발생 여부	미국 NASA (기술 사건)
위반	– 부주의나 습관으로 인한 불안전한 행동 발생 여부	미국 NASA (위반)
	– 시간단축이나 편안함을 위한 위반 발생 여부	HFACS–OGAPI

사고 발생 시 사고원인 분석에 HFACS-OGAPI 활용[39]

국내에는 아직 체계적인 사고조사를 시행하기 위한 준비가 부족하다. 그 이유는 국가적으로 사고조사와 분석에 대한 정형화된 프레임 제공에 한계가 있기 때문이라고 생각한다. 또한, 좋은 사고조사 체계가 존재한다고 하여도 사고조사와 분석은 현장과 관련한 지식과 경험이 풍부해야 하는 데 대다수의 사업장은 이런 경험자를 보유하고 있지 않다.

아래 표와 같이 HFACS-OGAPI는 항공 분야 HFACS 체계를 기반으로 정유, 화학, 가스, 화학, 발전 등 산업 분야 45건의 사고를 분석하여 개발된 체계로 공정산업 분야에서 발생하는 사고원인 조사와 분석에 적용한다면 효과적인 개선대책을 수립할 수 있을 것으로 생각한다.

다만, HFACS-OGAPI 체계는 역학적 모델(epidemical model)이라는 한계를 인식하고 시스템적 사고조사 방법인 AcciMap, FRAM 및 STAMP-CAST를 병행할 것을 추천한다.

수준/단계	1	2	3	4
5	법규영향	국가법규체계		적절한 법규 존재 여부
		산업코드와 표준		산업코드와 표준 존재 여부
		감독기관의 능력		점검여부, 점검자의 능력(9), 문제시정 여부
4	조직영향	자원관리	인적자원	교육
			비용/예산 자원	과도한 예산삭감(1), 투자부족
			도구/설비자원	알려진 설계 문제 미개선
		조직분위기	문화	규범 및 규칙
		조직절차	운영	시간 압박, 일정
			절차	절차/지침 부족
			감독	안전/위험평가 프로그램, 자원/분위기/절차확인
		공정안전문화	변경관리	변경절차 부재, 부적절한 위험성평가
			안전작업허가	절차 미준수, 위험요인을 제거하지 않은 채 승인
			위험성평가	위험성평가 미실시, 부적절한 위험성평가

---

39 Yang, J., & Kwon, Y. (2022). "Human factor analysis and classification system for the oil, gas and process industry", *process safety progress*.

3	불안전한 감독	부적절한 감독		적절한 교육 제공 실패, 적절한 휴식 시간 제공 실패, 책임 부족
		계획된 부적절한 운영		적절한 감독을 제공하지 못함
		문제수정 실패		부적절한 행동을 시정하지 못함/위험한 행동을 식별하지 못함
		감독위반		규칙과 규정을 시행하지 못함, 절차 위반, 위험요인 승인, 감독자의 고의적인 무시
2	불안전한 행동 전제조건	환경요인	물리적 조건	날씨, 조명
			기술조건	장비/제어 설계
			계약조건	안전기준 포함, 적절한 안전계획, 적절한 위험성평가
		개인과 팀	부정적 정신상태	상황 인식 상실, 스트레스, 과신, 정신적 피로
			부정적 생리생태	육체적 피로
			신체/정신 제약	실신
		개인요인	승무원 자원관리	팀워크 부족
			개인준비	휴식 요구사항 미준수, 부적절한 훈련, 부적절한 위험판단 패턴
1	불안전한 행동	실수	기술기반 실수	체크리스트 항목 생략, 부주의, 작업 과부하, 불안전한 행동 습관
			결정실수	부적절한 조작/절차, 시스템/절차에 대한 부적절한 지식, 비상사태에 대한 잘못된 대응
		위반	일상적위반	훈련 규칙 위반, 명령/규정/SOPS 위반, 약간의 위험 감수, 단체 규범 위반
			상황적위반	시간 압박, 감독 부족
기여요인	5	17	22	56

가스와 발전 분야의 사업장 사고 분석사례, 안전보건공단과 미국 CBS가 분석한 중대산업재해 조사 결과 보고서 45건을 참조하여 HFACS-OGAPI 체계로 재분석한 사례 예시를 설명한다. 이와 관련한 추가 정보를 알고자 하는 독자는 네이버 카페 새로운 안전문화(https://cafe.naver.com/newsafetyculture)에 방문하여 12. HFACS-OGAPI를 참조하기 바란다.

 1 안전보건공단이 분석한 사고를 HFACS-OGAPI 체계로 분석

사고명: HDPE 사일로 폭발사고 (대림산업 여수공장)[40]				
출처: 안전보건공단 (2013). HDPE 공장 사일로 폭발사고, pp. 1-34.				
발생년월	사고유형	구분	피해정도	출처
2013.3	폭발	국내	사망	KOSHA
사고내용: 2013년 3월 14일 20시 50분경 전남 여수시의 여수산업단지에 소재한 ㅇㅇ산업(주) 여수공장 내의 HDPE 공정 사일로에서 폭발사고가 발생하여 맨홀설치 작업 중이던 협력업체 근로자 6명이 사망하고, 원청업체 작업감독자를 비롯한 협력업체 근로자 11명이 부상.				

[사진 1] 폭발사고가 발생한 사일로 상부 모습

---

40 안전보건공단 (2013). HDPE 공장 사일로 폭발사고, pp. 1-34.

수준	HFACS-OGAPI 분석 (코드:내용)
5. 법규영향	–
4. 조직영향	L4-OI-OC-C: 규범/기준 (Silo 내부에 분체가 존재한다는 사실을 알고도 작업, 위험성평가 미흡, 감독부재) L4-OI-OP-Op: 시간압박 (정비기간 단축을 위해 분체 제거절차 미실시) L4-OI-PSC-MOC: 변경관리 (2012년 6월 정비시 사고발생 이후 작업절차 미개정) L4-OI-PSC-PTW: 안전작업허가 (가연성분체 제거조치 미실시/작업허가 승인) L4-OI-PSC-RA: 위험성평가 (Silo 내부 화재/폭발 위험성평가 미실시)
3. 불안전한 감독	L3-US-IS: 적절한 교육 미제공 (Silo 내부 화재/폭발 위험에 대한 교육 미제공) L3-US-PIO: 적절한 감독시간 제공실패 (분체가 존재하는 밀폐공간의 화기작업에 대한 감독/안전벨트 미착용 감독 미실시) L3-US-FCP: 불안전한 행동/위험행동 개선 실패 (분체가 존재하는 밀폐공간에서 불안전한 화기작업 행동 개선 실패) L3-US-SV: 위험상황을 의도적으로 묵인 (분체가 존재하는 밀폐공간에서 불안전한 화기작업의 위험을 알고도 방치)
2. 불안전한 행동 전제조건	L2-PUA-PF-PR: 부적절한 교육 (Silo내부 화재/폭발 위험지식 미흡)
1. 불안전한 행동	L1-UAO-V-RV: 무의식적인 위반 (분체가 존재하는 밀폐공간에서 화기작업의 위험을 알고도 실행) L1-UAO-V-SV: 시간부족 (정비기간 단축을 위해 분체 제거절차 미실시 위반) L1-UAO-V-SV: 감독부재 (분체가 존재하는 공간에서 화기작업 위반)

② 미국 CSB가 발행한 사고를 HFACS-OGAPI 체계로 분석

사고명: MGPI 화학물질 누출[41]

출처: CSB (2016). MGPI Processing, Inc. Toxic Chemical Release, pp. 1-48.

발생년월	사고유형	구분	피해정도	출처
2016.6	누출	해외	부상	CSB

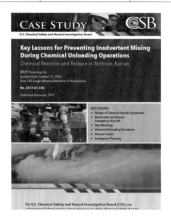

사고내용: 2016년 10월 21일 캔자스주 애치슨에 있는 MGPI(MGPI Processing, Inc.) 시설에서 부적합한 화학물질이 부주의하게 혼합된 것을 조사했다.

두 화학물질인 황산과 차아염소산나트륨(표백제로 덜 농축된 형태로 더 잘 알려져 있음)의 혼합물은 염소 및 기타 화합물을 포함하는 구름을 생성했다. 클라우드는 현장 작업자와 주변 커뮤니티의 일반 대중에게 영향을 미쳤다. 사고는 MGPI 시설 탱크 농장에 있는 Harcros Chemicals(Harcros) 화물 탱크 자동차(CTMV)에서 황산을 일상적으로 전달하는 중에 발생했다.

수준	HFACS-OGAPI 분석 (코드:내용)
5. 법규영향	L5-RS-ICS: 감독기관은 문제를 개선하지 않음
4. 조직영향	L4-OI-RM-HR: 교육 프로그램이 중요 안전 단계의 중요성을 효과적으로 전달하는 데 부족, L4-OI-RM-EFR: sodium hypochlorite line과 sulfuric acid line connection이 유사한 타입(Same size fill line Design connections), sodium hypochlorite line과 sulfuric acid line이 가깝에 위치하여 실수유발, sulfuric를 sodium acid를 잘못 연결하여 주입할 경우, 별도의 자동중지 장치 없음, (No automated or remotely operated control valves at facility, .Chlorine gas entered control room via intakes (Ventilation design & siting), L4-OI-OP-Op: 배송 일정으로 인해 운영자가 산만함, L4-OI-OP-P: 하역 절차가 작업자 관행과 일치하지 않음, L4-OI-OP-Ov: sodium hypochlorite line과 sulfuric acid line connection이 유사한 타입(Same size fill line Design connections), sodium hypochlorite line과 sulfuric acid line이 가깝에 위치하여 실수유발, L4-OI-PSC-RA: sodium hypochlorite line과 sulfuric acid line이 가깝에 위치하여 실수유발

CSB (2016). MGPI Processing, Inc. Toxic Chemical Release, pp. 1-48.

3. 불안전한 감독	L3−US−FCP: sulfuric acid를 sodium hypochlorite 잘못 연결시키는 불안전한 행동 개선 실패, L3−US−SV: sulfuric acid를 sodium hypochlorite 잘못 연결시키는 불안전한 행동 승인
2. 불안전한 행동 전제조건	L2−PUA−PF−PR: MGPI operator는 driver에게 명확한 위치를 알려주지 않음−교육 미흡
1. 불안전한 행동	L1−UAO−E−SE: sulfuric acid를 sodium hypochlorite 잘못 연결함−주의부족, L1−UAO−V−RV: sulfuric acid를 sodium hypochlorite 잘못 연결함−무의식적인 위반

제13장

사고 조사 · 분석 그리고 대책수립

I 개요

저자는 1996년 현장의 안전관리자로 업무를 수행하면서, 사람들이 다치고 죽는 모습을 많이 목격하였다. 특히 저자가 좋아하고 존경했던 분도 유명을 달리 하는 과정을 보면서 정말 세상은 불공평하다고 생각한 적이 있다. 그리고 해외 사업장에서도 동일한 일들이 벌어진다는 것에 대해 무언가 우리가 정말 잘 못하고 있는 것이 아닌가 하는 생각을 했다.

저자가 현장에 상주하면서 동고동락했던 000 소장님은 평소 겸손하고 정직하시며 잠시라도 쉬지 않으시는 분이셨다. 한번은 공사 자재가 덜 들어와 공사가 잠시 중단된 경우가 있었는데, 그 소장님은 잠시도 쉬는 것이 회사에 대한 불충으로 생각하시고 향후에 있을 공사 준비를 스스로 하고 계셨다. 그 일의 목적은 약 100kg이 넘는 자재를 건물의 층층마다 준비해 두고 향후 공사가 재개되면 공사를 빨리 수행하려는 것이었다.

당시 소장님은 건설용 리프트 카를 이용하여 혼자 어렵게 작업을 하고 있으셔서 저자가 도와 드리기로 마음먹었다. 하지만 소장님이 하시는 일을 도우면서 이런 작업 방법은 좀 위험하다고 생각하여 이 일은 그만 두시고 다른 업무를 하자고 제안 드린 적이 있다. 소장님은 저자의 도움은 필요 없으니 걱정하지 말라고 하셨다. 저자는 이러지도 저러지도 못하는 상황이었다.

저자는 걱정이 되어 나머지 업무를 도와드렸고 그 일은 안전하게 마무리되었다. 이후 저자는 본사로 발령을 받고 업무를 수행하던 중 갑자기 좋지 않은 소식을 접하게 되었다. 그 소장님이셨다. 소장님이 혼자 작업을 하시던 중 돌아가셨다는 것이다. 갑자기 눈물이 핑 돌았다. 얼마 전 서울 외곽에 있는 아파트에 당첨되었다고 기뻐하시던 장면이 떠올랐기 때문이다.

저자는 현장에 방문하여 사고조사를 하고 사고분석을 하였다. 당시 국내에는 하인리히(Heinrich)라는 학자의 형편없는 사고 원인 규명방법을 사용하고 있었다. 사고의 결과는 소장님 혼자 안전기준을 준수하지 않은 불안전한 행동으로 규명되어 보고가 종결되었다. 저자가 본사에 있는 오랫동안 상당히 많은 중대산업재해를 경험하면서 대부분 하인리히라는 학자의 원인규명 방법에 따라 안전기준과 절차는 완벽했지만 근로자가 지키지 않은 불안한 행동으로 사고보고를 종결하였다. 그리고 여러 사람들은 사람의 행동을 비난하고 사후 확신편향(hindsight bias)에 사로잡혀 있었다. 아마도 그때는 국내 대부분의 현장이 유사했을 것으로 생각하지만, 아직까지도 이러한 편향에 사로잡혀 있다는 사실이 아쉬운 현실이다.

무엇이 소장님을 죽음으로 몰아 갔을까? 안전기준을 준수하지 않은 것이 전부인가? 만약 소장님의 그런 작업 습관을 누군가 코치해 주고 사전적인 조치를 했으면 사고는 예방되었을까? 세계적으로 저명한 안전학자, 그리고 여러 전문가들이 이 사고를 조사하고 분석한다면 어떤 훌륭한 재발방지대책을 수립할 것인가?

"무고한 사람들이 목숨을 잃는 사고는 비극적이다. 그러나 그것으로부터 배우지 않는 것이 더 비극적이다(An accident where innocent people are killed is tragic, but not nearly as tragic as not learning from it)"라는 명언은 Nancy G. Leveson(미국 MIT의 항공 및 우주학 교수)이 사고조사와 분석 및 재발 방지대책의 중요성을 일깨운 문장이다.[1]

사고가 발생하였다는 것은 미래의 사고를 예방할 수 있는 마지막이자 절호의 기회이다. 따라서 현 시대에 적절한 사고조사와 분석 기법이나 모델을 적용하여 효과적인 대책을 마련하여 개선하여야 한다.

 ## 1 사고란 무엇인가?

국내에서는 사고라는 용어에 대해서 구체적으로 구분하고 있지 않다. 해외는 국가와 기관에 따라 사고를 incident와 accident로 구분하고 있다.

미국 안전보건청의 정의를 살펴보면, 과거부터 사용되어 온 accident는 원하지 않거나 계획되지 않은 사건(event)을 정의할 때 주로 사용된 용어로 우연적이고 예상할 수 없었던 사건을 암시하므로 더 이상 사용하지 말 것을 추천하고 있다. 그리고 우리가 주로 다루는 사망, 부상 및 질병사고는 예방할 수 있으므로 incident라는 용어 사용을 추천하고 있다. 여기에서 incident라는 용어에는 accident의 의미와 아차사고(close calls 또는 near misses)를 포함하고 있다.

영국 보건안전청(HSE)의 정의를 살펴보면, accident는 부상이나 건강에 해를 끼치는 사건의 결과이며, incident는 부상이나 건강을 해칠 가능성이 있는 사건인 아차사고(near-miss)와 원하지 않는 상황(undesired circumstance)으로 정의하고 있다.

ISO 45001의 정의를 살펴보면, incident는 부상 및 건강 악화를 초래하는 사건이 발생할 수 있거나 초래하는 경우로 정의하고 있다. 그리고 부상 및 건강 악화가 발생하는 경우를 accident 그리고 부상과 질병이 발생하지는 않았지만 그렇게 될 가능성이 있는 경우를 near-miss, near-hit 또는 close call이라고 정의한다.

미국 안전보건청과 영국 보건안전청과 ISO 45001의 정의를 넓은 의미에서 정리하면,

---

1 Leveson, N. (2019). CAST Handbook: How to learn more from incidents and accidents. *Nancy G. Leveson http://sunnyday.mit.edu/CAST-Handbook. pdf accessed, 30,* 2021.

incident라는 개념은 부상이나 건강 악화를 유발할 가능성이 있는 아차사고와 부상이나 건강 악화를 유발한 결과를 포함하므로 통상 우리가 사용하고 있는 accident의 개념을 확장한 것으로 볼 수 있다. 따라서 사고조사의 범위를 accident에서 incident의 개념으로 확장하는 것이 사고 예방에 효과적이다. 즉 accident investigation이라는 용어를 incident investigation으로 사용하고 적용한다.

2 사고조사와 분석은 무엇인가?

사고조사는 공정이나 작업에서 발생한 사고(incident)에 대한 조사 인력 배치, 조사 시행, 문서 확인 그 이행을 확인하는 과정이며, 반복되는 사고를 확인하여 조사하는 일련의 과정이다. 이러한 과정은 아래의 그림과 같이 나타낼 수 있다.[2] 여기에서 RCA(root cause analysis)는 근본 원인조사 분석으로 일반적으로 사고조사 과정에서 사고가 발생한 원인을 알기 위해 "왜"라는 질문을 반복하는 과정을 의미한다.

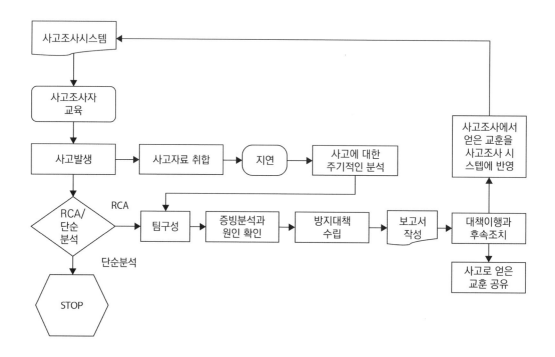

---

2 미국화학공학회 (2022). https://www.aiche.org/ccps/introduction-incident-investigation

사고조사와 분석은 왜 하는가?

사고조사와 분석을 해야 하는 이유는 근로자의 안전보건 확보와 회사의 지속가능한 경영을 유지하기 위함으로 그 자세한 사항은 아래와 같다.

가. 근로자의 안전보건 확보

사고조사와 분석을 하는 이유는 근로자의 안전보건을 보장하는 것이다. 사고조사와 분석을 시행하면서 공정이나 작업에 잠재되어 있던 유해 위험요인을 확인할 수 있고, 이에 대한 조직의 관리시스템 현황을 확인하여 개선할 수 있다. 그리고 이러한 확인을 통해 앞으로 발생할 수 있는 유사 및 동종 사고를 예방할 수 있는 좋은 기회를 얻을 수 있다. 이러한 과정에서 얻은 교훈을 모든 근로자에게 전파하여 개선하는 과정을 통해 조직의 안전문화 수준을 개선할 수 있다.

나. 회사의 사기진작

회사는 사고조사와 분석을 통해 근로자가 안전보건에 관해 불만을 가졌던 유해 위험요인을 개선할 수 있다. 이러한 개선에는 교육, 설비개선, 휴식 제공, 작업 방법 변경 등의 긍정적인 요인이 포함돼 작업환경이 개선되어 회사의 사기 향상에 도움이 된다.

다. 회사 이미지 개선

사고 사실을 숨기거나 효과적인 근본원인조사를 시행하지 않아 유사한 사고가 다시 발생하면, 회사의 안전보건 관리 수준을 사회로부터 의심받게 되고 이러한 과정에서 나타난 부정적인 결과는 고스란히 회사의 평판과 이익에 직접 혹은 간접적으로 영향을 줄 수 있다. 따라서 회사는 사소한 사고로부터 중대한 사고에 이르기까지 사업에 적합한 사고조사 방법을 찾아 효과적으로 적용하고 적절한 개선대책을 수립하여 적용해야 한다.

라. 보험금 관련 이점(advantage)

때때로 사고로 인해 파손된 설비의 보상을 보험회사에 청구하는 경우가 있는데 이 경우 회사의 효과적인 사고조사 과정과 재발 방지대책 수립의 수준에 따라 보험금 수령과 관련한 이점이 있다.

마. 회사의 자산보호

사고로 인해 회사의 설비나 시설과 관련한 재산상의 피해가 발생한다. 사고조사와 분석을 통해 유사한 사고를 줄일 수 있는 대책을 수립하고 적용하여 향후에 발생할 사고를 예방하여 그 피해를 줄일 수 있다.

바. 환경보호

사고로 인해 인명피해나 설비 피해 이외에도 환경과 관련한 피해가 있다. 어떤 사고로 인해 공장이 보유한 화학물질이나 가스가 누출되어 환경 오염을 일으키는 사고가 발생한다. 따라서 사고조사와 분석을 통해 화학물질이나 가스 등이 노출되지 않도록 예방하는 시설을 보완하고 관리 절차를 재정비하여 환경 사고를 예방할 수 있다.

사. 안전보건 관련 법규 준수

사고조사와 분석을 통해 정부 기관의 안전보건과 관련한 점검이나 진단에서 긍정적인 평가를 얻을 수 있다. 이에 따라 법 위반으로 수반되는 처벌이나 벌금 부과를 피하거나 그 수준을 낮출 수 있다.

II 재발 방지대책 수립

효과적인 재발 방지대책을 수립하기 위해서는 먼저 효과적인 사고조사(incident investigation)와 사고분석(incident analysis)을 시행해야 한다. 사고조사 과정에서 확인해야 할 사항으로는 주로 사고 발생에 이르기까지의 과정에 관계된 공사계획 수립, 도급업체 선정, 공사 준비, 검토, 계약, 도급업체별 위험성평가, 안전작업허가, 교육, 감독 등과 관련한 다양한 정보를 수집하고 실제 사고 현장의 상황을 확인해야 한다. 그리고 사고조사에서 접수한 자료를 기반으로 사고가 발생에 영향을 준 여러 요인을 확인하고 이에 대한 검증과 분석을 통해 효과적인 재발 방지대책을 수립할 수 있다.

효과적인 사고조사와 사고분석을 하기 위해서는 시대와 상황에 적합한 모델이나 방법을 적용해야 한다. 아래 그림은 1950년대를 전후한 시대별 사고조사 모델 적용현황이다.[3]

첫 번째 변화는 기술적(technical) 시대로 19세기부터 제2차 세계 대전까지의 기간을 포함하고 있다. 주로 화재와 폭발을 방지하기 위한 안전밸브 및 기계 보호 장치와 같은 기술적 조치가 반영되었다. 사고조사 모델은 주로 순차적인 기법(sequential)인 도미노 모델과 RCA 기법 등이 활용되었다.

두 번째는 인적요인(human performance)의 시대로 1970년대 후반과 1980년대 초반 확률적 위험 분석을 통한 인적요인을 통합한 시기이다. 체르노빌(1986), 지브뤼헤(1987), 챌린저(1986)와 같은 사고를 배경으로 원자력발전소, 해운, 항공과 같은 위험 수준이 높고 복잡한 산업에 적용되었다. 사고조사 모델은 주로 인적요인을 파악할 수 있는 HRA 및 CSE 모델 등이 활용되었다.

세 번째는 사회 기술적(sociotechnical) 시대로 1990년대부터 사회기술 시스템 이론(sociotechnical systems theory)에 대한 관심이 증가하였고 FRAM, AcciMap, STAMP 등이 활용되었다.

시대적으로 상황이 변화하면서 사고조사와 사고분석 및 재발 방지대책 수립을 우한 방법은 3CA, 5 WHYS, ACCI-MAP, AEB, APPOLO, ASSET, ATHENA, CAS-HEAR, CAST,

---

3 Waterson, P., Robertson, M. M., Cooke, N. J., Militello, L., Roth, E., & Stanton, N. A. (2015). Defining the methodological challenges and opportunities for an effective science of sociotechnical systems and safety. *Ergonomics, 58*(4), 565-599.

ECFC, FACS, FRAM, HERA, HFACS, HFIT, HPEP, HPES, HPIP, HSG245, ISIM, MORT, MTO, ORAU, PRCAP, RCA, SCAT, SHELL, SOL, STAMP, STEP-MES, TapRooT®, TOP SET, TRIPOD, WAIT or WBA 등 30가지가 넘게 활용되고 있다.[4]

시대적으로 활용되었던 사고 모델을 구분하면 순차적 모델(sequential model), 역학적 모델 (epidemical model), 시스템 모델(systemic model)로 구분할 수 있다.

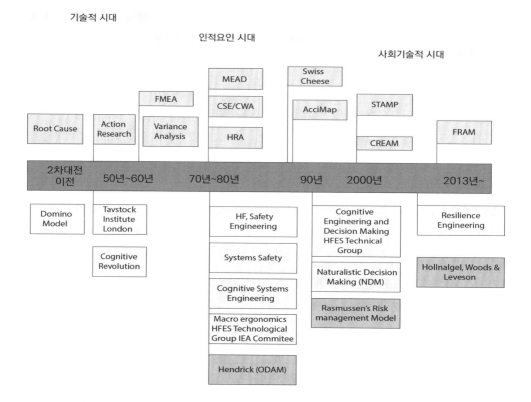

 ## 1 순차적 모델(sequential model)

안전을 위협하는 주요 관심사는 투박하고 신뢰할 수 없는 증기 기관(steam engine)에서 발생한 화재나 폭발 사고이다. 이러한 사고 예방에 관한 관심은 의심할 여지 없이 인간 문명 자체만큼 오래된 것이지만 산업 혁명(보통 1769년)을 시작으로 고조되기 시작하였다. 제2차 세계 대전

---

4 Benner Jr, L. (2019). Accident investigation data: Users' unrecognized challenges. *Safety science*, *118*, 309-315.

당시 개발되고 사용된 군수품 유지보수 과정 동안 기술은 상당한 수준으로 진전을 이루었다.

그리고 이 시기 새로운 기술개발로 인해 더 크고 복잡한 기술 시스템을 다룰 수 있는 자동화를 이루었다. 국방영역의 미사일 방어시스템 개발과 우주 계획 관리 그리고 민간영역의 통신과 운송 분야의 성장으로 위험과 안전 문제를 해결할 수 있는 입증된 방법이 필요하게 되었다. 예를 들어, 결함수 분석(fault tree analysis, 이하 FTA)은 1961년 미니트맨 대륙간 탄도 미사일 시스템(minuteman launch control system)의 결함을 파악하기 위해 사용되었다.

시스템에서 예기치 않은 사건(event)으로 인해 사고가 발생한다. 예기치 않은 사건은 어떤 사유로 인해 갑자기 나타나는 잠재된 조건을 의미하고, 즉시 무력화되지 않는 한 시스템은 정상 상태에서 비정상 상태로 전환하게 된다. 고장형태 및 영향분석(failure mode and effects analysis, 이하 FMEA)과 위험과 운전분석(hazard and operational analysis, 이하 HAZOP)은 이러한 잠재 위험을 체계적으로 확인하기 위해 개발되었다. 한편, 1940년대 후반과 1950년대 초반까지 신뢰성 공학은 기술과 신뢰성 이론을 결합한 새로운 공학 분야로 확립되었다.

이 분야는 확률론적 위험도 평가(PRA, probabilistic risk assessment)로 알려져 있고, 원자력발전소의 안전 평가로 활용되었다. 하지만 이 안전 평가 기법은 사람과 조직보다는 기술에 집중되었다.[5]

이러한 시기의 사고조사는 사건이 사고의 근본 원인이라는 결과론적 사상에 기반을 둔다고 하였다. 도미노 이론으로 유명한 Heinrich(1931)는 아래 그림과 같이 사고가 발생하기 이전 사회적 환경 및 유전적 요소, 개인적 결함, 불안전한 행동 및 기계/물리적 위험으로 인한 사고로 상해가 발생한다고 주장하였다.

이 이론은 상대적으로 단순한 시스템에서 물리적 구성요소의 고장이나 인간의 행동으로 인한 손실사고에 대한 일반적인 설명을 제공한다. 그러나 시스템 관리, 조직 및 인적 요소 간의 인과관계를 설명하기에는 한계가 있다. 따라서 1970년대 말부터 발생한 쓰리마일섬(1979), 보팔사고(1984) 및 체르노빌사고(1986) 등 조직영향으로 인해 발생한 사고에 대한 효과적인 사

---

5 Hollnagel, E. (2018). "Safety–I and safety–II–the past and future of safety management", CRC press. pp. 24–34.

고조사 모델이 필요한 것으로 나타났다.[6]

 ## 2 역학적 모델(epidemical model)

1979년 3월 28일 미국 펜실베이니아주 해리스버그시에서 16km 떨어진 쓰리마일섬 원자력 발전소에서 발생한 사고로 인해 산업계는 그동안의 안전관리 활동을 재검토하였다. 사고 이전 산업계에는 FMEA, HAZOP 및 사건수 분석(ETA, event trees analysis)과 같은 기존 방법을 사용하면 원자력 시설의 안전을 보장하기에 충분할 것이라는 믿음이 있었다. 이러한 믿음에 따라 시행된 쓰리 마일 섬 원자력발전소의 확률론적 위험도 평가와 미국 원자력규제위원회(nuclear regulatory commission)의 안전성 검토 결과는 적합한 것으로 승인을 얻었다. 하지만 인적요인과 조직영향으로 인해 발생한 원자력발전소의 치명적인 사고로 인간 신뢰성 평가(HRA, human reliability assessment)와 같은 방식의 추가적인 위험평가가 개발되었다. 이러한 방식은 인적요인을 기반으로 기술 결함과 오작동을 분석하는 전문화된 방식으로 발전하였다.

첨단 제조 시스템, 항공, 통신, 원자력발전소와 석유화학과 같은 산업은 고도의 기술을 활용하므로 시스템이 복잡하고 대형화되어 새로운 종류의 시스템 고장과 사고가 발생한다고 하였다. 조직영향인 예산삭감, 공사 일정 단축, 전문성 미확보 및 교육 부족 등으로 인해 사람의 실행 실패(active failure)와 기술적이고 시스템적인 방벽(barrier)이 무너지게 된다.[7]

이러한 조직영향을 잠재 조건(latent condition)이라고 하며, 병원균처럼 잠재되어 있다가 창궐한다는 의미에서 역학적 요인이라고 한다. 역학적 요인은 스위스 치즈 모델과 HFACS 체계 등 다양한 분석 방법의 개념적 기반을 형성하여 적용되었다. 역학적 모델은 순차적 모델보다 조직적인 요인으로 발생하는 사고를 효과적으로 확인할 수 있다. 설비와 개인의 문제를 넘어서 사고의 근본 원인을 시스템의 잠재 조건 측면에서 확인한다는 의미에서 포괄적인 대책을 수립할 수 있다. Reason(1987)은 불안전한 조건을 시스템에 '상주하는 병원체'로 간주하였고, 특정 시기에 활성화되는 존재로 인정하였다. 이러한 개념을 아래 그림과 같이 스위스 치즈 모델로 부르고 있다.

---

6 Underwood, P., & Waterson, P. (2013). Accident analysis models and methods: guidance for safety professionals. *Loughborough University*.

7 Qureshi, Z. H., Ashraf, M. A., & Amer, Y. (2007, December). Modeling industrial safety: A socio-otechnical systems perspective. *In 2007 IEEE International Conference on Industrial Engineering and Engineering Management*(pp. 1883-1887). IEEE.

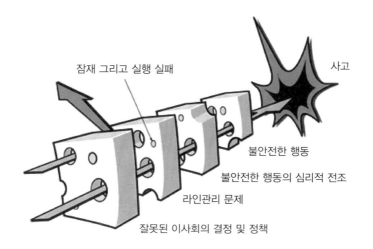

잠재 그리고 실행 실패
사고
불안전한 행동
불안전한 행동의 심리적 전조
라인관리 문제
잘못된 이사회의 결정 및 정책

　하지만 스위스 치즈 모델은 잠재 실패 기여 요인을 확인할 수 있는 세부적인 기준과 정보를 제공하지 않아 경험이 많은 사고조사자일지라도 실질적인 사고 기여 요인을 찾기 어려운 단점이 있다. Reason의 스위스 치즈 모델은 사고 기여 요인에 대한 구체적인 지침이 없고 이론에 치중되어 있어 사고조사 수행에 어려움이 있었다. 이러한 어려움을 보완하기 위하여 인적요인 분석 및 분류시스템(HFACS, Human Factor analysis classification system) 체계가 개발되었다.[8] HFACS 체계가 조직에 잠재된 문제 파악과 사고 기여 요인을 확인할 수 있는 지침을 제공한다.

　HFACS는 광범위하게 널리 채택된 사고조사 도구로서 아래 그림과 같이 불안전한 행동, 불안전한 행동 전제조건, 불안전감독, 조직영향으로 구성되어 있다. HFACS 각 항목은 잠재 실패 요인에 대한 구체적인 기준과 지침을 제공하므로 사고의 기여 요인을 효과적으로 확인할 수 있다.[9] 사고조사자가 HFACS 체계를 사고조사에 활용할 경우, 자료수집과 사고와 관련한 법규 영향, 조직영향, 불안전한 감독, 불안전한 행동 전제조건 및 불안전한 행동 등을 효과적으로 파악할 수 있다. 그리고 다양한 사람들의 이견을 통합하여 일관성 있는 기여 요인을 파악할 수 있다. 이를 통해 사고 예방대책을 효과적으로 수립할 수 있다.

8　Liu, S. Y., Chi, C. F., & Li, W. C. (2013, July). The application of human factors analysis and classification system (HFACS) to investigate human errors in helicopter accidents. *In International conference on engineering psychology and cognitive ergonomics*(pp. 85−94). Springer, Berlin, Heidelberg.

9　Xia, N., Zou, P. X., Liu, X., Wang, X., & Zhu, R. (2018). A hybrid BN−HFACS model for predicting safety performance in construction projects. *Safety science*, *101*, 332−343.

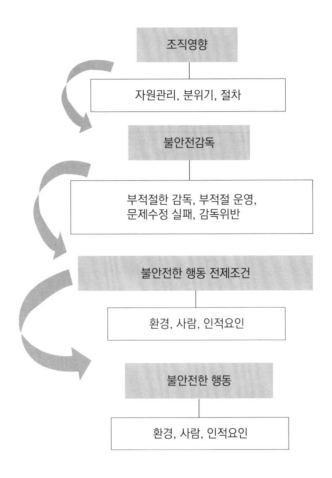

3 시스템적 사고조사 방법(systemic method)

19세기는 기술적(technical) 시대로 화재와 폭발을 방지하기 위해 FMEA와 HAZOP이 개발되었다. 하지만 이러한 안전 평가 기법은 사람과 조직보다는 기술에 집중되었다.[10] 1990년대에 들어 설비와 사람이 유기적으로 작동하는 사회기술 시스템 이론(sociotechnical systems theory)에 대한 관심이 고조되고 이에 대한 체계가 개발되었다.

사회기술 시스템은 기술, 규제, 문화적 의미, 시장, 기반 시설, 유지 관리 네트워크 및 공

---

10 Niskanen, T., Louhelainen, K., & Hirvonen, M. L. (2016). A systems thinking approach of occu-pational safety and health applied in the micro-, meso-and macro-levels: A Finnish survey. *Safety science, 82*, 212-227.

급 네트워크를 포함하는 요소의 클러스터로 구성되며 사회 시스템과 기술 시스템으로 구성된 시스템으로 볼 수 있다.

사회기술 시스템이론은 사건을 순차적인 인과관계로 설정하지 않고, 구성 요소 간의 통제되지 않은 관계로 인한 시스템의 예기치 않은 동작으로 설명한다. 따라서 시스템이론을 통해 다양한 유형의 시스템 구조와 동작을 이해할 수 있어 사고 예방을 위해 폭넓게 활용되고 있다. 시스템적 사고조사 방법에는 아래 그림과 같이 FRAM, AcciMap 및 STAMP가 있다.

가. FRAM

기능 변동성 파급효과 분석기법(functional resonance analysis method)이 복잡한 사회기술 시스템에 적용할 수 있는 효과적인 방법으로 사고 전반에 대한 도식화를 통해 전체적인 시각에서 사고의 원인과 대책을 수립하도록 도와주는 방법이다. 기능 변동성 파급효과 분석기법 적용의 4원칙은 다음과 같다.

(1) 성공과 실패의 등가(equivalence of success and failure) 원칙

실패는 주로 시스템이나 구성품의 고장이나 이상 기능이다. 이러한 관점에서 성공과 실패는 상반되는 개념이다. 하지만 안전 탄력성은 성공과 실패를 이분법적인 논리로 구분하지 않는다. 조직과 개인은 정보, 자원, 시간 등이 제한적인 상황에서 성공과 실패를 조정(adjust)해 가면서 운영하기 때문이다.

(2) 근사조정(approximate adjustment) 원칙

고도화되고 복잡한 사회기술 시스템에서 진행되는 모든 일이나 상황에 대한 감시는 어렵다. 더욱이 현장의 실제 작업을 고려하지 않은 설계, 작업 일정, 법 기준 등의 WAI(work as imagined)를 따라야 하는 사람들은 근사적인 조정이 불가피하다. 이러한 조정은 개인, 그룹 및 조직에 걸쳐 이루어지며, 특정 작업수행에서 여러 단계에 영향을 준다. 그림과 같이 시간, 사람, 정보 등이 부족하거나 제한된 상황에서 실제 작업을 수행하는 사람들은 직면한 조건에 맞게 상황을 조정해 가면서 업무를 수행한다. 이때, 그림과 같은 근사조정으로 인해 안전하거나 불안전한 조건이 만들어진다. 작업을 위하여 사전에 수립한 계획에는 일정, 자원투입, 자재 사용 등 여러 변수를 검토한 내용이 포함된다. 하지만 현장의 상황은 변화가 있다. 이러한 사항을 반영하지 않은 채 작업을 수행하므로 사고가 발생한다. 따라서 근사조정 원칙을 사전에 검토하여 조정해야 한다.

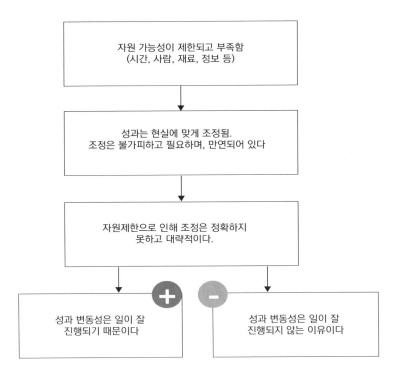

(3) 발현적(창발적, emergence) 원칙

일반적으로 단순한 시스템을 감시하는 것은 어려운 일이 아니다. 예를 들어 교통사고가 발생하기까지 발생한 사건(event)을 검토해 보면 그림과 같이 원인에 의해 생기는 결과와 같이 기후조건으로 인한 폭풍우, 차량 정비와 관련이 있는 타이어 문제, 구멍난 도로, 운전자의 성향 등 여러 원인이 있다는 것을 알 수 있다.

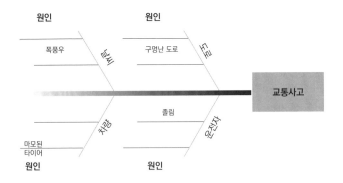

하지만 고도화되고 복잡한 사회기술 시스템 감시는 어렵다. 그림의 결과는 시스템 또는

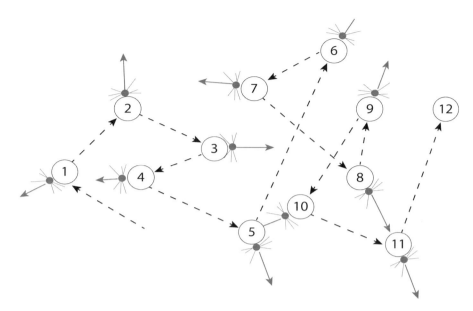

The outcome is a (relatively) stable change in the system or its parts.

그 부분의 안정적인 변화와 같이 1번 기능에서 12번 기능까지의 추론은 가능하지만, 각 기능에 대한 변동성(variability)을 찾기는 어렵다. 그 이유는 여러 기능의 변동성이 예기치 않은 방식으로 결합하여 결과가 불균형적으로 커져 비선형 효과를 나타내기 때문이다. 따라서 특정 구성요소나 부품의 오작동을 설명할 수 없는 경우를 창발적인 현상으로 간주할 수 있다.

(4) 기능 공명(functional resonance) 원칙

공명(resonance)은 변동성의 상호작용으로 일어나는 긍정 혹은 부정의 결과이다. 공명은 3가지 형태로 구분할 수 있다. 첫 번째 형태는 고전적인 공명으로 시소(swinging)와 기타(guitar) 등과 같이 특정 주파수(frequency)에서 더 큰 진폭(amplitude)으로 진동을 일으키는 현상이다. 이런 주파수에서는 반복적인 작은 외력에도 불구하고 큰 진폭의 진동이 일어나 시스템을 심각하게 손상하거나 파괴할 수도 있다.

두 번째 형태는 확률적인 공명(stochastic resonance)으로 무작위 소음과 같다. 이 소음에 의한 공명은 비선형이며, 출력과 입력이 정비례하지 않는다. 그리고 시간이 지남에 따라 축적되는 고전적인 공명과는 달리 결과가 즉각적으로 나타날 수 있다. 세 번째 형태는 기능 공명(functional resonance)으로 복잡한 사회기술 시스템 환경에서 근사조정의 결과로 일어나는 변동성이다.

기능 공명은 기능 간 상호작용에서 나오는 감지가 가능한 결과나 신호이다. 기능 간의 상호작용에는 사람들의 행동 방식이 포함되어 있어 확률적인 공명에 비해 발견하기 쉽다. 기능 공명은 비 인과적(창발성) 및 비선형(불균형) 결과를 이해하는 방법을 제공한다.[11] 아래 그림은 기능의 6가지 측면이다.

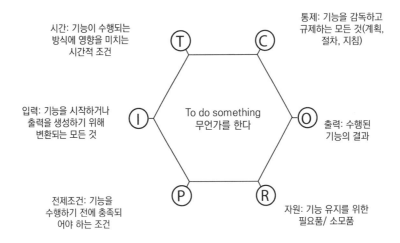

아래 그림은 A사, B사, C사, D사가 협력하여 공사를 시행하던 동안 발생한 사고의 기능을 파악하고 그 기능 간 변동성을 파악한 내용이다.

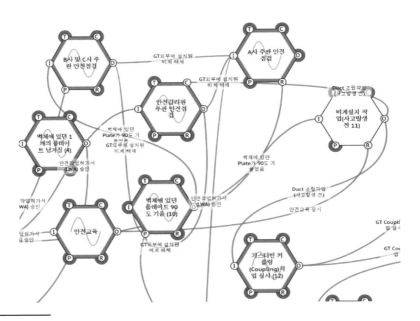

11 Hollnagel, E., Hounsgaard, J., & Colligan, L. (2014). *FRAM-the Functional Resonance Analysis Method: a handbook for the practical use of the method*. Centre for Quality, Region of Southern Denmark.

기능(function) 간 6가지 측면이 상호 결합(coupling)하여 변동성(variability)을 일으키는 과정을 입체적으로 파악할 수 있다.[12] 여러 기능 중 굵은 선으로 표기된 육각형이 변동성을 일으킨 기능으로 이에 대한 보호(protection), 촉진(facilitation), 제거(elimination), 감시(monitoring), 방지(prevention), 완화(dampening) 방식의 변동성 관리대책 수립이 필요하다.

나. AcciMap

사고는 주로 상위수준의 영향 요인으로 인해 하위수준에서 발생하므로 AcciMap(the map of accident) 모델을 적용할 경우, 상위수준과 관련한 사고 기여 요인과 관련한 제약사항(constraint)을 찾을 수 있다. AcciMap 체계가 사람의 행동부터 정부와 규제기관에 이르는 단계를 위험관리 모형으로 구체화하여 시스템 전체에 걸친 기여 요인을 확인할 수 있도록 지원한다.[13]

AcciMap이 하부에 위치하는 사람의 행동, 물리적 절차, 기술적인 측면, 조직적인 측면, 정부와 규제기관 등 사고와 관련이 있는 요인을 네트워크 형태로 구성하여 사고에 대한 전체적인 측면을 볼 수 있다. AcciMap 체계가 복잡한 사회기술 시스템의 새로운 속성이라는 원칙에 기반을 둔다. 이러한 새로운 속성은 작업자뿐만이 아니라 시스템 내의 모든 이해관계자(정치인, 최고경영자, 관리자, 안전책임자 및 작업 계획자)의 결정과 행동으로 생성된다.[14]

AcciMap은 시스템 기반 사고분석으로 다중의 수준을 포함하는 계층 구조로 되어 있다. AcciMap은 시스템 수준 전반에 걸친 다양한 행위자의 조건, 결정 및 조치가 서로 영향을 주는 요인을 묘사한다. 따라서 이 모델의 장점은 전체 시스템 전반에 걸친 기여 요인과 이들의 상호 관계를 통합하여 사고를 자세하게 표현할 수 있다. AcciMaps이 복잡한 사회 기술적 시스템에서 발생하는 사고와 관련된 인과 요인을 그래픽으로 나타내는 데 사용되는 사고분석 방법론이다. 이 모델은 사건의 인과관계 뒤에 있는 전제조건과 행동을 집중한다. AcciMap 모델을 활용하면 사고 기여 요인과 관련한 의사 결정자와 결정 지점을 식별하여 사고가 포함된 활동의 인과관계의 흐름을 확인할 수 있고 사고 예방을 위한 효과적인 개선대책을 수립할 수 있다.[15]

12 Salehi, V., Hanson, N., Smith, D., McCloskey, R., Jarrett, P., & Veitch, B. (2021). Modeling and analyzing hospital to home transition processes of frail older adults using the functional resonance analysis method (FRAM). *Applied Ergonomics, 93*, 103392.

13 Branford, K., Hopkins, A., & Naikar, N. (2009). Guidelines for AcciMap analysis. In *Learning from high reliability organisations*. CCH Australia Ltd.

14 Cassano-Piche, A. L., Vicente, K. J., & Jamieson, G. A. (2009). A test of Rasmussen's risk management framework in the food safety domain: BSE in the UK. *Theoretical Issues in Ergonomics Science, 10*(4), 283-304.

15 Jenkins, D. P., Salmon, P. M., Stanton, N. A., & Walker, G. H. (2010). A systemic approach to accident analysis: a case study of the Stockwell shooting. *Ergonomics, 53*(1), 1-17.

2003년 1월 31일 호주 주 철도국의 여객 열차가 시드니에서 포트켐블라로 향하고 있었다. 7시 14분경 열차가 Waterfall NSW에서 남쪽으로 약 2km 떨어진 곳에서 지주와 암석과 충돌하여 전복되는 사고가 발생하였다. 열차에는 승객 47명과 승무원 2명이 타고 있었고 사고로 인해 운전자와 동승자 6명이 숨졌다. 그리고 열차는 심각하게 손상되었다. 사고조사 결과 열차 운전자는 Waterfall 역(station)을 출발한 직후 건강 상태 악화로 인해 열차 제어 장치를 조작할 수 없었을 가능성이 제기되었다. 당시 열차는 통제 불능 상태에서 최대 속도로 운전된 상황이었다. 이런 상황을 대비한 감시시스템이 존재하고 있었지만 작동하지 않았고 117km/h의 고속으로 주행하여 전복되었다.

사고의 직접 원인은 고속으로 회전구간을 통과한 것이다. 시스템적인 원인은 의료기준, 비상대응, 조종자 의식상실 관리시스템(데드맨 시스템, deadman system) 미작동 등의 위험 통제 실패이다. 사고가 발생한 원인을 파악하기 위해 기차가 고속으로 회전구간을 통과한 사유와 관련한 시스템적인 원인을 찾을 수 있도록 AcciMap모델을 한다. Waterfall 기차 사고의 원인을 조사한 AcciMap 도표는 아래 그림 AcciMap 도표—Waterfall 기차 사고원인 조사와 같다.

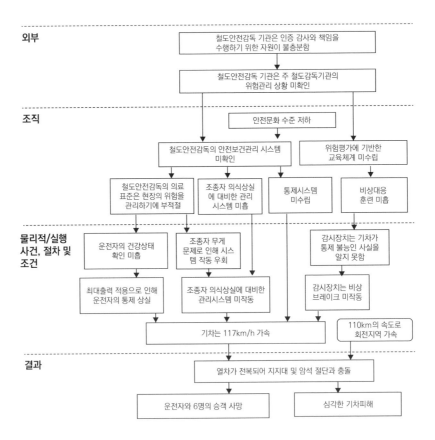

다. STAMP[16]

시스템이론 사고모델 및 프로세스(system-theoretic accident model and processes, 이하 STAMP)가 사회기술 시스템 기반에서 시스템과 제어 이론을 효과적으로 활용하는 사고 모델이다. STAMP가 시스템 구성요소 간의 상호 작용으로 발생하는 사고를 효과적으로 조사할 수 있는 체계라고 하였다. 따라서 시스템 운영이나 조직이 사고와 관련해 어떤 영향을 주었는지 확인하기 위하여 제약 조건, 제어 루프, 프로세스 모델 및 제어 수준에 중점을 둔다. STAMP 모델이 시스템 제어를 담당하는 행위자와 관련된 조직을 식별하여 시스템 수준 간의 제어와 피드백 메커니즘을 확인하도록 구성되어 있다. 따라서 상위 계층의 제어에 따라 하위 계층의 실행을 상호 확인하여 효과적인 개선대책을 수립할 수 있다.[17]

STAMP가 실패 예방에 집중하기보다는 행동을 통제할 수 있는 제약사항(constraints)을 집중한다고 하였다. 따라서 안전을 신뢰성의 문제(a reliability problem)로 보기보다는 제어(control problem)의 측면에서 본다. 상위 요소(예: 사람, 조직, 엔지니어링 활동 등)는 제약(constraints)을 통해 계층적으로 하위 요소에 영향을 준다.[18]

STAMP가 사회기술 시스템에서 발생하는 사고에 대해 다양한 이해관계자 간의 정보 파악에 효과적이다. STAMP 모델을 적용할 경우, 사고조사자가 시스템 피드백의 역할을 이해하고 그에 대한 조치를 고려할 수 있다. 동일수준에서 조직적 제약, 기술적 제약 및 개인적 제약을 구조화한다. 근본 원인에 매몰되지 않고 시스템 전체의 안전성 향상을 찾을 수 있다. 이러한 맥락에서 STAMP 접근방식과 AcciMap 모델은 유사한 부분이 있다.[19]

STAMP는 복잡한 사회기술 시스템에 효과적으로 사용되는 사고분석 방법으로 시스템이론을 기반으로 개발되었다. 시스템이론이 추구하는 원칙은 시스템을 부분의 합이 아니라 전체로 취급하는 것이고, 개별 구성 요소의 합보다는 구성 요소 간 상호작용(emergence, 창발적 속성)을

---

16 STAMP에는 사고조사(CAST, causal analysis based on systems theory), 위험분석(STPA, system-theoretic process analysis), 사전 개념분석(STECA, system-theoretic early concept analysis) 등 여러 기법이 있다. 본 책자는 사고조사에 특화된 STAMP CAST를 활용하였고, STAMP로 통칭하여 표현하였다.

17 Li, W., Zhang, L., & Liang, W. (2017). An Accident Causation Analysis and Taxonomy (ACAT) model of complex industrial system from both system safety and control theory perspectives. *Safety science, 92,* 94-103.

18 Beach, P. M., Mills, R. F., Burfeind, B. C., Langhals, B. T., & Mailloux, L. O. (2018). A STAMP-based approach to developing quantifiable measures of resilience. In *Proceedings of the International Conference on Embedded Systems, Cyber-physical Systems and Applications, Las Vegas, NV, USA*(Vol. 30).

19 Allison, C. K., Revell, K. M., Sears, R., & Stanton, N. A. (2017). Systems Theoretic Accident Model and Process (STAMP) safety modelling applied to an aircraft rapid decompression event. *Safety science, 98,* 159-166.

중요하게 판단한다.

안전과 관련한 문제는 창발적 속성으로 인해 발생한다. 아래 그림은 STAMP 창발적 속성 (시스템이론)과 같이 시스템 요인들 간의 상호작용과 맞물리는 방식으로 시스템이 작동된다. STAMP는 물리적 요인과 사람과 시스템 사이의 복잡한 상호작용으로 사고가 발생한다고 믿는 다. 따라서 실패(failure) 방지에 초점을 두기보다는 동적 통제 관점에서 상호작용을 바라본다.

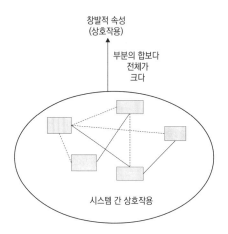

STAMP는 요인 간의 상호작용에 의한 발현적(창발적) 속성의 결과로 사고가 발생한다는 기 준을 설정하므로 사고를 예방하기 위한 컨트롤러(controller)를 시스템에 추가할 것을 권장한다. 아래 그림은 STAMP 컨트롤러의 제약 활동 강화와 환류(controller enforce constraints on behavior) 와 같이 컨트롤러는 시스템 요인별 상호작용에 대한 통제 활동을 제공하고 시스템 요인은 그 결과를 환류한다. 이러한 과정을 표준 환류 통제 고리(standard feedback control loop)라고 한다.

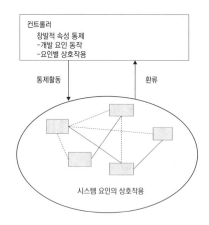

컨트롤러는 시스템을 안전하게 동작시키는 역할을 한다(저자는 이런 역할을 제약사항인 constraints로 표현하였다). 제약사항과 관련한 사례로는 '항공기는 안전거리를 두어야 한다', '압력용기는 안전한 수준으로 유지되어야 한다', '유해 화학물질이 누출되어서는 안 된다' 등이 있다. 통제의 일반적인 사례로는 방벽(barrier), 페일세이프(fail safe), 인터락(interlock) 적용 등의 기술적 통제와 교육훈련, 설비정비, 절차 보유 등 사람에 대한 통제 및 법규, 규제, 문화 등 사회적 통제가 있다.

아래 그림과 같이 STAMP 안전 통제구조의 기본 구역(the basic building block for a safety control system)과 같이 컨트롤러는 통제된 공정에(controlled process) 통제의 기능을 수행한다. 공학에서는 이러한 활동을 환류 통제 고리(feedback control loop)라고 한다. 컨트롤러의 사전책임(responsibility)은 하부로 이동하여 권한(authority)으로 할당된다. 그리고 상부로 이동하여 사후 책임(accountability)으로 할당된다. 컨트롤러가 시스템 안전을 확보하기 위한 활동의 사례로는 비행 시 조종 익면(control surface) 통제를 위한 명령 수행 및 압력탱크의 수위 조절 통제 등의 명령 행위 등이다. 컨트롤러는 통제된 공정을 식별하고 어떤 유형의 통제가 추가로 필요할지 결정한다. 상위수준에 있는 컨트롤러의 한 예는 미국 비행안전국(federal aviation administration)이다.

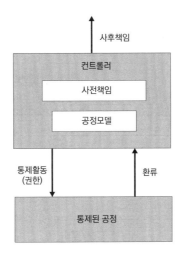

비행안전국은 교통부에 대한 안전 감독, 규정 및 절차준수 현황을 감시 등의 안전관리 책임이 있다. 비행안전국과 같은 상위수준에 있는 컨트롤러의 관리가 미흡할 경우 사고가 발생할 가능성이 크다. 사고는 주로 컨트롤러의 공정이 실제와 맞지 않을 때 발생한다.

그 사례로는 항공 관제사가 두 대의 항공기가 운항 중 충돌하지 않으리라고 판단하고 두 대의 항공기를 동시에 운항하게 하는 경우이다. 컨트롤러가 사용하는 공정과 실제 공정이 다른 또 다른 예는 항공기가 하강하고 있으나 소프트웨어는 상승하고 있다고 판단하여 잘못된 명령을 하는 경우이다. 또한, 조종사가 오판하여 미사일을 발사하는 경우이다. 이런 사고를 예방하기 위해서는 효과적인 통제구조 설계 시 실제상황에 맞는 공정(process) 컨트롤러를 설계하여야 한다.

OO 회사의 공장 건물에서 의약품 제조 반응기의 내벽에 붙어있는 의약품 중간생성물을 씻어내기 위하여 반응기 맨홀을 열고 플라스틱 바가지로 화학물질(DMF)을 내벽에 뿌리던 중 정전기에 의해 화재 · 폭발이 발생하여 2명이 화상을 입은 사고로 안전통제 구조 모형은 아래 그림과 같다.[20] 사고에 기여한 정부 기관인 고용노동부, 안전보건공단, 회사의 경영자, 공장장, 안전부서, 생산부서, 정비보수부서, 생산 및 공사 작업자, 생산 공정과 설비 프로세스에 관계된 모든 사람과 프로세스를 열거하여 안전보건과 관련한 책임과 역할을 구분하고 통제 메커니즘을 확인할 수 있다.

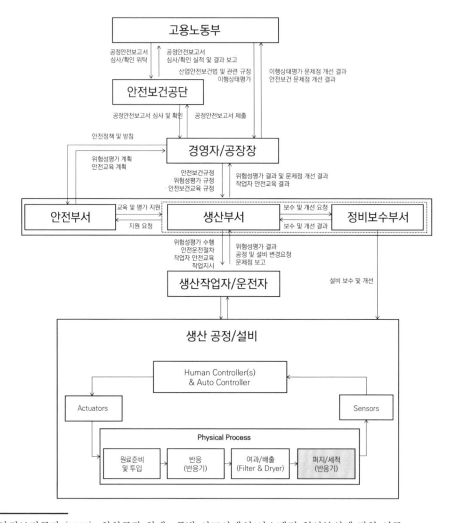

---

20 안전보건공단 (2020). 화학공장 화재 · 폭발 사고사례의 시스템적 원인분석에 관한 연구

기본정보 수집, 안전 통제구조 설정, 요인별 손실분석, 통제구조 결함발견 및 개선대책 수립 과정으로 사고와 관련이 있는 모든 정부, 규제기관, 업체, 관련자 등의 역할과 책임을 입체적으로 확인하는 방법으로 근본원인(root cause)과 기여 요인(contributing factor)을 효과적으로 파악하는 방법이다.

4 다양한 사고조사 기법 적용

시대 상황에 따라 많은 사고조사 모델과 방법이 세상에 존재하고 있지만, 어떤 산업에 어떤 모델이나 방법이 적합한가에 대한 논란은 상존한다. 하지만 무엇보다 중요한 것은 하인리히(1931)가 주장한 오래된 방식의 안전관리 방식은 요즘 시대에 맞지 않다는 것은 안전과 관련한 전문가들 사이에서 공론화된 지 오래되었다. 하지만 어떤 단순한 사고들에 대해서는 일부 활용의 여지가 있을 수 있다.

시스템이나 환경이 안전하지만, 근로자의 순간 방심으로 인해 발생하는 사고 그리고 회사의 안전문화가 열악하여 조직적인 영향이 크고 관리감독자가 책임을 다하지 않아 발생하는 사고 등 여러 상황이나 경우가 있을 수 있다. 이러한 산업군과 사고의 심각도 등을 고려하여 순차적 모델(sequential model), 역학적 모델(epidemical model), 시스템적 방법(systemic model)을 선택하여 적용하되, 혼용하여 사용한다면 재발 방지대책을 효과적으로 수립할 수 있을 것이다.

아래 그림은 산업이 갖는 결합(coupling)[21]과 관리력(manageability)를 고려한 사고분석 모델이다. 우체국, 탄광 등의 경우 결합이 낮고 관리력이 높은 수준이므로 순차적 모델을 적용하고 철도와 전력망 등의 경우 결합이 높고 관리력이 높은 수준이므로 역학적 모델 적용을 추천한다. 그리고 원자력발전소, 화학공장 및 우주개발의 경우 결합이 높고 관리력이 낮은 수준이므로 시스템적 방법을 추천하고 있다.[22]

---

21 기능 변동성 파급효과 분석기법(FRAM, functional resonance analysis method)에서 정의하는 통제, 출력, 자원, 전제조건, 입력, 시간 등의 6가지 측면의 잠재적인 결합으로 인해 위험한 상황을 초래하는 상황

22 Underwood, P., & Waterson, P. (2013). Accident analysis models and methods: guidance for safety professionals. *Loughborough University*.

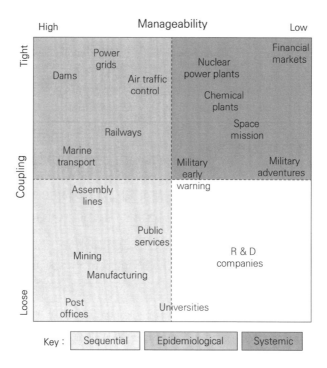

산업별로 사고가 일어나는 상황은 서로 달라 특정한 한 가지 모델을 적용하여 사고분석을 한다면, 자칫 편향된 재발 방지대책이 수립될 여지가 있다.

미국 안전보건청이 작성한 사고(incident)조사 가이드라인의 장소 보존/문서화, 정보수집, 근본원인 결정, 재발 방지 조치 등의 4단계를 요약한 내용은 아래와 같다.[23]

장소 보존/문서화

가. 장소 보존

사고와 관련한 중요한 증거가 제거되거나 변경되는 것을 방지하기 위해 장소를 보존한다. 사고조사자는 원뿔형 경고 봉, 테이프 또는 보호대를 사용할 수 있다.

A SYSTEMS APPROACH TO HELP PREVENT INJURIES AND ILLNESSES

United States Department of Labor
Occupational Safety and Health Administration

---

23 OSHA (2015). Incident(accident) investigations: A guide for employers, https://www.osha.gov/sites/default/files/IncInvGuide4Empl_Dec2015.pdf

나. 문서화

사고조사 일자와 시간 등의 사실들을 문서화한다. 문서화에 반드시 포함해야 하는 사항으로는 재해자의 이름, 부상명, 사고 일자와 위치 등이다. 조사자는 비디오 녹화, 사진 촬영 및 스케치를 통해 장면을 기록할 수 있다.

② 정보수집

사고정보는 인터뷰, 문서 검토 및 기타 방법에 따라 수집할 수 있다. 정보의 종류에는 설비와 장비 매뉴얼, 안전 지침 문서, 회사 정책, 유지보수 일정, 기록과 로그, 교육 기록(근로자와의 의사소통 포함), 감사 및 후속 보고서, 시행 정책 및 기록, 이전의 시정 조치와 권장 사항 등이 있다.

정보수집 과정에서 재해자, 목격자, 관리감독자, 도급업체 관계자, 응급처치자 및 비상대응 인력 등과의 인터뷰를 통해 사고에 대한 상세하고 유용한 정보를 얻을 수 있다. 사람의 기억은 시간이 지남에 따라 희미해지기 때문에 가능한 한 빨리 인터뷰를 시행하는 것이 효과적이다. 다만, 비상 상황에 대한 조치를 우선하여 취하고 난 뒤 인터뷰를 시행하는 것이 좋다.

재해자와 목격자를 인터뷰할 때 가능한 두려움과 불안을 줄이고 좋은 관계를 형성하는 것이 중요하다. 따라서 사고조사자는 아래의 내용을 참조하여야 한다.

- 인터뷰 과정은 잘못을 찾는 것이 아니라 사실을 찾는 것이다.
- 인터뷰 과정은 미래의 사고를 예방하는 방법을 배우는 것이 목표임을 강조한다.
- 사고의 책임이 있는 사람을 찾는다는 인식을 주지 않는다.
- 가능한 경우 근로자에게 직원 대표(예: 노동 대표)를 동석할 수 있음을 알린다.
- 메모 또는 대화 내용을 녹취할 때 인터뷰 대상자에게서 허락을 받는다.
- 인터뷰 대상자가 참조용으로 사용할 수 있는 종이나 스케치북을 준비한다.
- 빠진 정보를 채우기 위해 명확한 질문을 한다.
- 사고를 예방할 수 있는 조치가 무엇이었는지 질문한다.

정보수집은 5W 1H 방식으로 아래 표와 같이 시행할 것을 추천한다.

Who?		Where?	
□ 누가 다쳤는가?		□ 사고가 발생한 곳은 어딘가?	
□ 누가 그 사건을 보았는가?		□ 당시 재해자는 어디에 있었는가?	
□ 누가 그 재해자와 함께 일했는가?		□ 당시 관리감독자는 어디에 있었는가?	
□ 누가 직원을 지시/배정했는가?		□ 당시 동료들은 어디에 있었는가?	
□ 또 누가 관련되었는가?		□ 사고와 관련, 다른 사람은 어디 있었는가?	
□ 누가 재발 방지를 도울 수 있는가?		□ 사건 발생 당시 목격자는 어디에 있었는가?	
What?		**Why?**	
□ 어떤 사고인가?		□ 재해자가 다친 이유는 무엇인가?	
□ 부상은 어느 정도인가?		□ 재해자는 왜 그 일을 했는가?	
□ 재해자는 무엇을 하고 있었는가?		□ 다른 사람들은 당시 무엇을 했는가?	
□ 재해자는 어떤 지시를 받았나?		□ 보호 장비를 사용하지 않은 이유는 무엇인가?	
□ 재해자는 어떤 도구를 사용했는가?		□ 재해자에게 구체적인 지시를 내리지 않은 이유는 무엇인가?	
□ 어떤 기계가 관련되었는가?		□ 재해자가 그 자리에 있었던 이유는 무엇인가?	
□ 재해자는 어떤 작업을 했는가?		□ 재해자가 도구나 기계를 사용하는 이유는 무엇인가?	
□ 어떤 예방조치가 필요했는가?		□ 왜 재해자는 위험하다고 하면서 상사에게 이 사실을 보호하고 확인하지 않았는가?	
□ 재해자에게 어떤 예방조치가 취해졌는가?		□ 재해자가 그 상황에서 계속 일하게 된 이유는 무엇인가?	
□ 어떤 보호 장비를 사용해야 했는가?		□ 사고 당시 관리감독자는 왜 없었는가?	
□ 재해자는 어떤 보호 장비를 사용하고 있었는가?			
□ 사고와 기여한 다른 사람들은 무엇을 했는가?			
□ 사고가 발생했을 때 직원이나 목격자는 어떻게 했는가?			
□ 참작할 수 있는 상황은 무엇인가?			
□ 재발 방지를 위해 어떤 조처를 해야 하는가?			
□ 어떤 안전 수칙을 위반하였는가?			
□ 어떤 새로운 규칙이 필요한가?			
When?		**How?**	
□ 언제 사건이 일어났는가?		□ 재해자는 어떻게 다쳤는가?	
□ 재해자는 언제 그 일을 시작했는가?		□ 재해자는 어떻게 이 사고를 피할 수 있었는가?	
□ 재해자는 언제 업무에 배정되었는가?		□ 동료들은 이 사고를 어떻게 피할 수 있었는가?	
□ 사고위험과 관련하여 언제 확인되었는가?		□ 관리감독자가 어떻게 이 사고를 예방할 수 있었는가?	
□ 재해자의 상사가 마지막으로 업무 진행 상황을 확인한 시점은 언제인가?			
□ 재해자는 언제 처음으로 뭔가 잘못되었다고 느꼈는가?			

③ 근본원인 결정

근본원인은 일반적으로 관리, 설계, 계획, 조직 또는 운영상의 결함을 반영한다. 근본 원인을 파악하는 것은 끊임없이 "왜"를 묻는 과정으로 사고가 재발하지 않도록 하는 효과적인 대책을 찾는 방법이다. 근본 원인을 찾는다는 것은 공정이나 작업 모든 과정을 검토하는 깊은 평가이다. 깊은 평가라는 것은 일반적으로 "왜"를 최소한 5번 이상 반복하여 기여 요인을 찾는 일을 관철할 수 있어야 한다.

Nancy G. Leveson(미국 MIT의 항공 및 우주학 교수)은 사고조사를 시행하면서 부딪치는 많은 오류는 근본 원인을 쉽게 찾고 싶은 유혹 그리고 원인 설명을 지나치게 단순화하는 경향이라고 하였다. 이러한 사례로는 사후확증 편향, 인간실수에 대한 표면적 논의, 사고를 일으킨 사람에 대한 비난에 초점을 맞추는 것, 현시대에 적합하지 않은 순차적 모델(sequential model)과 역학적 모델(epidemical model) 방법을 통한 사고분석 활용 등이 있다.[24]

많은 사례 중 시설과 환경은 안전했지만 "근로자가 부주의했다", "직원이 안전 절차를 따르지 않았다"와 같은 결론은 사고의 근본 원인을 파악하지 못하게 할 뿐 아니라 회사의 안전 문화 수준을 열악하게 하는 대표적인 사례이다.

따라서 사고조사자는 오해의 소지가 있는 결론을 피하기 위해 "왜?"라고 하는 질문을 해야 한다. "근로자가 안전 절차를 따르지 않은 이유는 무엇인가"라는 대답이 "근로자가 작업을 완료하기 위해 서두르고 안전 절차가 작업 속도를 늦추었다"라고 한다면 "근로자가 서두른 이유는 무엇인가?" 등으로 점점 더 깊어지는 "왜?" 질문을 하면 할수록 기여 요인이 더 많이 발견되고 조사자가 근본 원인에 더 가까워진다.

근로자가 절차나 안전 수칙을 따르지 않았다면, 그 절차나 규칙을 따르지 않은 이유는 무엇인가? 생산이나 작업에 많은 압박이 있었는가? 그렇다면 생산이나 작업에 압박이 있는 이유는 무엇인가? 안전을 위태롭게 하는 압박은 허용되는가? 절차가 구식이거나 안전교육이 적절했는가? 그렇다면 왜 문제가 이전에 확인되지 않았는가? 또는 확인되었다면 해결되지 않은 이유는 무엇인가? 등으로 확장한다.

효과적인 사고조사와 분석은 근본 원인을 찾는 것이다. 사람을 위주로 잘못이나 비난을 찾는 데 집중하면 유사한 사고를 멈추지 못할 것이다. 그리고 사고조사가 결함을 찾는 데 초점을 맞추면 근본 원인을 발견하지 못한 채 초기 사고에서 멈추므로 근본 원인을 발견하지 못한다. 사고조사의 목표는 항상 위험에 대한 물리적인 그리고 관리적인 장벽이 무너지거나 불충분한 것으로 입증된 방법과 이유를 이해하는 것이어야 하며 비난할 사람을 찾는 것이 아님을

---

24 Leveson, N. (2019). CAST Handbook: How to learn more from incidents and accidents. *Nancy G. Leveson http://sunnyday.mit.edu/CAST-Handbook. pdf accessed, 30.*

명심한다.

아래 나열된 질문은 조사자가 근본 원인으로 이어질 수 있는 기여 요인을 식별하기 위한 질문의 예이다.

- 절차나 안전 수칙을 지키지 않았다면 그 절차나 규칙을 지키지 않은 이유는 무엇인가? 절차가 구식이거나 안전교육이 불충분했는가? 인센티브나 완료 속도 등 업무절차를 벗어나도록 하는 요소가 있는가? 그렇다면 이전에 문제가 식별되거나 해결되지 않은 이유는 무엇인가?

- 기계나 장비가 손상되었거나 제대로 작동하지 않았는가? 그렇다면 왜? 작동하지 않았는가?

- 위험한 상태가 사고를 일으킨 기여 요인이었는가? 그렇다면 그 위험은 왜 존재했는가? (예: 장비/도구/자재의 결함, 이전에 확인되었지만 수정되지 않은 불안전한 상태, 부적절한 장비 검사, 잘못된 장비 사용 또는 제공, 부적절한 대체 장비 사용, 작업환경 또는 장비의 열악한 설계 또는 품질)

- 장비/자재/작업자의 위치가 사고를 일으킨 기여 요인이었는가? 그렇다면 그 위치는 왜 존재하였는가? (예: 근로자가 그곳에 없어야 함, 작업공간 부족, "실수가 발생하기 쉬운" 절차 또는 작업공간 설계)

- 개인 보호 장비(PPE) 또는 비상 장비의 부족이 사고를 일으킨 기여 요인이었는가? 그렇다면 왜 그 상황이 존재하였는가? (예: 작업/작업에 대해 잘못 지정된 PPE, 부적절한 PPE, PPE가 전혀 사용되지 않거나 잘못 사용됨, 비상 장비가 지정되지 않았거나, 의도한 대로 작동하지 않음)

- 관리 프로그램 결함이 사고를 일으킨 기여 요인이었는가? 그렇다면 왜 그 프로그램이 존재하였는가? (예: 생산 목표를 유지하기 위한 즉흥적인 문화, 위험한 상태 또는 작업절차의 벗어남을 감지하거나 보고하는 감독자의 감독 미흡, 감독자의 책임이 이해되지 않음, 감독자 또는 작업자가 부적절하게 교육받거나 이전에 권장된 시정조치를 시작하지 않은 경우)

추가적인 질문 예시는 아래 표와 같다.

질문
1. 근로자가 따라야 하는 서면 절차나 확립된 절차가 있는가?
2. 작업절차 또는 표준이 작업수행의 잠재적 위험을 적절하게 식별하는가?
3. 사고에 기여할 수 있는 위험한 환경 조건이 있는가?
4. 작업 영역의 위험한 환경 조건을 근로자 또는 감독자가 인식하는가?
5. 환경 위험을 제거하거나 통제하기 위해 근로자, 감독자 또는 둘 다 취한 조치가 있는가?
6. 근로자는 발생할 수 있는 위험한 환경 조건에 대처하도록 교육받는가?
7. 작업을 수행하기 위해 충분한 공간이 제공되는가?
8. 작업과 관련하여 할당된 모든 작업을 적절하게 수행할 수 있는 적절한 조명이 있는가?
9. 근로자가 업무절차를 잘 알고 있는가?
10. 기존의 업무절차에서 벗어난 내용은 있는가?
11. 적절한 장비와 도구가 작업에 사용 가능하고 사용되었는가?
12. 정신적 또는 신체적 조건이 근로자가 직무를 적절하게 수행하는 데 방해가 되었는가?
13. 평소보다 더 까다롭거나 어렵다고 여겨지는 업무가 있었는가(예: 활동, 과도한 집중력 요구 등)?
14. 평소와 다른 점이나 특이한 점은 없었는가? (예: 다른 부품, 새 부품 또는 사용된 다른 화학물질, 최근 조정/유지보수/장비 청소)
15. 작업이나 작업에 적절한 개인 보호 장비가 지정되었는가?
16. 근로자는 개인 보호 장비의 적절한 사용에 대해 교육받는가?
17. 근로자는 규정된 개인 보호 장비를 사용했는가?
18. 개인 보호 장비가 손상되었거나 제대로 작동하지 않았는가?
19. 근로자는 특수 비상 장비의 사용을 포함하여 적절한 비상절차에 대해 교육받고 익숙하며 사용할 수 있었는가?
20. 사고 현장에서 장비 또는 재료의 오용 또는 남용의 징후가 있었는가?

질문

21. 장비 고장 이력이 있는가? 모든 안전 경고 및 안전장치가 작동하고 장비가 제대로 작동했는가?

22. 모든 근로자의 인증 및 교육 기록이 최신 상태인가? (해당 시)

23. 사고 당일 인원 부족은 없었는가?

24. 감독자가 안전하지 않거나 위험한 상태를 감지, 예상 또는 보고했는가?

25. 감독자가 정상적인 업무절차에서 벗어난 것을 인식했는가?

26. 특히 드물게 수행되는 작업에 대해 감독자와 근로자가 작업검토 했는가?

27. 감독자는 작업 영역과 근로자의 안전에 대한 책임을 인식하였는가?

28. 감독자는 사고 예방 원칙에 대해 적절하게 교육받았는가?

29. 인사 문제 또는 상사와 직원 간 또는 직원 간의 갈등 이력이 있는가?

30. 감독자는 직원과 정기적인 안전 회의를 시행했는가?

31. 안전 회의에서 논의된 주제와 조치가 회의록에 기록되었는가?

32. 작업이나 작업을 수행하는 데 필요한 적절한 자원(즉, 장비, 도구, 재료 등)이 즉시 사용 가능하고 적절한 상태에 있었는가?

33. 감독관은 근로자가 업무에 배정되기 전에 근로자가 교육받고 능숙한지 확인했는가?

 4 재발 방지 조치

사고의 근본 원인을 해결하는 재발 방지 조치/시정조치가 완료될 때까지 사고조사는 완료할 수 없다. 재발 방지 조치에는 회사 전반에 걸친 인사, 재무, 품질, 계약, 안전보건 등의 여러 프로그램이 동반하여 개선되므로 경영책임자의 확인과 지원을 받아야 한다.

IV 실행사례

① OLG 기업

OLG 기업은 전국에 공사 현장, 유지보수 현장 및 생산공장에 근로자를 두고, 공사는 주로 도급업체와의 계약을 통해 사업을 운영한다. 이 회사의 사고 보고와 사고조사 절차는 용어, 책임, 사고 보고와 조사, 재발 방지대책, 벌칙 등의 내용으로 구성되어 있어 이를 간략히 설명한다.

가. 용어

중대 사고는 사고 중 심각도가 큰 것으로 구분하는 사고로 사망사고 이외에도 중대한 복합 골절, 실명 등의 사고를 포함하고 있다. 근로 손실사고는 업무와 관련한 사고로 인해 1일(24시간) 이상 근무하지 못하는 사고이다. 근로 미손실사고는 업무와 관련된 사고로 인해 근로 손실이 발생하지 않은 1일(24시간) 미만의 사고로 응급처치 이상의 치료가 필요한 상해 또는 질병이다. 응급처치 사고는 의학적 치료가 필요 없는 사소한 치료를 의미한다.

사고속보는 유선 또는 서면상으로 대표이사와 안전보건 담당 임원에게 통보되는 보고이다 (중대사고는 1시간 이내 보고, 근로 손실사고는 12시간 이내 보고의 기준). 초기보고서는 사고의 개략적인 내용과 초기 대책이 수립된 이후의 보고서이다. 그리고 최종보고서는 사고조사가 완료되고 체계에 따라 보고가 완료된 이후의 보고서이다.

나. 책임

CEO는 모든 사고 내용을 검토하고 중대사고 이상일 경우는 사고조사 활동에 직접 참여하고 개선사항을 검토한다. 그리고 중대 사고의 경우 필요시 아시아 태평양 지역 혹은 미국 본사의 사고조사 위원회에 사고조사 내용과 재발 방지대책을 보고한다.

안전보건 담당 임원은 모든 안전보건 사고 예방을 위한 지원, 지도 및 협조하고 필요시 사고조사에 참여한다. 동종 사고를 예방하기 위하여 분기 단위로 동향 분석을 시행하고 중대사고와 근로손실사고는 아시아 태평양 지역에 보고한다.

사업 부문장은 해당 부문의 모든 사고를 CEO에게 보고하고 안전보건 담당 임원에게 통보한다. 모든 사고조사와 해당 부문의 사고조사 위원회에 참가하여 사고원인을 파악하고 재발방지대책 수립을 지원한다.

부서장은 사고 발생과 동시에 사업 부문장에게 보고하고 안전보건 담당 부서에 통보한다. 사고조사를 시행하고 사고조사 위원회에 참석하여 사고원인을 파악하고 개선 기간 내 방지대책을 완료한다.

관리감독자는 사고 발생과 동시에 부서장과 안전보건 담당 부서에 사고 내용을 통보한다. 재해자에 대한 응급조치를 취하고 사고 현장을 보존한다. 그리고 사고조사와 개선대책 수립에 참여하며 방지대책을 개선 기간 내 완료한다.

근로자는 사고를 목격하였거나 사고 발생의 우려가 있는 상황을 즉시 관리감독자, 부서장 또는 안전보건 담당 부서에 보고한다.

다. 사고 보고

모든 기록가능한 인체사고, 비상대응이 필요한 사고 및 정부나 기관에 보고해야 하는 사고를 보고한다. 사고 보고의 종류에는 중대사고 보고, 근로손실 사고 보고 및 근로 미손실 사고보고, 아차사고, 기타 자연재해, 누출, 재산상의 손실사고 등이 있다. 사고보고서는 최초 사고보고서와 최종 사고보고서로 구분하며, 중대사고는 최소 1시간 이내(아시아 태평양 지역 12시간 이내), 근로손실 사고는 최소 12시간(아시아 태평양 지역 48시간 이내) 이내, 근로 미손실 사고는 월간 보고서(아시아 태평양 지역 월간 보고)에 보고한다.

라. 사고조사

모든 기록가능한 인체사고를 대상으로 사고조사가 시행되었다. CEO가 주관하는 전사 사고조사 위원회는 중대사고 이상의 사고가 발생하였을 때 구성된다. CEO가 위원장을 맡고 안전보건 담당 임원이 간사 역할을 맡는다. 위원회는 재발 방지대책 수립, 사고원인 조사, 피해보상금 지급 검토, 언론 홍보 등의 업무를 수행한다.

이때 사업부 사고조사 위원회는 사고조사팀의 기능을 한다. 일반적으로 근로손실 사고 이상의 사고가 발생하면 사업부 사고조사 위원장의 판단하에 위원회가 구성된다. 그리고 근로손실 사고 이상의 사고는 근본원인조사(RCA, root cause analysis)를 시행하고 사고 유발요인을 확인하기 위한 사건 원인요인 차트 분석(event causal factor charting analysis)을 시행한다.

2003년 공사현장의 작업자는 설비 교체공사를 시행하던 중 17층 높이의 건물 출입구에서 추락하여 사망한 사례가 있었다. 사고조사와 분석 절차에 따라 관련부서가 현장에서 사고조사를 시행하고 보고체계에 따라 사고보고를 하였다. 그리고 유관기관인 경찰과 고용노동부 등의 조사에 응했다. 사고를 발생시킨 해당 팀장은 사고조사와 분석의 책임이 있었다. 이에 따라 해당 팀장은 사고조사와 분석을 시행하고, 본사나 해당 사업부문의 안전담당부서는 사고조사와 분석을 지원하였다.

　　본사 안전보건 담당은 절차에 따라 아시아 태평양 지역 본사에 사고보고와 미국 본사에 사고보고를 하였다. 아래 그림과 같이 사고조사와 분석은 근본원인분석(RCA, root cause analysis) 방식으로 ECFA(event causal factor analysis)를 포함하여 분석하였다.

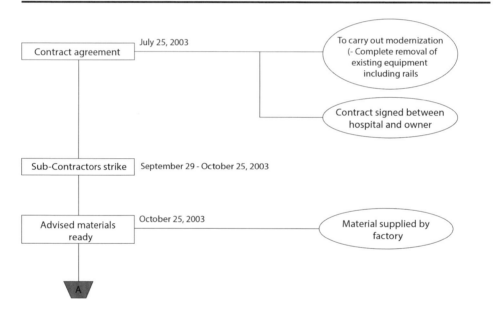

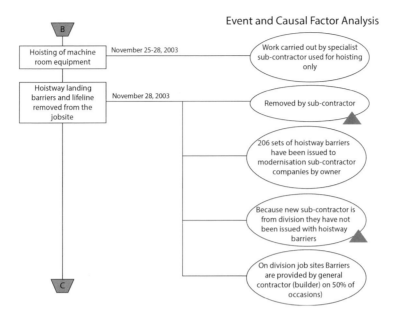

Event and Causal Factor Analysis

B

Hoisting of machine room equipment — November 25-28, 2003 — Work carried out by specialist sub-contractor used for hoisting only

Hoistway landing barriers and lifeline removed from the jobsite — November 28, 2003 — Removed by sub-contractor

206 sets of hoistway barriers have been issued to modernisation sub-contractor companies by owner

Because new sub-contractor is from division they have not been issued with hoistway barriers

On division job sites Barriers are provided by general contractor (builder) on 50% of occasions

C

    사고발생 부서장, 부문장, 본사 담당 임원과 팀장 등 최소 4차례 이상 사고조사와 분석 자료를 검토하고, 이에 대한 보고를 CEO에게 하였다. 이후 여러 수정 이후 아시아 태평양 본사에 사고조사, 분석 및 개선대책을 보고하였다. 그리고 미국 본사에 이와 관련한 보고를 하고 개선대책을 수립하여 보고하였다. 아래 그림은 개선 대책의 일부 내용이다.

Corrective Actions (1)

• Management System Failure

Corrective action for this known deficiency (no entrance barrier) not implemented.

Corrective Action	Responsible	Date Due	Status
• To establish sub-contractor approval system when a subcontractor is changed or newly enrolled during demolition and installation process	VP	30 Mar 04	
• Develop a formal safety check list procedure to use after demolition and before installation to follow up any issues.	Manager and EH&S	30 Jan 04	
• Conduct FPA auditor training for Mod team supervisors	EH&S Director	30 Mar 04	
• Develop additional modernization sub-contractor capability	VP	30 Sep 04	

사고와 관련한 해당조직의 부문장, 임원, 팀장, 인력부문장, 재무부문장, 안전보건담당 임원 그리고 팀장, 해외 법인장 등이 참여하여 사고조사 위원회를 하였다. 이러한 사고조사와 분석 및 개선대책 수립 대상은 산업재해 이상의 근로손실사고에도 적용하여 개선 대책을 수립함과 동시에 사고로부터 배울 수 있는 '학습문화'를 구축하였다.

마. 조사 절차

사고조사 위원장은 조사팀을 구성하고 조사를 시행하도록 명한다. 사고조사팀에는 사고와 관련이 있는 부서장과 부문장이 참여한다. 사고조사 시 사고 현장을 정확하게 확인하고 관련 자료수집, 재해자와의 인터뷰, 목격자와의 인터뷰를 포함한다. 사고조사팀은 현장의 사실에 기초하여 조사를 시행하고 위원회에 보고하고 위원회는 사고 원인분석과 대책을 위원장에게 보고한다.

바. 후속 조치

동종 사고를 예방하기 위한 후속 조치로 사고조사 위원장은 사고조사가 완료 후 재발을 방지하기 위한 개선을 지시하고 일정 기간 이내에 조치한다. 위원장은 주기적으로 개선 활동을 확인하고 안전보건 담당 부서에 통보한다. 그리고 사고조사 위원장은 개선이 완료된 시점에서 7일 이내에 개선 완료 현황을 안전보건 담당 임원에게 통보한다.

안전보건 담당 임원은 개선 완료 보고서를 확인하고 그 결과를 통보하되 개선 결과가 미흡할 경우 추가 지시 및 보완을 요청할 수 있다. 중대재해의 경우, 안전보건 담당 임원은 최종 개선 완료 보고서를 접수하고 7일 이내에 현장을 방문하여 개선 완료 사항을 확인한다. 사고조사 위원장은 사고 경향을 분석하고 주기적으로 안전보건 담당 임원에게 통보한다.

 S 회사

발전소에서 발생했던 사고를 조사하고 분석하기 위하여 미국 에너지부(DoE, department of energy, 2012)의 사고와 운영 안전 분석(accident and operational safety analysis) 핸드북 가이드라인을 참조하여 시스템적 사고조사 방법인 FRAM, AcciMap 그리고 STAMP CAST를 적용하고 개선대책을 수립하였다. 다만, 미국 에너지부의 사고와 운영 안전 분석 핸드북(2012) 가이드라인의 사건 및 원인요인 도표 및 분석(event and causal factors charting and analysis, 이하 ECFCA)

만 사용하였다.[25]

가. 사고개요

A사 발전소 가스터빈 보수 공사작업 중에 가스터빈 인클로저(enclosure) 덕트를 연결하는 미고정 플레이트(plate, 길이 8미터, 약 190kg)가 약 4미터 상부에서 하부 B사 작업자 4명 방향으로 떨어지는 사고가 발생하였다. 미고정 플레이트는 외부 비계 작업자가 발판을 설치하는 과정에서 충격으로 떨어졌다. 사고로 인해 2명은 3일간의 치료, 1명은 3주 치료 그리고 1명은 1개월 치료 후 모두 건강을 회복하였다.

나. 무슨 일이 있었는가?(what it happened)

A사는 발전소 운영과 유지보수를 위한 안전보건 정책, 안전보건관리규정, 절차를 갖추어 공사를 관리하고 있다. 공정안전관리(PSM, process safety management) 제도에 따라 변경관리, 안전작업허가(PTW, permit to work), 협력업체 관리(contractor management), 위험성 평가(risk assessment) 등 공정안전관리 12대 요소를 운영하고 있다. 그 결과 고용노동부의 정기 평가에서 양호 수준인 S등급을 유지하고 있다.

A사의 안전보건관리 규정, 작업절차, 협력업체 관리, 위험성 평가, 안전작업허가 등의 관련 자료를 검토하였다. 그리고 사고와 관련된 A사 작업관리자, 작업허가자와 안전관리자, B사 재해자와 현장소장, C사 목격자, 안전관리자, 현장소장 2명, 조장, 공무담당자, D사 비계 작업자 및 반장을 대상으로 인터뷰를 시행하였다.

A사와 B사 간 공사계약서, B사와 C사 간 공사계약서, A사와 B사 간 3개월 전 공사미팅 2회차 기록 및 1개월 전 공사미팅 기록, A사의 안전관리 계획서, B사의 안전관리계획, A사가 발행한 안전작업허가서, 위험성평가 내용, A사가 실시한 안전교육 이력, 공사 전 안전교육 이력(TBM, tool box meeting), A사의 안전점검 이력, A사가 고용한 안전감리의 점검 이력, B사의 위험성평가 내용 등의 서류를 접수하고 분석하였다.

다. 공사관리의 역할과 책임

A사는 발전소를 소유한 회사로 B사와 가스터빈 정비 도급 계약을 맺었다. B사는 A사와 가

---

25 미국 에너지부가 발간한(2012) 사고조사 핸드북에 따라 사고가 왜 일어났는지 확인하는 과정(Analyze Accident to Determine "Why" It Happened)에는 ECFCA(Event and Causal Factors Charting and Analysis), 방벽분석(Barrier analysis), 변경분석(Change analysis), 근본원인분석(Root Cause Analysis) 그리고 확인분석(Verification Analysis)을 추천하고 있다.

스터빈 정비 도급 계약을 맺고 가스터빈 예방정비를 위해 C사와 가스터빈 정비 도급 계약을 맺어 업무를 수행하는 회사이다. C사는 B사와 가스터빈 정비 도급 계약을 맺고 가스터빈을 정비하는 회사이다. D사는 C사와 도급 계약을 맺고 기계설비 공사 지원과 비계를 설치하는 회사이다.

라. 왜 일어났는가?(why it happened)

계약현황, 공사협의 내용, 안전 작업 계획서 작성 및 검토 내용, 안전작업허가서 검토 및 승인 내용, 안전교육 실시 내용, 안전 점검 시행 내용, 공사실시 경과, 사고 발생, 응급처치, 병원 후송 및 치료 단계로 구분하여 사고가 발생하기까지의 과정을 설명한다.

전술한 과정별 ECFCA 도표 일부를 본 책자에서 설명한다. 이와 관련한 정보를 추가로 알고자 하는 독자는 네이버 카페 새로운 안전문화(https://cafe.naver.com/newsafetyculture)에 방문하여 13. 사고 조사 · 분석 그리고 대책수립을 참조하기 바란다.

(1) 도급 계약 현황

A사와 B사는 가스터빈 정비를 위한 도급 계약을 맺었다. A사는 전력 수급 계획을 파악하여 B사와 정비 일정을 확정하였다. B사는 A사와의 정비 일정을 확인한 이후 정비 협력업체를 파악하여 C사와 가스터빈 정비 도급 계약을 체결하였다. 이때 A사와 B가 검토한 안전관리 검토사항에는 플레이트 낙하와 관련한 위험요인은 없었다. C사는 B사와의 정비 도급 계약에 따라 D사와 기술 협약을 체결하였다.

당시 C사는 D사와 기술 협약을 체결하였다. 기술 협약 내용으로는 공사 기간 설정, 투입 인원, 공사 자재 산출, 인력 단가 등의 기본적인 내용이 포함되어 있다. 협력내용으로는 가스터빈 기계장치 업무 지원과 비계설치 및 해체와 관련한 내용이 포함되어 있다. 공사와 관련해 구체적인 안전관리계획이나 관리 감독과 관련한 내용은 없었다. 그리고 D업체는 비계설치와 해체를 주로 하는 경험이 있다.

(2) 공사협의

A, B, C사는 가스터빈 공사 시행 3개월 전, 1개월 전 및 공사 전 회의를 시행하였다. 회의의 주제는 공사 품질, 공사 기간, 자재 확보, 안전관리계획 등이었다. 공사협의 과정에서 안전관리를 포함한 공사와 관련한 다양한 의견을 공유하고 협의하였다. 아래 그림은 ECFCA 도표이다.

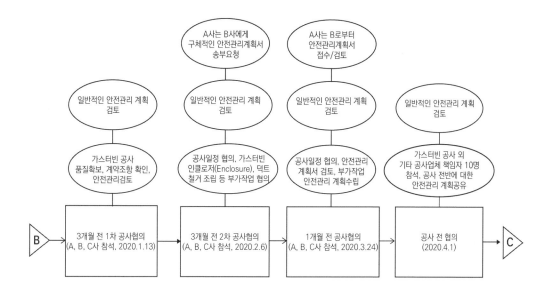

(3) 안전관리계획서

A사는 B사에게 가스터빈 공사 안전관리를 위한 교육계획, 협력업체 관리, 위험성평가, 안전점검 실시, 안전관리 조직 구성 등의 내용을 포함하는 안전관리계획서 제출을 요청하였다. B사는 A사의 요청에 따라 안전관리계획서를 제출하였다. A사와 B사는 가스터빈과 연결된 덕트(외부 공기를 가스터빈에 전달하기 위한 통로이며, 덕트는 인클로저와 플레이트로 고정되어 있다) 해체로 인해 플레이트가 낙하할 수 있는 잠재적인 위험을 몰랐다. 아래 그림은 ECFCA 도표이다.

(4) 안전작업허가서(PTW, permit to work)

A사는 공정안전관리 대상 사업장으로 사고 예방을 위하여 작업위험성분석(JSA, job safety analysis)을 시행하고 있다. 가스터빈 정비 작업 이전 A사 작업감독자는 B사가 제출한 위험성 평가를 기반으로 안전작업허가서류를 작성하였다.

안전작업허가 서류에는 협력업체 정보, 공사현황, 작업 방법 등 위험성 평가 내용이 포함된다. 위험성 평가 단계에는 위험요인(hazard) 확인, 빈도(likelihood) 및 강도(severity) 등 위험성 추정(estimation), 위험성 감소 방안(risk reduction) 등이 포함된다. 그리고 작업과 관련한 도면, 중장비 취급, 고소작업, 밀폐공간, 에너지 통제, 록아웃/테그아웃(lock out and tag out), 유해 위험물질 목록, 기본안전수칙, 보호구 지급 확인서, 위험성 평가, 작업 지시서, 작업 전 교육 서명 일지, 차량 정보 등과 관련한 서류가 포함된다.

작업감독자가 작성한 안전작업허가서류는 정비 관련 책임자와 안전작업허가서 승인 책임자의 검토를 받고 승인된다. 안전작업허가서 내용은 현장 작업 전 회의에서 공유되고 검토된다. 아래 그림은 ECFCA 도표이다.

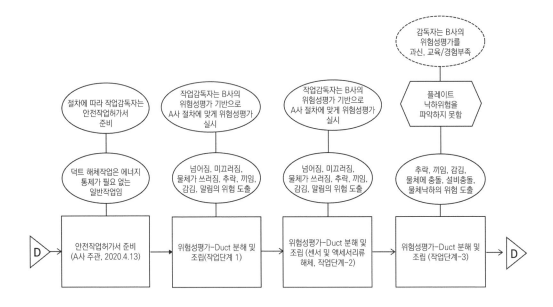

(5) 안전교육 및 안전점검

A사의 안전담당자는 안전 절차에 따라 공사 업체 작업자를 대상으로 작업 전 안전교육을 실시하였다. 교육내용은 A사 발전소의 유해위험 요인, 비상대피소 안내, 유해위험 요인 보고 체계, 안전점검 실시 및 비상연락 방법 등이다. A사의 안전점검은 현장 안전검증, 작업감독자 주관의 일상점검 및 안전담당자의 순회점검 등으로 시행되고 있다. A사는 잠재된 위험을 파악하고 개선하기 위하여 별도의 안전 전문 감리를 공사 기간에 고용하여 현장점검과 개선을 지원하였다. B사와 C사의 현장소장은 현장 순회 점검을 주기적으로 실시하였다. 아래 그림은 ECFCA 도표이다.

B사와 C사의 안전관리자는 주기적으로 현장점검과 개선을 시행하였다. 다양한 사람들의 지속적인 안전 점검에도 불구하고 플레이트 낙하와 관련한 위험을 파악하지 못했다. 그림 안전교육 및 안전 점검을 참조한다.

(6) 공사

공사는 가스터빈 외부에 비계설치, 덕트 플레이트 볼트 해체, 가스터빈 인클로저 해체, 벽체에 있는 플레이트 남겨짐, 벽체에 있던 플레이트 제거 시도, 덕트 해체를 위해 가스터빈 내부에 비계설치, 덕트 해체(연결구 볼트 제거), 지면으로 덕트 이동, 가스터빈 외부에 설치된 비계 해체, 벽체에 있던 플레이트 90도 기움, 비계설치 작업, 가스터빈 커플링(coupling) 작업실시,

덕트 조립작업 순으로 공사가 시행되었다.

(7) 플레이트 낙하사고 발생

미고정되었던 플레이트는 비계 작업자가 발판을 설치하는 동안의 충격으로 인하여 하부로 떨어졌다. 그리고 하부에 커플링 작업을 수행하고 있던 4명 방향으로 떨어졌다. 다행히 플레이트는 기타 구조물(커플링 커버)에 먼저 떨어진 후 작업자들을 타격하여 심각한 부상으로 이어지지는 않았다.

(8) 보건관리자 응급처치 시행

A사는 보건관리자를 상주할 의무가 없어 공사 기간 별도로 외부의 보건관리자를 채용하여 상주시켰다. 사고 당시 보건관리자는 소식을 듣고 급히 응급처치를 시행하였다.

(9) 119 후송 및 인근 병원으로 이동

사고 재해자들에 대한 효과적인 응급처치가 이루어졌다. 그리고 작업감독자는 침착하게 119로 전화하여 적절한 시간 내에 재해자를 병원으로 후송할 수 있었다.

(10) 재해자 자택 주변 병원에서 치료 완료

A사는 재해자들의 치료 경과를 매주 확인하고 적절한 치료를 하도록 B사에 요청하였다.

마. FRAM 적용

ECFCA의 왜 일어났는가? (why it happened) 분석 결과를 참조하여 FRAM 분석을 설명한다. FRAM 모형화 지침과 적용사례를 참조하여 기능 그룹, 기능설명 및 6가지 측면 검토 및 FMV(FRAM model visualizer) 작성, 기능 변동성 구분(technology, man, organization), 변동성(variability) 파악, 변동성 관리대책 수립 순으로 FRAM 분석을 설명한다.

(1) 기능분류

플레이트 낙하사고를 38개 기능으로 분류하고, 이를 11개의 큰 기능인 계약, 공사협의, 안전작업계획서, 안전작업허가서, 안전교육, 안전 점검, 공사, 사고 발생, 응급처치, 병원 후송 및 치료 등 그룹으로 아래 표와 같이 분류하였다.

No	그룹	기능 (Function) – 38개
1	계약	A사와 B사 간 계약, B사와 C사 간 계약, C사와 D사 간 기술협약
2	공사협의	3개월 전 1차 공사협의, 3개월 전 2차 공사협의, 1개월 전 공사협의, 공사 전 협의
3	안전작업계획서	안전관리계획서 작성 (B사), 안전관리계획서 접수 (A사)
4	안전작업허가서	안전작업허가서 준비, 위험성평가–Duct 분해 및 조립 (작업단계 1), 위험성평가–Duct 분해 및 조립 (센서 및 액세서리류 치외 2), 위험성평가–Duct 분해 (Duct 분해 3), 위험성평가–Duct 조립 (Duct 조립 4), 위험성평가–센서 및 액세서리류 취부 (5), 안전작업허가서 승인, 작업전 회의 (Tool Box Meeting 실시)
5	공사	가스터빈 외부에 비계설치 (1), 덕트 플레이트 볼트 해체 (2), 가스터빈 인클로저 해체 (3), 벽체에 있던 1개의 플레이트 남겨짐 (4), 벽체에 남겨진 플레이트 제거 시도 (5), 덕트 해체를 위해 가스터빈 내부에 비계설치 (6), 덕트 해체 (연결구 볼트 제거) (7), 지면으로 덕트 이동 (8), 가스터빈 외부에 설치된 비계 해체 (9), 벽체에 있던 플레이트 90도 기움 (10), 비계설치 작업 (사고발생 전 11), 가스터빈 커플링 (Coupling)작업 실시 (12), 덕트 조립작업 (사고당시 13)
6	사고발생	플레이트 낙하사고 발생
7	안전교육	A사 주관 안전교육
8	안전점검	A사 주관 안전점검, 안전감리원 주관 안전점검, B사 및 C사 주관 안전점검
9	응급처치	보건관리자 응급처치 시행
10	병원후송	119 후송 및 인근병원으로 이동
11	치료	재해자 자택 주변 병원에서 치료

(2) 기능별 측면 검토

FRAM 11개 그룹의 38개 기능별 측면 검토를 완료하였다. FMV를 이용하여 38개 기능을 묘사하였다. 아래 그림은 FMV 38개 기능 묘사이다. 굵은 선으로 표기된 기능은 변동성(variability)을 보여준다.

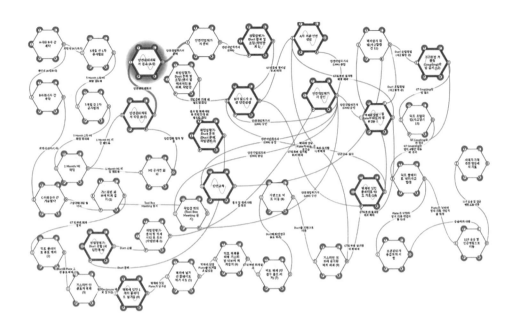

(3) 기능 변동성 확인

FMV 작성을 통해 기능에 영향을 주는 변동성 요인을 아래 표와 같이 파악하였다.

그룹		기능 (function)			
No	내용	No	내용	변동성 영향요인	변동성
1	계약	1	A사와 B사 간 계약		
		2	B사와 C사 간 계약		
		3	C사와 D사 간 기술협약		
2	공사협의	4	3개월 전 1차 공사협의		
		5	3개월 전 2차 공사협의		
		6	1개월 전 공사협의		
		7	공사 전 협의		
3	안전작업계획서	8	안전관리계획서 작성 (B사)	사람	시간(정시), 부정확
		9	안전관리계획서 접수 (A사)	사람	시간(정시), 부정확

4	안전작업허가서	10	안전작업허가서 준비		
		11	위험성평가–Duct 분해 및 조립 (작업단계 1)	사람	시간(정시), 부정확
		12	위험성평가–Duct 분해 및 조립 (센서 및 액세서리류 치외 2)		
		13	위험성평가–Duct 분해 (Duct 분해 3)	사람	시간(정시), 부정확
		14	위험성평가–Duct 조립 (Duct 조립 4)	사람	시간(정시), 부정확
		15	위험성평가–센서 및 액세서리류 취부 (5)		
		16	안전작업허가서 승인	사람	시간(정시), 부정확
		17	작업전 회의 (Tool Box Meeting 실시)		
5	공사	18	가스터빈 외부에 비계설치 (1)		
		19	덕트 플레이트 볼트 해체 (2)		
		20	가스터빈 인클로저 해체 (3)		
		21	벽체에 있던 1개의 플레이트 남겨짐 (4)	사람/기술/조직	시간(NA), 부정확
		22	벽체에 남겨진 플레이트 제거 시도 (5)		
		23	덕트 해체를 위해 가스터빈 내부에 비계설치 (6)		
		24	덕트 해체 (연결구 볼트 제거) (7)		
		25	지면으로 덕트 이동 (8)		
		26	가스터빈 외부에 설치된 비계 해체 (9)		
		27	벽체에 있던 플레이트 90도 기움 (10)	사람/기술/조직	시간(NA), 부정확
		28	덕트 조립작업 (사고발생 전 11)		
		29	가스터빈 커플링 (Coupling)작업 실시 (12)	사람/기술/조직	시간(NA), 부정확
		30	덕트 조립작업 (사고당시 13)		
6	사고발생	31	플레이트 낙하사고 발생		

7	안전교육	32	A사 주관 안전교육	사람	시간(정시), 부정확
8	안전점검	33	A사 주관 안전점검	사람	시간(정시), 부정확
		34	안전감리원 주관 안전점검	사람	시간(정시), 부정확
		35	B사 및 C사 주관 안전점검	사람	시간(정시), 부정확
9	응급처치	36	보건관리자 응급처치 시행		
10	병원후송	37	119 후송 및 인근 병원으로 이동		
11	치료	38	재해자 자택 주변 병원에서 치료		

기능 변동성을 보인 안전작업계획서, 위험성 평가와 안전작업허가서 승인으로 굵은 선으로 표기된 기능들은 아래 그림과 같다.

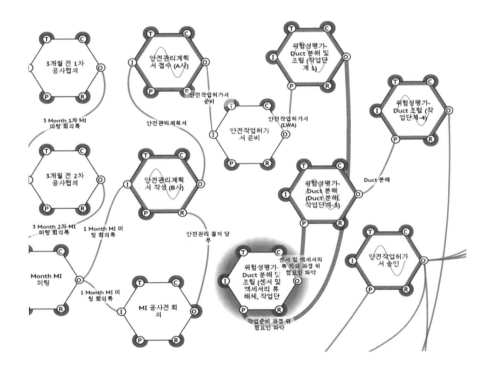

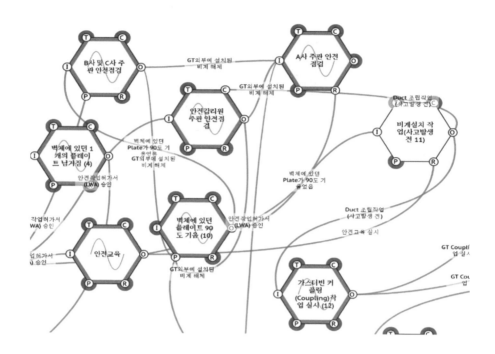

(4) 기능 변동성 관리대책 수립

Hollnagel(2012)과 윤완철(2019)이 제안한 변동성 관리대책 수립은 보호(protection), 촉진(facilitation), 제거(elimination), 감시(monitoring), 방지(prevention), 완화(dampening) 방식으로 구분하여 검토하였다.

A. 안전작업 계획서

B사가 작성하고 A사가 접수 및 검토한 안전관리계획서의 변동성 관리대책은 아래표와 같다.

대책	내용
촉진	1. A사는 B가 제출한 작업단계별 상세 위험요인을 확인/보완 2. 단계별 작업 위험성평가서 및 안전대책 (구조물 등 시설 위험 포함) 3. A사의 표준화된 안전작업계획서를 B사에 제공 4. JSA(job safety analysis)방식의 세부적인 위험성평가 실시 5. B사의 안전작업계획서를 A사와 함께 검토/발표회 실시 6. 구매 시스템에 안전작업계획서 접수 반영 (내부 변동성의 조직적 측면)

B. 안전작업허가서

B사가 작성한 위험성평가를 기반으로 A사가 검토 및 작성한 위험성평가와 관리책임자의 승인과 관련한 변동성 관리대책은 아래 표와 같다.

대책	내용
촉진	1. 기존의 위험성평가 내역 재검토 2. 가스터빈 구조에 대한 위험요인 추가하여 평가 3. 낙하물 관련 위험요인 파악 4. 작업감독자 및 관리책임자 대상 위험성평가 기술 고도화 교육(안전작업허가서 승인 자격 수준 고도화) 5. 고위험 작업에 대해 안전담당자가 위험성평가 추가 검토 (내부 변동성의 조직적 측면)
완화	1. 위험성 평가 내용에 낙하물 안전조치 불포함 시 제재기준 적용

C. 안전교육

안전교육 체계와 관련한 변동성 관리대책은 아래 표와 같다.

대책	내용
촉진	1. A사 작업감독자 및 관리책임자 참석 워크숍 실시 2. 사고 원인조사 내용 기반으로 위험성평가 교육 3. 협력회사 관리감독 수준 고도화 교육 4. A사는 사고원인 조사 내용과 대책을 B사에 전달 5. B사는 C사 및 D사 대상으로 교육 실시 6. A사는 공사 당일 일반적인 안전교육 이외 구체적인 위험성 평가 내용 교육 (내부 및 외부 변동성의 사람/조직적 측면)
완화	1. 작업 전 실시하는 안전교육(TBM, tool box meeting)시 동시 작업요인 파악 2. 낙하물 등 잠재된 위험요인 확인 3. 위험요소 확인 이후 그 내용을 상호 확인 및 서명 4. 기존 TBM 서명지 양식 수정 5. A사 작업감독자는 작업 전 위험요인 확인 이후 작업승인 (내부 및 외부 변동성의 사람/조직적 측면)

D. 안전점검

A사, B사 및 C사 주관의 안전점검과 관련한 변동성 관리대책은 아래 표와 같다.

대책	내용
촉진	1. 핵심 위험(critical hazard) 지정 2. 핵심 위험으로 지정된 작업에 대한 점검 강화 3. 점검 시 낙하물 위험요인 미조치 시 제재기준 적용 4. 낙하물 위험요인 발굴 및 보고 시상 제도 운영 5. 작업자는 언제든지 작업감독자 또는 관리책임자에게 보고 (내부 및 외부 변동성의 사람/조직적 측면)
감시	1. 안전작업허가서 내용과 실제 작업의 차이 점검 및 개선 (WAI & WAD) 2. 작업감독자와 관리책임자 2인 1조로 점검 및 개선 3. 안전담당자는 수시로 점검 및 개선 (내부 변동성의 조직적/사람 측면 및 외부 변동성의 사람 측면)

E. 공사

벽체에 있던 1개의 플레이트 남겨짐, 벽체에 있던 플레이트가 90도 기움 및 가스터빈 커플링 작업 시행 등과 같은 공사의 변동성 관리대책은 아래 표와 같다.

대책	내용
방지	1. 덕트 플레이트 고정 방식 설계 검토 및 개선 2. 덕트를 제거하여도 플레이트가 고정될 수 있도록 개선 (외부변동성의 기술적 측면)
촉진	1. 공사기한을 맞추기 위해 무리한 작업 환경 파악/개선 2. 플레이트 1개가 남겨진 이후 시간이나 비용이 추가 발생하여도 제거를 유도할 수 있는 분위기 조성 3. 안전작업을 수행할 수 있는 충분한 공사기간 확보 4. 남겨진 플레이트를 제거할 추가 장비 동원과 관련한 비용 지원 5. 위험요인을 수시로 공유할 수 있는 체계 마련(단체 톡, 제안서, 시상 등) 6. 위험감수성 고도화(위험을 심각하게 생각하고 느끼게 할 수 있는 프로그램 마련) 7. 상하동시 작업 금지(상부 비계작업 및 하부 커플링 작업)

바. AcciMap 적용

ECFCA 분석 결과를 참조하여 AcciMap 분석을 시행한다. Thoroman(2020)의 연구가 제안한 바와 같이 정부법규, 규제기관과 협회, 설계, 회사관리와 운영계획, 공사 및 결과를 분석하고 개선대책을 설명한다.

(1) 정부법규

정부법규 문제로 인해 당사의 플레이트 사고가 발생했다는 직접적인 원인이 있다고 보기는 어렵다. 다만, 정부가 사고 예방에 관심을 두고 담당 부처에 적절한 예산지원, 전문가 양성 등을 통해 일반 기업체가 사고 예방을 효과적으로 한다면, 사고가 예방될 가능성이 있었다.

(2) 규제기관

A사는 공정안전관리 대상 사업장으로 가스터빈 공사 시행 전이나 시행 중 사고의 원인이 되었던 플레이트 낙하와 관련한 위험요인을 사업주에게 알려주었다면, 사고를 예방하는데 도움이 되었을 것으로 생각한다.

(3) 조직

B사가 작성하고 A사가 접수 및 검토한 안전작업계획서는 일반적인 내용으로 구성되어 있고, 플레이트가 낙하하는 위험을 파악하지 못하였다. A사의 작업감독자는 B사로부터 접수한 위험성 평가 결과를 기반으로 위험성 평가를 작성하였으나, 플레이트 낙하와 관련한 위험을 발견하지 못하였다. 그리고 안전작업허가 승인권자인 관리책임자 또한 이러한 위험을 확인하지 못하였다.

플레이트 낙하와 관련한 구체적인 위험 내용을 기반으로 하는 안전교육이 이루어지지 못하였다. 그리고 A사, B사 및 C사가 시행했던 안전 점검은 플레이트 낙하와 관련한 위험을 발견하지 못하였다.

(4) 공사

가스터빈 정비를 위해서는 인클로저와 덕트를 해체해야 하므로 가스터빈 외부에 비계를 설치하였다. C사 작업담당자는 덕트 4면 중 3면을 제거와 동시에 플레이트 3개를 천장 크레인으로 옮겼다. 당시 벽체에 남겨져 있던 플레이트 1개를 제거하기 위해 천장 크레인을 사용하려고 하였으나, 닿지 않자 그대로 남겨두었다.

이후 덕트 본체를 천장 크레인을 사용하여 지면으로 이동하였다. 그리고 전기작업을 위한 비계 철거요청을 받고 가스터빈 외부에 설치했던 비계를 철거하는 동안 벽체에 남겨져 있던 플레이트가 충격으로 인해 90도 기울게 되었다. 이때 D사 비계 반장은 이러한 상황을 목격하였으나, 별다른 위험이 없는 것으로 판단하고 별도 조치나 보고하지 않았다.

덕트 본체 조립을 위한 비계설치와 하부에서 커플링 작업이 동시에 이루어졌다. 상부 비계 설치 작업자가 발판을 설치하는 동안 충격을 받은 미고정 플레이트는 하부 커플링 작업자 방향으로 떨어졌다.

(5) 결과

플레이트는 하부 구조물로 먼저 떨어진 이후 커플링 작업자 4명을 타격하는 사고가 발생하였다. 아래 그림과 같이 완성된 플레이트 낙하사고에 대한 AcciMap 적용도표를 참조한다.

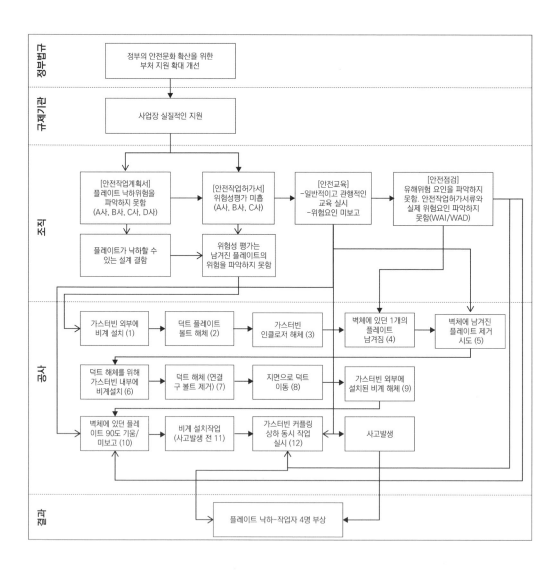

(6) 개선대책

정부나 규제기관은 국가 차원의 안전문화를 구축하고 예산 증액을 통해 사업주의 안전보건 활동을 실질적으로 지원해야 한다.

조직은 안전보건관리시스템을 자율적으로 운영하여 관리 수준을 높여야 한다. 특히 공사 시행에 앞서 정밀한 위험(hazard)요인 확인을 통해 위험(risk) 수준을 낮추어야 한다. A사는 관련 협력업체가 작성한 안전관리계획서 및 위험성 평가 내용을 전적으로 수용하지 말고 A사의 특정한 절차를 통해 위험을 다시 검증하여야 한다. 이를 통해 공사와 관련이 있는 작업자에게 실질적인 위험에 기반한 안전교육을 시행하여야 한다. B사는 C사가 제출한 안전관리계획과 위험성 평가 내용을 검토하고 개선해야 한다. C사는 D와의 기술 협약 외에 구체적인 안전관리계획을 검토하고 개선해야 한다.

D사는 소속 근로자가 유해 위험요인을 발견할 경우, 반드시 관리감독자에게 보고하는 기준을 수립하고 이행해야 한다. 그리고 이러한 활동을 기반으로 관련 회사는 점검을 하고 개선해야 한다. 일반적인 환경이나 작업자의 행동 이외에도 설비와 관련한 낙하물에 대한 특별한 위험을 점검해야 한다.

공사를 계획하는 단계에서 정밀한 공사 일정, 품질, 안전관리 등의 필요조건을 파악해야 한다. 특히 공사기한에 맞추기 위해 안전관리를 빠뜨리는 상황을 만들지 않도록 한다. 무엇보다 작업자 스스로 위험요인을 자유롭게 얘기하고 보고하도록 하는 프로그램을 만들어야 한다. 공사 시행에 추가로 필요한 장비나 도구 등을 효과적으로 사용하도록 권장하고 어려움을 살핀다.

작업자 상부에서 일어나는 유사한 작업을 사전에 살펴, 상하 동시 작업으로 인한 위험요인을 제거해야 한다. 이와 관련한 플레이트 낙하사고에 대한 AcciMap 적용 개선대책은 아래 그림과 같다.

303

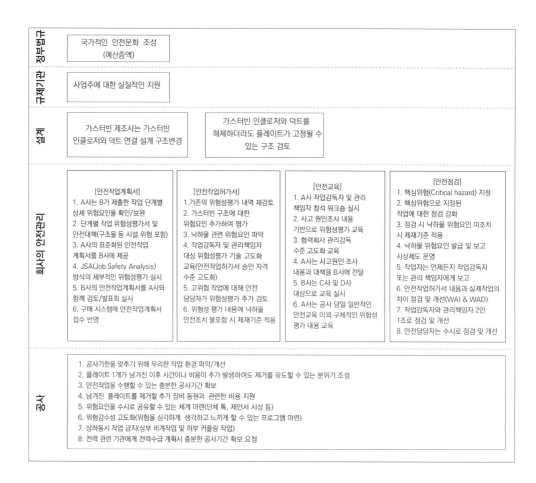

사. STAMP 적용

플레이트 낙하사고에 대한 STAMP 분석은 기본정보 수집, 안전통제구조 설정, 요인별 손실분석, 통제구조결함발견과 개선대책 수립단계로 설명한다. 플레이트 낙하사고 STAMP 분석 단계는 아래 그림과 같다.

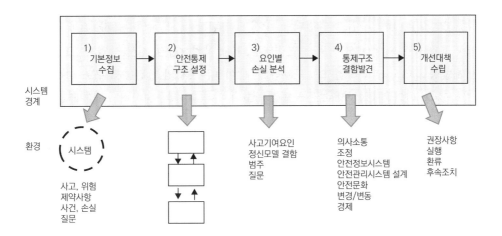

(1) 기본정보 수집(assemble basic information)

ECFCA 분석 결과를 참조하여 STAMP분석을 시행한다.

(2) 안전통제 구조 설정(model safety control structure)

A사는 발전소를 소유한 회사로 B사와 가스터빈 정비 도급 계약을 맺었다. B사는 A사와 가스터빈 정비 도급 계약을 맺고 가스터빈 예방정비를 위해 C사와 가스터빈 정비 도급 계약을 맺어 업무를 수행하는 회사이다. C사는 B사와 가스터빈 정비 도급 계약을 맺고 가스터빈을 정비하는 회사이다. D사는 C사와 도급 계약을 맺고 기계설비 공사 지원 및 비계설치를 하는 회사이다.

통제구조(structure)를 설정하여 통제와 컨트롤러의 문제를 확인한다. 플레이트 낙하사고는 물리적인 통제 수단과 관계가 없어 STAMP 분석에 포함하지 않았다. 아래 그림과 같이 안전통제 관리적인 수단을 확인하기 위하여 관련 법령, 안전보건관리규정 및 절차 관련 조항을 요약하였다. 정부법규의 경우 산업안전보건법과 중대재해 처벌 등에 관한 법률을 요약하였다.

정부법규와 규제기관의 경우 중대재해처벌법과 산업안전보건법 요건에 해당하는 내용을 요약하였다. A사의 경우 산업안전보건법, 중대재해처벌법 및 안전보건관리규정/절차 관련 조항을 요약하였다. B사와 C사의 경우 산업안전보건법과 중대재해처벌법을 요약하였고, 안전보건관리규정/절차 관련 정보가 없어 제외하였다. D사의 경우 산업안전보건법 관련 조항을 요약하였다. D사는 상시 근로자 50인 미만 사업장으로 중대재해 처벌 등에 관한 법률이 적용되지 않아 제외하였고, 안전보건관리규정/절차 관련 정보가 없어 제외하였다.

통제구조의 책임은 정부법규, 규제기관, A사 대표이사, A사 본사 안전보건팀, A사 사업소장, A사 사업소 안전담당, A사 공사팀장, A사 작업감독자, B사 대표이사, B사 본사 안전보건팀, B사 사업소장, B사 사업소 안전담당, B사 공사팀장, B사 작업감독자, B사 작업자, C사 대표이사, C사 사업소장, C사 사업소 안전담당, C사 작업감독자, C사 작업자, D사 대표이사, D사 비계반장 그리고 D사 작업자로 구분하였다. 아래는 B사의 안전통제 구조 설정 일부 예시를 설명하였다. 이와 관련한 정보를 추가로 알고자 하는 독자는 네이버 카페 새로운 안전문화 (https://cafe.naver.com/newsafetyculture)에 방문하여 13. 사고 조사·분석 그리고 대책수립을 참조하기 바란다.

관계자	책임
B사 사업소장	1. 산업안전보건법 제15조 안전보건관리책임자로서 산업재해 예방계획의 수립, 안전보건관리규정의 작성 및 변경, 안전보건교육, 작업환경측정 등 작업환경의 점검 및 개선, 근로자의 건강진단 등 건강관리에 관한 사항, 산업재해의 원인조사 및 재발 방지대책 수립, 안전장치 및 보호구 구입 시 적격품 여부 확인, 그 밖에 근로자의 유해·위험 방지조치에 관한 사항 등을 관리한다. 안전관리자와 보건관리자에 대한 지휘와 감독을 한다.
B사 사업소 안전담당	1. 산업안전보건법 시행령 제18조 안전관리자의 업무 등에 따라 위험성평가에 관한 보좌 및 지도·조언, 안전인증대상기계등 구입 시 적격품의 선정에 관한 보좌 및 지도·조언, 안전교육계획의 수립 및 안전교육 실시에 관한 보좌 및 지도·조언, 사업장 순회점검, 지도 및 조치 건의, 산업재해 발생의 원인조사·분석 및 재발 방지를 위한 기술적 보좌 및 지도·조언, 산업재해에 관한 통계의 유지·관리·분석을 위한 보좌 및 지도·조언, 법 또는 법에 따른 명령으로 정한 안전에 관한 사항의 이행에 관한 보좌 및 지도·조언 등
B사 공사팀장	1. 산업안전보건법 시행령 제15조 관리감독자의 업무 등에 따라 기계·기구 또는 설비의 안전·보건 점검 및 이상 유무의 확인, 관리감독자에게 소속된 근로자의 작업복·보호구 및 방호장치의 점검과 그 착용·사용에 관한 교육·지도, 해당 작업에서 발생한 산업재해에 관한 보고 및 이에 대한 응급조치, 해당 작업의 작업장 정리·정돈 및 통로 확보에 관한 확인·감독, 유해·위험요인의 파악에 대한 참여, 개선조치 시행에 대한 참여 등을 한다.
B사 작업감독자	1. B사 공사팀장의 산업안전보건법 의무 실행
B사 작업자	1. 산업안전보건법 제6조 근로자의 의무에 따라 근로자는 법에 따른 명령으로 정하는 산업재해 예방을 위한 기준을 지켜야 하며, 사업주의 산업재해 예방에 관한 조치에 따라야 한다. 산업재해가 발생할 급박한 위험이 있을 때는 작업을 중지하고 대피할 수 있다. 유해위험 작업으로부터 보호받을 수 있도록 사업주가 제공한 보호구를 착용한다. 사업주가 제공하는 안전보건교육을 참여해야 한다. 근골격계 부담작업으로 인한 징후를 사업주에게 통지한다.

아래 표는 가스터빈 공사 안전 통제구조이다.

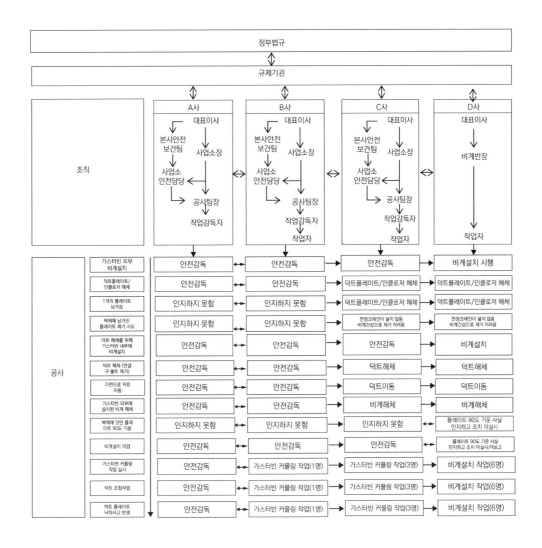

(3) 요인별 손실분석(analyze each component in loss)

요인별 손실분석 단계에서는 공사관계자의 책임을 고려한다. 책임을 고려하는 과정에서 사후확신 편향(hindsight bias)이나 비판적인 용어를 사용하지 않는다. STAMP 요인별 손실분석은 정부법규, 규제기관, A사 대표이사, A사 본사 안전보건팀, A사 사업소장, A사 사업소 안전담당, A사 공사팀장, A사 작업감독자, B사 대표이사, B사 본사 안전보건팀, B사 사업소장, B사 사업소 안전담당, B사 공사팀장, B사 작업감독자, B사 작업자, C사 대표이사, C사 사업소장, C사 사업소 안전담당, C사 작업감독자, C사 작업자, D사 대표이사, D사 비계반장 그리고

D사 작업자를 대상으로 구분한다. 그리고 각 대상별로 책임을 이행하지 못한 사유, 제기된 질문 그리고 답변되지 않은 질문을 하면서 사고의 기여요인을 찾았다. 아래는 B사의 요인별 손실분석 일부 예시를 설명하였다. 이와 관련한 정보를 추가로 알고자 하는 독자는 네이버 카페 새로운 안전문화(https://cafe.naver.com/newsafetyculture)에 방문하여 13. 사고 조사·분석 그리고 대책수립을 참조하기 바란다.

구분	B사 사업소장
i) 책임을 이행하지 못한 사유	– 안전보건 의사소통 관리 미흡(위험성평가 관련) – 사업장 위험성평가 관리 미흡(안전작업허가서 관련) – 안전교육 및 훈련 효과 부족 – 협력회사 안전작업계획서 관리 미흡(안전작업계획서 관련) – 유해위험 요인 개선을 위한 안전점검 관리 미흡(안전점검 관련)
ii) 제기된 질문	– 사업장의 안전보건 관련한 위험요인을 어떻게 청취(A사, B사, C사, D사)하였는가? – 사업소장은 사업장 위험성평가 담당자가 플레이트 낙하 위험요인을 파악하게 하려면 어떻게 해야 하는가? – 사업소장은 사업장 위험성평가 승인권자(공사팀장)가 플레이트 낙하 위험요인을 파악하게 하려면 어떻게 해야 하는가? – 사업소장은 플레이트 낙하 위험요인을 파악할 수 있는 기술이나 교육받았는가? – 사업소장은 작업감독자와 공사팀장이 안전작업계획서 검토 시 플레이트 낙하 위험요인을 파악하게 하려면 어떻게 해야 하는가? – 사업소장은 B사, C사 점검자가 플레이트 낙하와 관련한 위험을 파악하게 하려면 어떻게 해야 하는가? – 사고 당일 상부 비계작업과 하부 가스터빈 커플링 작업을 동시에 시행하는 것을 승인한 이유는 무엇인가? – 위험한 상황을 발견했을 때 적절하게 보고하는 절차가 있는가?
iii) 답변되지 않은 질문	– 사업소장은 공사팀장과 감독자를 두고 안전담당의 지도조언을 받아 공사를 관리하는 위치에 있는 사람으로 플레이트 낙하위험을 효과적으로 파악하게 하려면 무엇을 해야 하는가? – A사, B사, C사, D사 공사관계자에게 벽체에 플레이트가 남겨져 있다는 사실을 들었는가?

구분	B사 작업감독자
i) 책임을 이행하지 못한 사유	– 안전보건 의사소통 실시 미흡(위험성평가 관련) – 사업장 위험성평가 실시 미흡(안전작업허가서 관련) – 안전교육 및 훈련 효과 부족 – 협력회사 안전작업계획서 검토 및 개선 미흡(안전작업계획서 관련) – 유해위험 요인 개선을 위한 안전점검 실시 미흡(안전점검 관련)
ii) 제기된 질문	– 사업장의 안전보건 관련한 위험요인을 어떻게 청취(A사, B사, C사, D사)하였는가? – 위험성평가 시행 시 낙하와 관련한 위험요인을 파악하지 못한 이유는 무엇인가(정신모델–Mental model)? – 감독자는 플레이트 낙하 위험요인을 파악할 수 있는 기술이나 교육받았는가(정신모델–Mental model)? – 작업 전 A사, B사, C사, D사와의 공사미팅(TBM) 시 플레이트 낙하와 관련한 위험요인을 상호 공유하지 못한 이유는 무엇인가? – 안전교육에 플레이트 낙하와 관련한 위험요인이 누락된 이유는 무엇인가? – 안전작업계획서 검토 시 플레이트 낙하 위험요인을 파악하려면 무엇을 해야 하는가? – 감독자는 A사, B사, C사 점검자가 플레이트 낙하와 관련한 위험을 파악하게 하려면 어떻게 해야 하는가? – 안전점검 시 플레이트 낙하와 관련한 위험을 파악하려면 어떻게 해야 하는가? – 사고 당일 상부 비계작업과 하부 가스터빈 커플링 작업을 동시에 시행한 이유는 무엇인가? – 위험한 상황을 발견했을 때 적절하게 보고하는 절차가 있는가?
iii) 답변되지 않은 질문	– 감독자는 B사, C사, D사 공사관계자의 안전보건 활동을 감독하는 위치에 있는 사람으로 관계자가 플레이트 낙하위험을 효과적으로 파악하게 하려면 무엇을 해야 하는가? – A사, B사, C사, D사 공사관계자에게 벽체에 플레이트가 남겨져 있다는 사실을 들었는가?

(4) 통제구조 결함발견(identify control structure flaws)

기본정보수집, 안전통제 구조 설정, 요인별 손실분석은 개별 요인 간 통제에 초점을 두었다. 즉 컨트롤러가 적절하게 통제를 못한 사유를 확인한 것이다. 이제는 통제구조 결함발견(identify control structure flaws)을 통해 통제구조 전체를 바라보는 시각에서 통제의 비효율을 초래하는 사항을 확인한다. 시스템 전체를 바라보기 위해서는 의사소통, 조정, 안전 정보시스템, 안전관리시스템 설계, 안전문화, 변화와 변동, 경제적 측면 등의 요인들을 설명한다.

A. 정부법규

중대재해처벌법과 산업안전보건법에 따라 정부가 사고 예방에 관심을 두고 담당 부처에 적절한 예산지원, 전문가 양성 등을 통해 A사의 사고 예방 활동 지원이 필요하다.

B. 규제기관

고용노동부 장관은 사업주의 자율적인 산업안전 및 보건 경영체제 확립을 위하여 사업의 자율적인 안전보건 경영체제 운영 등의 기법에 관한 연구 및 보급과 사업의 안전관리 및 보건관리 수준 향상을 지원한다.

C. 의사소통 및 조정(communication and coordination)

사고가 발생하는 주요 원인은 안전통제 구조 요인 간 적절하지 않은 의사소통과 조정의 결과이다. 주로 안전작업계획서 작성과 검토 과정에서 A사, B사, C사, D사 간 미흡한 의사소통 및 조정이 있었다.

- B사의 공사팀장, 공사감독자와 안전담당자는 가스터빈 공사에 대한 위험요인을 파악하였다. 주로 추락, 감전, 넘어짐 등 일반적인 위험요인을 파악하였지만, 플레이트 낙하와 같은 잠재된 위험요인은 발견하지 못하였다.
- B사는 사고가 발생한 가스터빈이 설계와 시공을 동시에 시행했던 회사로서 가스터빈 공사 시 벽체에 플레이트가 남겨진다는 사실을 알고 있었던 것으로 파악되었다.
- A사, B사, C사, D사가 모여 안전작업 계획서에 관한 내용을 공유하였지만, 실질적인 위험을 파악하기 어려웠다.

D. 안전정보 시스템(safety information system)

C사 작업감독자는 벽체에 남겨진 플레이트가 있다는 사실을 C사 사업소장에게 보고하고, C사 사업소장은 B사나 A사 관계자에게 보고했다면 사고는 예방될 수 있었다. 그리고 D사 비계반장은 플레이트가 90도 기울었다는 사실을 보고했다면, 사고는 예방될 수 있었다. A사는 공사관계자에게 위험요인을 보고할 것을 교육하였으나, 결과적으로 공사관계자가 이를 중요하게 생각하지 않았다.

E. 안전관리시스템 설계(design of the safety management system)

안전관리시스템 체계는 STAMP 분석의 안전통제 구조와 유사하다. 안전관리시스템은 사고를 예방하기 위한 효과적인 체계로 주로 계획, 실행, 확인 및 개선하는 단계를 거치면서 성과를 개선하는 활동이다. 사고와 관련된 안전관리시스템 요인은 아래와 같이 안전작업허가서 작성, 안전교육, 안전점검 및 역할과 책임, 기본안전수칙을 검토한다.

- A사는 B사가 제출한 위험성 평가 내용을 기반으로 A사의 절차에 따라 위험성평가를 실시하였다. 하지만 벽체에 플레이트가 남는다는 사실을 알 수 없었다.
- A사와 B사는 위험성 평가 내용을 서면으로 검토하여 실질적인 위험성평가 검토가 될 수

없었다.

- 위험성 평가 내용(work as imagine)과 실제 작업 현장과의 괴리(work as done)가 있었다.
- A사와 B사 각각 위험성평가 담당자와 승인자 모두 플레이트 낙하와 관련한 위험을 알지 못하는 상황에서 작성, 검토 및 승인 과정이 이루어졌다.
- 안전교육 내용은 실질적인 위험요인을 발굴하고 보고하는 체계로 구성되어 있지 않다.
- A사 관리감독자 주관의 현장 안전 검증과 상시 안전 점검은 플레이트 낙하위험을 발견하지 못했다.
- A사 안전담당자의 상시 안전 점검은 플레이트 낙하위험을 발견하지 못했다.
- A사의 안전감리의 안전 점검은 플레이트 낙하위험을 발견하지 못했다.
- B사와 C사의 안전 점검은 플레이트 낙하위험을 발견하지 못했다.
- 가스터빈 설계자는 벽체에 플레이트가 남아도 떨어지지 않는 구조로 설계하지 않았다.
- A사, B사, C사, D사의 대표이사, 본사 안전보건팀, 사업소장, 사업소 안전 담당, 공사 팀장, 작업감독자, 비계반장 및 작업자에게 부여된 안전보건 관련 책임은 설정되어 있다. 하지만 구체적이지 않고 이행 수준이 미흡하다. 그리고 권한 부여에 대한 정보가 제한적이다.
- A사의 기본안전수칙에 플레이트 낙하와 같은 잠재적인 위험요인을 포함하지 않았다. 만약 이러한 수칙을 포함하였다면 유해 위험요인을 파악할 가능성이 있었다.

F. **변화와 변동**(change and dynamic)

C사 감독자는 천장 크레인을 사용하여 3개의 플레이트를 제거하였다. 이후 벽체에 남은 플레이트를 제거하려고 하였으나, 천장 크레인이 닿지 않았다. 이러한 과정에서 C사 감독자는 D사 비계 반장에게 플레이트 제거를 요청하였다. 하지만 C사 감독자는 플레이트가 제거되었는지 확인하지 않았고 보고도 하지 않았다. D사 비계 반장은 벽체에 남겨진 플레이트가 90도 기운 것을 목격하였지만, 별도 조치와 보고를 하지 않았다. 이러한 변화와 변동에 대한 사전 관리가 미흡하여 플레이트는 낙하하였다. 아래 그림과 같이 통제구조의 책임과 결함요인을 파악하였다.

G. **경제관련 요인**(economic related factors)

| 정부
법규 | **책임**
• 사업주의 자율적인 안전보건 경영체제 확립 지원
• 산업안전 지원 및 지도 · 감독
• 노무를 제공하는 사람의 안전건강 보호 및 증진
• 중대재해 예방을 위한 기술 지원 및 지도 | | **부적절한 통제**
• 정부가 사고 예방에 관심을 두고 담당 부처에
적절한 예산지원, 전문가 양성 등을 통해 A사의
사고 예방 활동을 지원하였다면, 사고의 위험요인을
개선할 가능성이 있었다. | |

| 규제
기관 | **책임**
• 고용노동부장관은 사업주의 자율적인 산업안전 및
보건 경영체제 확립 지원
• 사업의 자율적인 안전보건 경영체제 운영 등의 기법에
관한 연구 및 보급
•사업의 안전관리 및 보건관리 수준을 향상 | | **부적절한 통제**
• 사업주에 대한 실질적인 지원 | |

| 회사 | A사 | B사 | C사 | D사 |

| 대표
이사/
경영
책임자 | **책임**
• 근로자의 안전과 건강 유지 · 증진
• 국가의 산업재해 예방정책 따름
• 사업장 총괄자에게 유행위험 예방조치 지시
• 안전보건 성과 검토/개선
• 종사자 의견 청취 등 | | **부적절한 통제**
• 사업장이 플레이트 낙하위험을 찾도록 관리
• 현장의 위험요인에 관한 종사자 청취
• 도급인의 안전보건 관리 조치
• 경제관련 요인
• 안전관리시스템 설계, 안전문화 수준 증진 | |

| 안전
관리
담당
(본사/
사업소) | **책임**
• 안전보건경영시스템 유지
• 유해위험요인 개선
• 안전보건 의사소통 기준 수립
• 안전점검 기준 수립
• 협력회사 안전보건 관리체계 수립(작업계획서) | | **부적절한 통제**
• 의사소통 및 조정
• 안전정보 시스템
• 안전관리시스템 설계
• 변화와 변동 관리 | – |

| 관리
감독자 | **책임**
• 안전작업계획서 검토
• 위험성평가 실시
• 안전교육
• 안전점검 실시
• 안전작업허가서 승인
• 종사자 의견청취 | **부적절한 통제**
• 안전작업계획서의 플레이트 낙하 위험 미검토(A사, B사)
• 위험성평가시 플레이트 낙하위험 미검토(A사, C사)
• 안전교육에 플레이트 낙하위험 누락(A사, B사, C사, D사)
• 안전점검시 플레이트 낙하위험 미발견(A사, B사, C사)
• 벽체에 남겨진 플레이트 안전조치 미실시/미보고(C사, D사)
• 상하 동시작업 승인 | | – |

| 작업자 | **책임**
• 유해위험요인 보고 | **부적절한 통제**
• 플레이트의 낙하위험 미보고, 상하동시 작업 실시 | | |

(5) 개선대책 수립(create improvement program)

통제구조 결함을 개선하기 위하여 아래와 같은 대책을 수립한다.

A. 정부법규

산업안전보건법에 따라 정부가 사고 예방에 관심을 두고 담당 부처에 적절한 예산지원, 전문가 양성 등을 통한 A사의 사고 예방 활동을 지원한다. 그리고 국가적인 안전문화 수준을 올려 대표이사와 관리감독자가 안전보건을 중요시하는 분위기를 조성한다.

B. 규제기관

사업주에 대한 실질적인 지원

C. 의사소통 및 조정(communication and coordination)

- A사는 B가 제출한 작업단계별 상세 위험요인을 확인/보완한다.
- 단계별 작업 위험성 평가서 및 안전대책(구조물 등 시설 위험 포함)을 수립한다.
- A사의 표준화된 안전 작업 계획서를 B사에 제공한다.
- JSA(job safety analysis) 방식의 세부적인 위험성 평가를 시행한다.
- B사의 안전 작업 계획서를 A사와 함께 검토/발표회를 실시한다.

D. 안전정보 시스템(safety information system)

- 작업 전 실시하는 안전교육(TBM, tool box meeting) 시 동시 작업요인 파악한다.
- 낙하물 등 잠재된 위험요인을 확인한다.
- 위험 요소 확인 이후 그 내용을 상호 확인 및 서명한다.
- 기존 TBM 서명지 양식을 수정한다.
- A사 작업감독자는 작업 전 위험요인 확인 이후 작업을 승인한다.
- 안전보건 의견 청취회를 개최한다.
- 작업 중지 제도 수립 및 안내한다.

E. 안전관리시스템 설계(design of the Safety management system)

- 기존의 위험성 평가 내용을 재검토한다.
- 가스터빈 구조에 대한 위험요인을 추가하여 평가한다.
- 낙하물 관련 위험요인을 파악한다.
- 작업감독자와 관리책임자 대상 위험성 평가 기술 고도화 교육(안전작업허가서 승인 자격 수준 고도화)을 시행한다.
- 고위험 작업에 대해 안전담당자가 위험성 평가를 추가 검토한다.
- A사 작업감독자와 관리책임자가 참석하는 안전 워크숍을 실시한다.
- 사고 원인조사 내용 기반으로 위험성 평가를 교육한다.
- 협력회사 관리감독 수준 고도화 교육을 시행한다.
- A사는 사고원인 조사 내용과 대책을 B사에 전달한다.
- B사는 C사 및 D사 대상으로 교육을 시행한다.
- A사는 공사 당일 일반적인 안전교육 이외 구체적인 위험성 평가 내용을 교육한다.

- 핵심위험(Critical hazard)을 지정한다.
- 핵심위험으로 지정된 작업에 대한 점검을 강화한다.
- 점검 시 낙하물 위험요인 미조치 시 제재기준을 적용한다.
- 안전작업허가서 내용과 실제 작업의 차이를 점검 및 개선(WAI & WAD)한다.
- A사의 기본안전수칙에 플레이트 낙하위험을 포함한다.
- 덕트 플레이트 고정 방식 설계를 검토 및 개선한다.
- 덕트를 제거하여도 플레이트가 고정될 수 있도록 개선한다.

F. **변화와 변동**(change and dynamic)
- 낙하물 위험요인 발굴 및 보고 시상제도를 운용한다.
- 작업자는 언제든지 작업감독자 또는 관리책임자에게 보고한다.
- 위험요인을 수시로 공유할 수 있는 체계를 마련(단체 톡, 제안서, 시상 등)한다.
- 위험감수성을 고도화(위험을 심각하게 생각하고 느끼게 할 수 있는 프로그램 마련)한다.

G. **경제관련 요인**(economic related factors)

아. 시스템적 사고조사 방법 적용의 의의

동일사고에 대해 시스템적 사고조사 방법인 FRAM, AcciMap 및 STAMP를 적용한 결과, 방법별 특성이 반영되어 사고조사를 효과적으로 시행할 수 있었고, 개선대책을 넓은 범위에서 효과적으로 수립할 수 있었다. 그리고 사고조사에 FRAM 방법을 먼저 적용한 결과, AcciMap과 STAMP 적용이 수월했다. 그 이유는 FRAM 방법을 먼저 적용하는 것은 어려웠지만, AcciMap과 STAMP보다 많은 요인에 대한 기능 변동성 확인과 시스템 전체 체계를 파악하는 데 유용했기 때문이다.

FRAM 기법의 장점은 사건과 기능을 확인하여 6가지 측면 요인을 파악할 수 있다. FMV 사용하여 사고를 입체적 측면에서 바라볼 수 있다. 기능 변동성 관리대책을 제거, 예방, 완화 등으로 구분하여 재발 방지대책 수립이 쉽다. 기능적 그리고 구조적 측면에서 기여 요인을 파악할 수 있다. 단점은 사건과 기능을 확인하기까지 시간이 소요되고 숙련된 경험이 필요하다. 기능의 6가지 측면을 세밀하게 분석해야 하므로 주관적인 판단이 반영된다. FMV 작성을 위한 지식이 필요하다.

AcciMap기법의 장점은 사고분석을 비교적 적은 시간 내 완료할 수 있다. 그리고 사고와 관련한 계층을 전체적으로 볼 수 있다. FRAM이나 STAMP 기법보다 사고분석이 수월하다. 단점은 주로 한 장에 사고와 관련한 계층 전체를 나타내므로 구체적인 사고 관련 요인이 빠질

여지가 있다. 따라서 사고분석 단계에서 구체적인 요인이 누락될 가능성이 있다.

STAMP 기법의 장점은 사고와 관련한 모든 관련자의 법적책임과 사내 안전보건관리규정 상의 책임 등을 세밀하게 검토할 수 있다. 그리고 책임을 이행하지 못한 사유를 객관적으로 질문할 수 있다. FRAM과 AcciMap보다 객관적인 사고분석, 신뢰성 확보와 다양하고 많은 개선대책 수립이 가능하다. 그리고 시스템적인 사고조사에 적합하다. 단점은 사고와 관련한 모든 계층 사람의 책임과 책임 불이행 확인 그리고 개선대책 수립이 필요하므로 사고분석에 시간이 많이 소요된다.

안전보건경영시스템 평가는 조직의 안전문화 수준을 확인할 수 있는 종합적인 접근방식이다. 이 평가를 통해 안전보건경영시스템 운영의 공백을 찾아가는 과정은 마치 해당 조직의 안전보건경영시스템을 거울 앞에 놓고 그 반사되는 상황을 보는 것과 같다. 조직이 갖는 특수성이나 유해 위험요인에 따라 여러 방식으로 안전보건경영시스템 평가를 할 수 있지만, 반드시 주기적으로 실시하여 조직의 안전보건경영시스템 운영 수준을 높여야 한다.

II 가이드라인

 1 일반적으로 추천할 수 있는 평가방식

안전보건경영시스템 평가는 시스템이 갖고 있는 요소(element)들이 유기적으로 운영되고 있는지 확인하는 과정으로 계획(plan), 실행(do), 확인(check) 그리고 조치(act)의 과정을 확인한다.

평가과정은 아래 그림과 같이 계획수립, 평가 체크리스트 구성, 자체평가 시행, 안전정책과 안전목표 확인, 시스템의 요소(element)별 확인, 감사결과 정리, 발견사항을 경영층에게 보고, 개선조치 항목 확인, 개선조치 항목 공유, 이행여부 확인 및 재평가 등으로 이루어진다.[1]

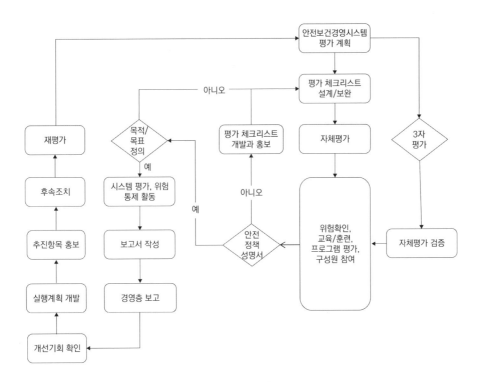

---

1 Roughton, J., Crutchfield, N., & Waite, M. (2019). *Safety culture: An innovative leadership approach*. Butterworth-Heinemann.

② ISO 45001이 추천하는 평가방식

가. 일반적인 요건

ISO 45001의 성과평가(performance evaluation)기준에 따라 조직은 모니터링, 측정, 분석 및 성과 평가를 위한 프로세스를 수립하고 유지한다.

프로세스를 결정하는 요인으로는 법적 요건, 확인된 위험, 위험개선과 관련한 활동, 조직의 안전보건 목표 달성 등이 있다. 그리고 모니터링, 측정, 분석과 성능 평가 방법, 안전보건 성과평가 기준, 모니터링 측정 시기, 모니터링 측정 결과 분석과 전달 등이 있다.

나. 준수평가

준수평가 시기, 빈도 및 방법을 정의하고 안전보건과 관련한 법규 준수 여부를 확인하고 그 결과를 문서로 관리한다.

다. 내부 감사

조직은 안전보건 정책과 안전보건 목표의 요구조건이 적절하게 이행되고 있는지 내부 감사를 통해 확인한다.

라. 내부 감사프로그램

내부 감사프로그램 운영을 위해 감사 주기, 방법, 책임, 협의, 계획 등의 요건을 검토한다. 그리고 조직에 적합한 인력을 내부 감사자로 지정하여 감사를 시행하고 감사 결과를 관련 책임자에게 통보한다.

마. 경영검토(management review)

CEO는 안건보건경영시스템 평가가 계획된 일정에 맞게 시행되도록 확인하고 시스템의 적합성, 적절성 및 효과성을 보장해야 한다.

경영검토 대상은 이전에 시행된 경영검토 결과의 후속 조치 상태, 시스템과 관련한 내부와 외부 문제(이해 당사자의 요구와 기대, 법적 요건 및 기타 요건, 위험과 기회 등) 그리고 안전보건 정책과 목표 달성 등의 내용이다. 그리고 경영검토 부적합 사항, 시정 조치 사항, 모니터링 결과, 법적 요구 사항, 근로자 참여, 위험과 기회, 효과적인 안전보건 경영시스템을 유지하기 위한 자원의 적절성, 이해 당사자와의 관련 커뮤니케이션 여부 등도 경영검토 대상에 포함한다.

경영검토 결과에 포함될 항목은 (1) 안전보건 목표를 달성하기 위한 안전보건 경영시스템의 적합성, 적절성 및 효과성, (2) 지속적인 개선 기회, (3) 안전보건 경영시스템 개선 검토, (4) 필요 자원 검토, (5) 조치사항, (6) 안전보건경영시스템과 다른 비즈니스 프로세스와의 통합 개선, (7) 조직의 전략적 방향 등이다.

CEO는 경영검토 결과를 근로자와 근로자 대표에게 전달해야 한다. 그리고 조직은 경영검토 결과를 문서로 관리한다.

바. 개선(improvement)

조직은 안전보건경영시스템의 목표를 달성하기 위한 개선 조치를 한다.

(1) 사고 또는 부적합 사항 개선

조직은 사고 또는 부적합 사항을 관리하고 개선하기 위한 조치를 취하기 위해 근로자와 관련 이해 관계자를 참여시킨다. 시정 조치를 하는 과정에서 새로운 위험이나 변경된 위험을 검토하고 관련 문서를 관리한다.

(2) 지속적인 개선(continual improvement)

조직은 사고, 부적합 사항, 개선 사항을 검토하여 개선하고 이와 관련한 안전보건경영시스템 요소를 지속적으로 개선한다.

III 실행사례

1 소개

저자가 시행했던 여러 사례 중 2006년 중국 지역 OOO 기업의 본사와 사업장을 대상으로 하는 안전보건경영시스템 감사와 중대산업재해 예방 감사에 대한 소개를 한다. 감사는 8월 27일부터 9월 5일까지 10일간 시행되었다. 감사 지역은 OOO 기업이 관리하고 있는 지역 중 선정된 광주, 하이코우, 충칭, 항조, 셔먼, 상해, 베이징 그리고 텐진 지역의 공장, 건설 및 서비스 현장이었다. 감사팀 구성원은 홍콩의 OOO, 호주의 OOO 그리고 중국의 OOO 등이었다.

2 안전보건경영시스템 감사

안전보건경영시스템 감사에 사용된 체크리스트는 마이크로 소프트 엑셀 프로그램으로 만들어졌다. 체크리스트는 해당 요소(element)별 질문, 감사자 지침, 점수 부여기준 및 관련 증빙 기재로 구성되어 있다. 감사자는 피 감사 회사의 본사와 현장을 방문한 결과에 따라 체크리스트를 확인하고 점수(0점에서 4점)를 부여하였다. 본 책자는 여러 요소(element) 중 안전보건방침과 리더십, 책임 및 검사와 감사 요소를 선정하여 설명한다.

가. 안전보건방침과 리더십

안전보건방침과 리더십 요소는 4개의 질문으로 구성되어 있다.

(1) 첫 번째 질문은 "조직은 안전보건경영시스템의 요구 사항에 따라 프로그램 문서를 정의하고 있다. 조직의 프로그램 문서가 안전보건을 관리하는 데 효과적인가?"이다.

이 질문에 대한 감사자 지침은 i) 안전보건경영시스템의 요구 사항이 포함된 문서를 확인한다. ii) 안전보건경영시스템 각 요소의 요구 사항 준수 방법을 문서들이 정의하고 있는지 확인한다. iii) 감사자는 프로그램 문서가 위험 감소 프로세스를 요약하는 데 포괄적인지 확인한다.

이 질문에 대한 점수 부여기준은 다음과 같다. a. 안전보건경영시스템 및 기타 표준의 요구 사항이 구현되는 방법을 정의하는 서면 프로그램 문서가 있다. b. 프로그램에는 작업과 관련된 위험을 포괄적으로 다루는 프로세스/절차가 포함되어 있다. c. 조직은 프로그램 문서에 기술된 바와 같이 행동한다.

점수 부여기준에 따라 4점에서 0점을 부여한다. 4점은 상기 요건들이 충분히 실행되고 있고 효과적인 경우이다. 3점은 상기의 요건 중 어느 한 가지라도 실행도 측면이나 효과성 측면에서 minor한 gap이 존재한다. 이 요건과 관련한 안전보건경영시스템상에 minor한 지적 사항이 있다. 상기 요건과 관련된 세부 발견사항(detail finding)의 위험(risk) 크기가 낮다. 2점은 상기의 요건 중 어느 한 가지라도 실행도 측면이나 효과성 측면에서 gap이 존재한다. 이 요건과 관련한 안전보건경영시스템상의 지적 사항이 있다. 상기 요건과 관련된 세부 발견사항(detail finding)의 위험(risk) 크기가 중간이다. 1점은 상기의 요건 중 어느 한 가지라도 실행도 측면이나 효과성 측면에서 major gap이 존재한다. 요건이 누락되었거나 이 요건과 관련한 안전보건경영시스템상에 major한 지적 사항이 있다. 상기 요건과 관련된 세부 발견사항(detail finding)의 위험(risk) 크기가 높다. 0점은 상기 요건에 대한 어떠한 증빙도 없는 경우이다.

(2) 두 번째 질문은 "경영층이 안전보건과 관련하여 모범을 보여주고, 관련 활동을 통해 자신의 헌신과 리더십을 가시적으로 보여주는가?"이다.

이 질문에 대한 감사자 지침은 경영층과의 인터뷰, 활동 검토, 안전보건 위원회 참여 등 안전보건 활동 근거를 확인한다.

이 질문에 대한 점수 부여기준은 다음과 같다. a. 안전보건이 사업의 의사 결정 절차에 통합된다. b. 경영층이 안전보건 활동에 직접 참여한다. c. 경영층은 구성원들이 현장과 가정에서 안전보건을 생각할 수 있도록 하는 활동을 제공한다. d. 경영층이 외부 커뮤니티나 협의체에 참여하여 조직의 안전보건 가치를 공유하는 등의 활동을 한다.

점수 부여기준에 따라 4점에서 0점을 부여한다. 4점은 상기 요건들이 충분히 실행되고 있고 효과적인 경우이다. 3점은 상기의 요건 중 어느 한 가지라도 실행도 측면이나 효과성 측면에서 minor한 gap이 존재한다. 이 요건과 관련한 안전보건경영시스템상에 minor한 지적 사항이 있다. 상기 요건과 관련된 세부 발견사항(detail finding)의 위험(risk) 크기가 낮다. 2점은 상기의 요건 중 어느 한 가지라도 실행도 측면이나 효과성 측면에서 gap이 존재한다. 이 요건과 관련한 안전보건경영시스템상의 지적 사항이 있다. 상기 요건과 관련된 세부 발견사항(detail finding)의 위험(risk) 크기가 중간이다. 1점은 상기의 요건 중 어느 한 가지라도 실행도 측면이나 효과성 측면에서 major gap이 존재한다. 요건이 누락되었거나 이 요건과 관련한 안전보건경영시스템상에 major한 지적 사항이 있다. 상기 요건과 관련된 세부 발견사항(detail finding)의 위험(risk) 크기가 높다. 0점은 상기 요건에 대한 어떠한 증빙도 없는 경우이다.

(3) 세 번째 질문은 "구성원과 경영층이 안전보건과 관련한 책임을 이해 · 지원하며 헌신하는가?"이다.

　　이 질문에 대한 감사자 지침은 i) 인터뷰와 현장 관찰을 통해 조직의 모든 활동과 기능에서 안전보건 리더십이 가시적으로 지원 · 입증되는지 확인한다. ii) 조직 구성원의 규칙과 절차 준수 여부 그리고 안전보건 관련 프로그램에 대한 경영층 참여 여부를 확인한다. iii) 안전보건 관련 지표에 있는 감사, 교육, 회의, 커뮤니티 활동, 위원회 운영 등에 대한 경영층의 점검 여부를 확인한다.

　　이 질문에 대한 점수 부여기준은 다음과 같다. a. 자신의 직무와 관련된 안전보건 책임에 대해 알고 있다. b. 안전보건 프로그램 이행에 대한 책임을 강조한다. c. 경영층이 감사, 교육 및 직원 회의 등에 참석하여 안전보건 프로그램의 중요성을 강조한다.

　　점수 부여기준에 따라 4점에서 0점을 부여한다. 4점은 상기 요건들이 충분히 실행되고 있고 효과적인 경우이다. 3점은 상기의 요건 중 어느 한 가지라도 실행도 측면이나 효과성 측면에서 minor한 gap이 존재한다. 이 요건과 관련한 안전보건경영시스템상에 minor한 지적 사항이 있다. 상기 요건과 관련된 세부 발견사항(detail finding)의 위험(risk) 크기가 낮다. 2점은 상기의 요건 중 어느 한 가지라도 실행도 측면이나 효과성 측면에서 gap이 존재한다. 이 요건과 관련한 안전보건경영시스템상의 지적 사항이 있다. 상기 요건과 관련된 세부 발견사항(detail finding)의 위험(risk) 크기가 중간이다. 1점은 상기의 요건 중 어느 한 가지라도 실행도 측면이나 효과성 측면에서 major gap이 존재한다. 요건이 누락되었거나 이 요건과 관련한 안전보건경영시스템상에 major한 지적 사항이 있다. 상기 요건과 관련된 세부 발견사항(detail finding)의 위험(risk) 크기가 높다. 0점은 상기 요건에 대한 어떠한 증빙도 없는 경우이다.

(4) 네 번째 질문은 "모든 안전보건 목적과 목표를 달성했거나 달성하는 방향으로 중요한 진전 ("significant progress")이 있는가?"이다.

　　이 질문에 대한 감사자 지침은 i) 중점 과제(key initiative) 달성을 위한 안전보건 목적과 목표의 적절성 여부를 확인한다. ii) 안전보건 목적과 목표에 따라 시행되는 활동을 확인하기 조치를 검토한다.

　　이 질문에 대한 점수 부여기준은 다음과 같다. a. 안전보건 목적과 목표가 관련 Media 기준으로 수립되었고 조직에 적절하게 수립되었다. b. 목적과 목표를 달성하기 위한 안전보건 활동이 연간 계획에 포함되어 있다 c. 안전보건 목적과 목표를 달성했거나 달성하는 방향으로 중요한 진전(significant progress)이 있다.

　　점수 부여기준에 따라 4점에서 0점을 부여한다. 4점은 상기 요건들이 충분히 실행되고 있고 효과적인 경우이다. 3점은 상기의 요건 중 어느 한 가지라도 실행도 측면이나 효과성 측면에서 minor한 gap이 존재한다. 이 요건과 관련한 안전보건경영시스템상에 minor한 지적 사항이 있다. 상기 요건과 관련된 세부 발견사항(detail finding)의 위험(risk) 크기가 낮다. 2점은 상기의 요건 중 어느 한 가지라도 실행도 측면이나 효과성 측면에서 gap이 존재한다. 이 요건과 관련한 안전보건경영시스템상의 지적 사항이 있다. 상기 요건과 관련된 세부 발견사항(detail finding)의 위험(risk) 크기가 중간이다. 1점은 상기의 요건 중 어느 한 가지라도 실행도 측면이나 효과성 측면에서 major gap이 존재한다. 요건이 누락되었거나 이 요건과 관련한 안전보건경영시스템상에 major한 지적 사항이 있다. 상기 요건과 관련된 세부 발견사항(detail finding)의 위험(risk) 크기가 높다. 0점은 상기 요건에 대한 어떠한 증빙도 없는 경우이다.

전술한 기준에 따라 피 감사회사인 중국 000 기업의 평가 결과는 아래와 같다.

안전보건방침과 리더십 관련한 첫 번째 질문에 대한 평가 결과는 4점이다.

Element 1 - Policy & Leadership
Evaluation Criteria

NOTE: The team leader should use professional judgment in making the final determination of a score based on low numbers of high / medium risks. Consideration should be given to the overall complexity of the Operation and the comprehensiveness of the Operation's compliance with system requirements being evaluated.

1 The Operation has defined its EH&S Program document in accordance with the requirements of the EH&S Management System and the Operation is effective in managing EH&S as outlined in its' Program document.	Rating (4 pts)
	4

Auditor Guidance

Evidence would include: A written program document that meets the requirements of the EH&S Management System and outlines how the operation will carry out those requirements. This document should define how the operation will comply with the requirements of each element of the EH&S Management System. Objective evidence must be obtained by the auditors to verify that the program document is comprehensive in outlining the process to reduce hazards and risks and that the operation is "doing what they said they were going to do".

Components

a. There is a written Program document that defines how the requirements of the EH&S Management System and the other SPs will be implemented;
b. The Program contains processes / procedures that comprehensively address the hazards and risks associated with the Operation; and
c. The Operation is doing what they said they were going to do in the Program document.

Scoring Criteria

[4] The above components are fully implemented and are effective.
[3] There are minor gaps in implementation or effectiveness of any one of the above components, and/ or there are minor EH&S management system findings relative to these components. Risk ranked detail findings related to the above components are low risk.
[2] There are gaps in implementation or effectiveness of any one of the above components and/or there are EH&S management system findings relative to these components. Risk ranked detail findings related to the above components are medium risk.
[1] There are major gaps in implementation or effectiveness of any one of the above components, and/ or missing components, and/or major EH&S management system findings relative to these components. Risk ranked detail findings related to the above components are high risk.
[0] No evidence was found that the above components exist.

Evidence and/or Supporting Documentation

a) The Operation has defined its EHS Program document in accordance with the requirements of Environment Health Safety Management System and other SPs.
b) The program has processes / procedures that address the regions hazards and risks.
c) Overall, the Region is managing its EHS as outlined in its Program document.

안전보건방침과 리더십 관련한 두 번째 질문에 대한 평가 결과는 4점이다.

2 Senior managers visibly demonstrate their commitment and leadership by example and activity.	Rating (4 pts)
	4

Auditor Guidance

Evidence would include: Interviews with senior management, a review of the activities and the documented or verified participation by senior management in EH&S activities (including those which interface directly with all levels of the workforce). Additional evidence would be the participation of EH&S staff in meetings and the inclusion of EH&S as a key agenda item in staff meetings and in "All-Employee" meetings. Note: Auditors should verify leadership and engagement of management through interviews at all levels of the organization.

Components

Senior management visibly demonstrates their commitment and leadership through the following:
   a. Ensuring that EH&S is incorporated into their business decision making processes;
   b. Participating in EH&S activities (including interfacing directly with employees); and
   c. Senior operations managers provide a culture where employees think about EH&S at work and at home; and
   d. Employee meetings, participation in external EH&S groups where such activities provide value to the organization or UTC (e.g., community activities, industry code committee membership).

Scoring Criteria

[4] The above components are fully implemented and are effective.
[3] There are minor gaps in implementation or effectiveness of any one of the above components, and/ or there are minor EH&S management system findings relative to these components. Risk ranked detail findings related to the above components are low risk.
[2] There are gaps in implementation or effectiveness of any one of the above components and/or there are EH&S management system findings relative to these components. Risk ranked detail findings related to the above components are medium risk.
[1] There are major gaps in implementation or effectiveness of any one of the above components, and/ or missing components, and/or major EH&S management system findings relative to these components. Risk ranked detail findings related to the above components are high risk.
[0] No evidence was found that the above components exist.

Evidence and/or Supporting Documentation

a) EH&S incorporated into business plan and other processes. Potential re-capture units to be assessed in safety and quality, safety upgrade cost incorporate into the proposal and sale to customer or through "T" / MOD order to upgrade safety. Successful samples shown for reference.
b) Commitment and leadership is visibly demonstrated - meet with employees at Branch meetings, training & jobsites visits.
c) 100M long committment banner signed by six branches, others to follow. Safety message sent to all employees through mobile phone, Safety Behavior program being implemented, it helps to enhance the safety culture.
d)Senior Management participate in steering committee, safety days, training, meetings and perform job site audits.

안전보건방침과 리더십 관련한 세 번째 질문에 대한 평가 결과는 2점이다.

3 Employees and line management understand, support and demonstrate commitment to their EH&S responsibilities.	Rating (4 pts)
	2

Auditor Guidance

Evidence would include: As determined by interviews and field observations, all levels (including hourly) and functions of the organization visibly support and/ or demonstrate EH&S leadership. Verification should include adherence to rules & procedures by all levels of the workforce, supervisory enforcement of safety rules, and management's compliance to their own EH&S program requirements. Positive indicators would include employee and/or line management's involvement in auditing, training, employee meetings, community activities, code committee membership, and conformance with rules and procedures.

Components

   a. Are knowledgeable of key EH&S responsibilities (i.e., the written Program for management and rules & procedures for employees) associated with their job;
   b. Visibly support the EH&S Program and the other EH&S responsibilities associated with their job; and
   c. Actively demonstrate their commitment to the EH&S Program through management's involvement in auditing, training, employee meetings, and conformance with rules and procedures.

Scoring Criteria

[4] The above components are fully implemented and are effective.
[3] There are minor gaps in implementation or effectiveness of any one of the above components, and/ or there are minor EH&S management system findings relative to these components. Risk ranked detail findings related to the above components are low risk.
[2] There are gaps in implementation or effectiveness of any one of the above components and/or there are EH&S management system findings relative to these components. Risk ranked detail findings related to the above components are medium risk.
[1] There are major gaps in implementation or effectiveness of any one of the above components, and/ or missing components, and/or major EH&S management system findings relative to these components. Risk ranked detail findings related to the above components are high risk.
[0] No evidence was found that the above components exist.

Evidence and/or Supporting Documentation

a) Employees & Line management are knowledgeable of key EH&S responsibilities
b) Management visibly support EH&S through regular site visits, particiapte Safety Stand Down Day and Safety Day with field employees, etc.
c) Line Management demonstrate its commitment in participating field audits, training session and employee meetings. However, during the review process a number of high risk findings that relate to employees not conforming to the rules were observed and auditors considered as medium risks.

안전보건방침과 리더십 관련한 네 번째 질문에 대한 평가 결과는 4점이다.

4	Attainment, or significant progress has been made in achieving goals/targets.	Rating (4 pts)
		4

Auditor Guidance

Evidence would include: Determine first if the EH&S goals and targets for key initiatives are appropriate (aggressive yet achievable) and applicable to Operation's business - see criterion 2., E-III for determination of appropriateness of goals/targets. Performance improvement goals should be established for all relevant media as required by UTC and the respective Operating Unit. Second, review performance for the last complete measurement period (calendar year) to determine status against all goals/targets (if the Assurance Review takes place in the second half of the year, performance against current plan may be considered). If the performance trend has deteriorated or remained level, then a judgement is made regarding the relevancy of the goal/target in addressing the Operation's risks and the significance of the performance. Note that expectations for Operations at a "world class" level of performance would be to maintain "world class" performance. In addition, auditors need to consider how goals (e.g. energy & water) established at a higher level (e.g. Division, SBU, Operating Unit, etc.) are supported by the Operation.

Note: If the operation being audited has had a fatality (as defined in UTC Policy 33) within 12 months of when the Assurance Review is being conducted (referred to as 1 program cycle), then this criterion must be scored as zero points. If the operation being audited has had a serious injury (as defined UTC Policy 33), or a serious environmental incident (as defined in UTC Policy 52) within 12 months of when the Assurance Review is being conducted (referred to as 1 program cycle), then this criterion must be scored as one point.

Components

    a. EH&S goals/targets are established for all relevant media (as required by UTC and the respective Operating Unit) and are appropriate and applicable to the Operation;

    b. Activities have been identified in the EH&S annual plan that specifically address the attainment of the goal/targets; and

    c. Attainment or significant progress has been made in achieving goals/targets (see auditor guidance for additional information). Operations at a "world class" level of performance must at least maintain "world class" performance.

Scoring Criteria

[4] The above components are fully implemented and are effective.

[3] There are minor gaps in implementation or effectiveness of any one of the above components, and/ or there are minor EH&S management system findings relative to these components. Risk ranked detail findings related to the above components are low risk.

[2] There are gaps in implementation or effectiveness of any one of the above components and/or there are EH&S management system findings relative to these components. Risk ranked detail findings related to the above components are medium risk.

[1] There are major gaps in implementation or effectiveness of any one of the above components, and/ or missing components, and/or major EH&S management system findings relative to these components. Risk ranked detail findings related to the above components are high risk.

[0] No evidence was found that the above components exist.

Evidence and/or Supporting Documentation

a) Goals are set for the year as listed below.
b) "North Zone EH&S Plan 2006" defines the actions / activities to improve the system completness and assist the achievement of safety goals / objectives
c) Can meet most of the parameters except the TRIR (YTD as at July 2006)

	2004 Actual	2005 Goal	2005 Actual	2006 Goal	2006 YTD	Note:YTD Goals are not being met. Retrofit plan
TRIR	0	0.18	0.27	0.16	0.25	for top of car stop switches & pit switches
LWIR	0	0.11	0.27	0.10	0	complete. Top of car sheave guard
SR	0	3.15	2.71	2.5	0	scheduled for completion at end of 2006.
No. of day Lost	0	15	10	9	0	
FPA Score	100%	100%	100%	100%	99.3%	
AR Score	N/A	70	N/A	72%	77	

나. 책임

책임은 2개의 질문으로 구성되어 있다.

(1) 첫 번째 질문은 "조직은 모든 계층의 구성원에 대한 공식적인 책임시스템을 수립하여 실행하고 있는 가?"이다.

이 질문에 대한 감사자 지침은 모든 계층의 구성원이 안전보건 활동을 수행해야 할 책임과 관련된 문서를 검토하고 여러 계층의 구성원을 대상으로 인터뷰 한다. 공식적인 책임시스템이 미흡하다는 것은 중요한 gap이 있다는 것이다.

이 질문에 대한 점수 부여기준은 다음과 같다. a. 조직의 공식적인 책임시스템은 모든 계층의 구성원에 대한 안전보건 책임사항을 적절히 할당하고 있다. b. 공식적인 책임시스템은 징계와 보상 형태로 구분되어 운영된다. c. 문서화된 징계조치 절차는 공식적인 책임시스템상 적절하다.

점수 부여기준에 따라 4점에서 0점을 부여한다. 4점은 상기 요건들이 충분히 실행되고 있고 효과적인 경우이다. 3점은 상기의 요건 중 어느 한 가지라도 실행도 측면이나 효과성 측면에서 minor한 gap이 존재한다. 이 요건과 관련한 안전보건경영시스템상에 minor한 지적 사항이 있다. 상기 요건과 관련된 세부 발견사항(detail finding)의 위험(risk) 크기가 낮다. 2점은 상기의 요건 중 어느 한 가지라도 실행도 측면이나 효과성 측면에서 gap이 존재한다. 이 요건과 관련한 안전보건경영시스템상의 지적 사항이 있다. 상기 요건과 관련된 세부 발견사항(detail finding)의 위험(risk) 크기가 중간이다. 1점은 상기의 요건 중 어느 한 가지라도 실행도 측면이나 효과성 측면에서 major gap이 존재한다. 요건이 누락되었거나 이 요건과 관련한 안전보건경영시스템상에 major한 지적 사항이 있다. 상기 요건과 관련된 세부 발견사항(detail finding)의 위험(risk) 크기가 높다. 0점은 상기 요건에 대한 어떠한 증빙도 없는 경우이다.

(2) 두 번째 질문은 "모든 계층의 구성원은 그들의 안전보건 역할과 의무를 수행할 책임을 가지고 있는 가?"이다.

이 질문에 대한 감사자 지침은 모든 계층의 구성원에게 할당된 활동이 완료되는지 여부를 인터뷰를 통해 확인한다. 그리고 이와 관련한 정기적인 평가 시행 여부를 문서를 통해 확인한다.

이 질문에 대한 점수 부여기준은 다음과 같다. a. 모든 구성원은 안전보건 목적과 목표를 달성하기 위해 할당된 책임과 행동을 실행해야 할 책임을 갖고 있다. 그리고 안전보건 방침, 규칙과 절차 및 법규요건을 준수해야 할 책임을 갖고 있다. b. 해당 조직과 모든 부서의 책임자는 안전보건 목적과 목표, 연간 안전보건 계획을 지원하기 위한 활동에 대한 책임을 갖는다. c. 적절하고 지속적인 징계조치가 취해지고 있다.

점수 부여기준에 따라 4점에서 0점을 부여한다. 4점은 상기 요건들이 충분히 실행되고 있고 효과적인 경우이다. 3점은 상기의 요건 중 어느 한 가지라도 실행도 측면이나 효과성 측면에서 minor한 gap이 존재한다. 이 요건과 관련한 안전보건경영시스템상에 minor한 지적 사항이 있다. 상기 요건과 관련된 세부 발견사항(detail finding)의 위험(risk) 크기가 낮다. 2점은 상기의 요건 중 어느 한 가지라도 실행도 측면이나 효과성 측면에서 gap이 존재한다. 이 요건과 관련한 안전보건경영시스템상의 지적 사항이 있다. 상기 요건과 관련된 세부 발견사항(detail finding)의 위험(risk) 크기가 중간이다. 1점은 상기의 요건 중 어느 한 가지라도 실행도 측면이나 효과성 측면에서 major gap이 존재한다. 요건이 누락되었거나 이 요건과 관련한 안전보건경영시스템상에 major한 지적 사항이 있다. 상기 요건과 관련된 세부 발견사항(detail finding)의 위험(risk) 크기가 높다. 0점은 상기 요건에 대한 어떠한 증빙도 없는 경우이다.

책임과 관련한 첫 번째 질문에 대한 평가 결과는 4점이다.

Element 4 - Accountability	
Evaluation Criteria	

NOTE: The team leader should use professional judgment in making the final determination of a score based on low numbers of high / medium risks. Consideration should be given to the overall complexity of the Operation and the comprehensiveness of the Operation's compliance with system requirements being evaluated.

1 The Operation has established and implemented a formal accountability system for all levels of the workforce.

Rating (4 pts)

4

Auditor Guidance

Evidence would include: A review of documentation associated with the performance evaluation process (e.g. PFT process) to determine whether all levels of the workforce are held accountable for completing assigned EH&S activities. Interviews should be conducted within all levels of the workforce to determine the effectiveness of the evaluation process. The frequency of the evaluations should also be taken into consideration. The lack of a formal disciplinary process would be considered a significant gap in answering this criterion. Note that other equally effective means of holding individuals accountable for fulfilling their EH&S roles and responsibilities may be determined and deemed acceptable during the course of the audit. A failure to identify or to take action against an individual(s) who fails to meet their EH&S assignment or responsibility would indicate a gap in accountability.

Components

    a. A formal accountability system is in place that includes the assignment of EH&S responsibilities for all levels of the workforce, and includes the evaluation of performance against those responsibilities; and

    b. Exceptional and unsatisfactory EH&S performance are factored into compensation, salary adjustment, "pay-for-performance" programs, or other formal means to hold people accountable; and

    c. A written progressive disciplinary action process is in place that factors in EH&S requirements

Scoring Criteria

[4] The above components are fully implemented and are effective.

[3] There are minor gaps in implementation or effectiveness of any one of the above components, and/ or there are minor EH&S management system findings relative to these components. Risk ranked detail findings related to the above components are low risk.

[2] There are gaps in implementation or effectiveness of any one of the above components and/or there are EH&S management system findings relative to these components. Risk ranked detail findings related to the above components are medium risk.

[1] There are major gaps in implementation or effectiveness of any one of the above components, and/ or missing components, and/or major EH&S management system findings relative to these components. Risk ranked detail findings related to the above components are high risk.

[0] No evidence was found that the above components exist.

Evidence and/or Supporting Documentation

a)A formal accountability system exists with EH&S responsibilities defined via position descriptions & accountability policies for all levels of the work force

b) EH&S performance is factored into compensation via the year end performance appresial

c) HR discipariny process exist in the form of a matrix to provide standard guidence on discipline requirements. A list of Employees receiving disciplinary actions are consolidated and sent to WHQ each month . Two deficiencies found in June, 2006

책임과 관련한 두 번째 질문에 대한 평가 결과는 4점이다.

다. 검사와 감사

검사와 감사는 4개 질문으로 구성되어 있다.

(1) 첫 번째 질문은 "조직은 검사와 감사 그리고 개선활동 프로그램을 수립하여 운영하고 있는가?"이다.

이 질문에 대한 감사자 지침은 검사와 감사를 시행하기 위한 문서화된 절차와 프로세스를 검토하는 것이다. 검토 내용에는 검사와 감사의 의미를 부여한 조직의 관련활동 평가 여부이다.

이 질문에 대한 점수 부여기준은 다음과 같다. a. 검사 프로세스, 일정, 범위 및 책임자가 정의되어 있다. b. 공식적인 프로토콜 또는 체크리스트를 사용하도록 요구하고 있다. c. 검사자와 감사자에 대한 필요 교육을 정의하고 있다. d. 검사와 감사 동향을 추적하고 분석하고 있다. e. 경영층에게 검사와 감사 결과를 보고하도록 요구하고 있다. f. 시기에 맞게 개선과 예방활동이 시행되도록 하는 방법이 정의되어 있다.

점수 부여기준에 따라 4점에서 0점을 부여한다. 4점은 상기 요건들이 충분히 실행되고 있고 효과적인 경우이다. 3점은 상기의 요건 중 어느 한 가지라도 실행도 측면이나 효과성 측면에서 minor한 gap이 존재한다. 이 요건과 관련한 안전보건경영시스템상에 minor한 지적 사항이 있다. 상기 요건과 관련된 세부 발견사항(detail finding)의 위험(risk) 크기가 낮다. 2점은 상기의 요건 중 어느 한 가지라도 실행도 측면이나 효과성 측면에서 gap이 존재한다. 이 요건과 관련한 안전보건경영시스템상의 지적 사항이 있다. 상기 요건과 관련된 세부 발견사항(detail finding)의 위험(risk) 크기가 중간이다. 1점은 상기의 요건 중 어느 한 가지라도 실행도 측면이나 효과성 측면에서 major gap이 존재한다. 요건이 누락되었거나 이 요건과 관련한 안전보건경영시스템상에 major한 지적 사항이 있다. 상기 요건과 관련된 세부 발견사항(detail finding)의 위험(risk) 크기가 높다. 0점은 상기 요건에 대한 어떠한 증빙도 없는 경우이다.

(2) 두 번째 질문은 "위험과 관련한 물리적 상황, 행동, 실수 등을 확인하고 개선하기 위한 검사가 효과적으로 시행되고 있는가?"이다.

이 질문에 대한 감사자 지침은 일정에 따라 검사가 완료되고 직무와 관련된 위험을 파악하고 있다는 현장 관찰과 관련한 문서를 검토하는 것이다. 검사 절차는 새로운 위험 또는 이전에 밝혀지지 않았던 위험을 파악하여야 한다.

이 질문에 대한 점수 부여기준은 다음과 같다. a. 조직은 바람직하지 못한 행동과 법적 요건에 대한 위반사항을 확인하는 검사 절차를 시행하고 있다. b. 조직의 검사 절차가 주기적으로 시행되고 있다. c. 검사는 위험한 물리적 주변상황을 확인하는데 효과적이다.

점수 부여기준에 따라 4점에서 0점을 부여한다. 4점은 상기 요건들이 충분히 실행되고 있고 효과적인 경우이다. 3점은 상기의 요건 중 어느 한 가지라도 실행도 측면이나 효과성 측면에서 minor한 gap이 존재한다. 이 요건과 관련한 안전보건경영시스템상에 minor한 지적 사항이 있다. 상기 요건과 관련된 세부 발견사항(detail finding)의 위험(risk) 크기가 낮다. 2점은 상기의 요건 중 어느 한 가지라도 실행도 측면이나 효과성 측면에서 gap이 존재한다. 이 요건과 관련한 안전보건경영시스템상의 지적 사항이 있다. 상기 요건과 관련된 세부 발견사항(detail finding)의 위험(risk) 크기가 중간이다. 1점은 상기의 요건 중 어느 한 가지라도 실행도 측면이나 효과성 측면에서 major gap이 존재한다. 요건이 누락되었거나 이 요건과 관련한 안전보건경영시스템상에 major한 지적 사항이 있다. 상기 요건과 관련된 세부 발견사항(detail finding)의 위험(risk) 크기가 높다. 0점은 상기 요건에 대한 어떠한 증빙도 없는 경우이다.

(3) 세 번째 질문은 "감사가 안전보건 관련 프로그램, 절차와 같은 내부 통제시스템을 효과적으로 평가하고 있는가?"이다.

이 질문에 대한 감사자 지침은 감사기준과 일정을 포함한 공식적인 감사 프로그램이 있는지 확인한다. 감사 결과에 따라 개선활동이 이루어지고 있는지 확인한다.

이 질문에 대한 점수 부여기준은 다음과 같다. a. 조직은 안전보건 관련 프로그램, 절차와 같은 내부 통제시스템을 감사하고 있다. b. 감사는 일정에 따라 실시되고 있고 그 결과는 안전보건 위원회에 의해 검토된다. c. 감사는 안전보건경영시스템의 결함을 확인한다.

점수 부여기준에 따라 4점에서 0점을 부여한다. 4점은 상기 요건들이 충분히 실행되고 있고 효과적인 경우이다. 3점은 상기의 요건 중 어느 한 가지라도 실행도 측면이나 효과성 측면에서 minor한 gap이 존재한다. 이 요건과 관련한 안전보건경영시스템상에 minor한 지적 사항이 있다. 상기 요건과 관련된 세부 발견사항(detail finding)의 위험(risk) 크기가 낮다. 2점은 상기의 요건 중 어느 한 가지라도 실행도 측면이나 효과성 측면에서 gap이 존재한다. 이 요건과 관련한 안전보건경영시스템상의 지적 사항이 있다. 상기 요건과 관련된 세부 발견사항(detail finding)의 위험(risk) 크기가 중간이다. 1점은 상기의 요건 중 어느 한 가지라도 실행도 측면이나 효과성 측면에서 major gap이 존재한다. 요건이 누락되었거나 이 요건과 관련한 안전보건경영시스템상에 major한 지적 사항이 있다. 상기 요건과 관련된 세부 발견사항(detail finding)의 위험(risk) 크기가 높다. 0점은 상기 요건에 대한 어떠한 증빙도 없는 경우이다.

(4) 네 번째 질문은 "검사결과에 따른 개선여부와 개선 조치가 효과적으로 완료되었는가?"이다.

이 질문에 대한 감사자 지침은 검사에서 발견된 사안에 대한 개선조치가 이루어졌고 완료되었는지 확인한다. 감사팀은 검사와 관련한 서류를 확인하고 평가한다.

이 질문에 대한 점수 부여기준은 다음과 같다. a. 검사 결과에 따라 임시조치 그리고 최종 개선 조치 여부를 확인한다. b. 개선 활동은 일정에 따라 실시되고 위험을 완화시키는 데 효과적이다. c. 발견사항에 대한 효과적인 개선 조치가 이루어지고 있다.

점수 부여기준에 따라 4점에서 0점을 부여한다. 4점은 상기 요건들이 충분히 실행되고 있고 효과적인 경우이다. 3점은 상기의 요건 중 어느 한 가지라도 실행도 측면이나 효과성 측면에서 minor한 gap이 존재한다. 이 요건과 관련한 안전보건경영시스템상에 minor한 지적 사항이 있다. 상기 요건과 관련된 세부 발견사항(detail finding)의 위험(risk) 크기가 낮다. 2점은 상기의 요건 중 어느 한 가지라도 실행도 측면이나 효과성 측면에서 gap이 존재한다. 이 요건과 관련한 안전보건경영시스템상의 지적 사항이 있다. 상기 요건과 관련된 세부 발견사항(detail finding)의 위험(risk) 크기가 중간이다. 1점은 상기의 요건 중 어느 한 가지라도 실행도 측면이나 효과성 측면에서 major gap이 존재한다. 요건이 누락되었거나 이 요건과 관련한 안전보건경영시스템상에 major한 지적 사항이 있다. 상기 요건과 관련된 세부 발견사항(detail finding)의 위험(risk) 크기가 높다. 0점은 상기 요건에 대한 어떠한 증빙도 없는 경우이다.

(5) 다섯 번째 질문은 "감사 결과에 따른 개선여부와 개선조치가 효과적으로 완료되었는지"이다.

이 질문에 대한 감사자 지침은 감사에서 발견된 사안에 대한 개선조치가 이루어지고 완료되었는지 확인한다. 개선조치가 효과적이고 적기에 완료되었는지 확인한다. 감사팀은 감사와 관련한 서류를 확인하고 평가한다.

이 질문에 대한 점수 부여기준은 다음과 같다. a. 감사 결과에 따라 적절한 개선활동 여부를 확인한다. b. 개선 활동은 시스템적이고 근본적인 차원에서 이루어지고 있다. c. 개선 활동은 일정에 따라 실시되고 위험을 통제하는데 효과적이다.

점수 부여기준에 따라 4점에서 0점을 부여한다. 4점은 상기 요건들이 충분히 실행되고 있고 효과적인 경우이다. 3점은 상기의 요건 중 어느 한 가지라도 실행도 측면이나 효과성 측면에서 minor한 gap이 존재한다. 이 요건과 관련한 안전보건경영시스템상에 minor한 지적 사항이 있다. 상기 요건과 관련된 세부 발견사항(detail finding)의 위험(risk) 크기가 낮다. 2점은 상기의 요건 중 어느 한 가지라도 실행도 측면이나 효과성 측면에서 gap이 존재한다. 이 요건과 관련한 안전보건경영시스템상의 지적 사항이 있다. 상기 요건과 관련된 세부 발견사항(detail finding)의 위험(risk) 크기가 중간이다. 1점은 상기의 요건 중 어느 한 가지라도 실행도 측면이나 효과성 측면에서 major gap이 존재한다. 요건이 누락되었거나 이 요건과 관련한 안전보건경영시스템상에 major한 지적 사항이 있다. 상기 요건과 관련된 세부 발견사항(detail finding)의 위험(risk) 크기가 높다. 0점은 상기 요건에 대한 어떠한 증빙도 없는 경우이다.

검사와 감사 관련한 첫 번째 질문에 대한 평가 결과는 4점이다.

Element 9 - Inspections & Audits

Evaluation Criteria

NOTE: The team leader should use professional judgment in making the final determination of a score based on low numbers of high / medium risks. Consideration should be given to the overall complexity of the operation and the comprehensiveness of the operation's compliance with system requirements being evaluated.

	Rating (4 pts)
1 The operation has established and implemented an inspection, audit, and corrective and preventive action program.	4

Auditor Guidance

Evidence would include: A review of the documented procedure/process for conducting inspections and audits, including methods to ensure timely completion of corrective actions. This review should evaluate whether the Operation has clearly defined the differences between inspections and audits. Verify through interviews and documentation review that individuals conducting inspections and audits have a clear understanding of the difference between inspections and audits.

Components

A formal Inspection and Audit program has been developed that:
   a. Describes the Inspection process, schedule(s) and scope, and responsible person(s);
   b. Defines the Audit process, schedule(s) and scope, and responsible person(s);
   c. Requires the use of formal protocols or checklists;
   d. Defines the required training of all the inspectors and auditors; and
   e. Requires tracking and analysis of trends
   f. Defines reporting the results of inspections and audits to the appropriate levels of management
   g. Defines the methods to ensure and verify that timely corrective and preventive action(s) are implemented.

Scoring Criteria

[4] The above components are fully implemented and are effective.
[3] There are minor gaps in implementation or effectiveness of any one of the above components, and/ or there are minor EH&S management system findings relative to these components. Risk ranked detail findings related to the above components are low risk.
[2] There are gaps in implementation or effectiveness of any one of the above components and/or there are EH&S management system findings relative to these components. Risk ranked detail findings related to the above components are medium risk.
[1] There are major gaps in implementation or effectiveness of any one of the above components, and/ or missing components, and/or major EH&S management system findings relative to these components. Risk ranked detail findings related to the above components are high risk.
[0] No evidence was found that the above components exist.

Evidence and/or Supporting Documentation

a) Inspection process exist per procedure EHS-01-09
b) It defines the audit process etc
c) Has formal checklists for Inspection, FPA form commonly used
d) Procedure defines the required training of all inspectors & auditors.
e) Tracking of corrective action and analysis of FPA trends is conducted monthly.
f) Results of Inspections & audits are reported to management for review

검사와 감사 관련한 두 번째 질문에 대한 평가 결과는 1점이다.

	Rating (4 pts)
2 EH&S Inspections are being conducted that effectively evaluates relevant physical conditions, acts or omissions of employees and other affected people, in relation to EH&S hazards.	1

Auditor Guidance

Evidence would include: Field observations and documentation review that inspections are completed according to schedule and identify hazards relevant to the job. The inspection process is updated as new, hazards (both undesirable acts as well as conditions) are identified. The audit team should review the various inspection checklists to assure that key or critical issues are included.

Components
   a. The Operation has implemented an Inspection process that identifies undesirable acts/ conditions and non-compliance with UTC, Operating Unit and regulatory requirements;
   b. The Operation's Inspection process has been updated with information from assessment activities and deployed according to schedule; and
   c. Operation's Inspection activities are effective in identifying non-conformances with relevant physical conditions, acts or omissions of employees.

Scoring Criteria

[4] The above components are fully implemented and are effective.
[3] There are minor gaps in implementation or effectiveness of any one of the above components, and/ or there are minor EH&S management system findings relative to these components. Risk ranked detail findings related to the above components are low risk.
[2] There are gaps in implementation or effectiveness of any one of the above components and/or there are EH&S management system findings relative to these components. Risk ranked detail findings related to the above components are medium risk.
[1] There are major gaps in implementation or effectiveness of any one of the above components, and/ or missing components, and/or major EH&S management system findings relative to these components. Risk ranked detail findings related to the above components are high risk.
[0] No evidence was found that the above components exist.

Evidence and/or Supporting Documentation

a) Operation has implemented an Inspection process per procedure EHS-01-09
b) Inspection process procedure was revised in July 2005 .
c) Inspection activities are not fully effective in identifying all non conformances. Refers to detail findings report.

검사와 감사 관련한 세 번째 질문에 대한 평가 결과는 3점이다.

3 EH&S Audits are being conducted that effectively evaluates the implementation of internal controls such as programs, procedures, and policies.	Rating (4 pts)
	3

Auditor Guidance

Evidence would include: A formal audit program that specifically identifies audit criteria and schedules. Review documentation to verify that audits are being conducted, corrective actions are implemented and tracked to completion, audit results are analyzed and trended, and results are reported to appropriate levels of management (e.g. Management committee).

Components
    a. The Operation has implemented a written Audit program that evaluates the effectiveness of its internal controls such as programs, procedures, and policies. and specifically identifies audit criteria and schedules for each level of responsibility;
    b. Audits have been conducted in accordance with the schedule and the results are monitored by the EH&S Committee; and
    c. The Operation's audits consistently and accurately identify management system deficiencies.

Scoring Criteria

[4] The above components are fully implemented and are effective.
[3] There are minor gaps in implementation or effectiveness of any one of the above components, and/ or there are minor EH&S management system findings relative to these components. Risk ranked detail findings related to the above components are low risk.
[2] There are gaps in implementation or effectiveness of any one of the above components and/or there are EH&S management system findings relative to these components. Risk ranked detail findings related to the above components are medium risk.
[1] There are major gaps in implementation or effectiveness of any one of the above components, and/ or missing components, and/or major EH&S management system findings relative to these components. Risk ranked detail findings related to the above components are high risk.
[0] No evidence was found that the above components exist.

Evidence and/or Supporting Documentation

a) Operation has implemented a written audit program per procedure EHS-01-09
b) Audits have been conducted per schedule and results reviewed by EH&S committee. The last sefl audit was conducted in July 2006 and to be reviewed by Branch management.
c) Audit activities are not fully effective in identifying all non conformances. Refers to detail findings and system finding reports.

검사와 감사 관련한 네 번째 질문에 대한 평가 결과는 1점이다.

4 Corrective and preventive actions from inspections address root cause and are completed on a timely basis.	Rating (4 pts)
	1

Auditor Guidance

Evidence would include: Documentation that shows that the issues identified by inspections are closed with corrective actions that address root cause, are completed on a timely basis and are sustainable. The audit team should evaluate the effectiveness of the corrective actions. Note: If the response to criterion 2 of this element is "1" or "0", then the rating for this criterion must not be greater than the rating for criterion 2.

Components
    a. Interim and final corrective actions are taken to control risks associated with inspection findings;
    b. Corrective actions have been implemented according to schedule and are effective in mitigating hazards; and
    c. Findings from inspections are reviewed and analyzed to determine breakdowns in management systems (root causes) and appropriate corrective action(s).

Scoring Criteria

[4] The above components are fully implemented and are effective.
[3] There are minor gaps in implementation or effectiveness of any one of the above components, and/ or there are minor EH&S management system findings relative to these components. Risk ranked detail findings related to the above components are low risk.
[2] There are gaps in implementation or effectiveness of any one of the above components and/or there are EH&S management system findings relative to these components. Risk ranked detail findings related to the above components are medium risk.
[1] There are major gaps in implementation or effectiveness of any one of the above components, and/ or missing components, and/or major EH&S management system findings relative to these components. Risk ranked detail findings related to the above components are high risk.
[0] No evidence was found that the above components exist.

Evidence and/or Supporting Documentation

a) Intrim & final corrective actions are taken to control risks (refer consolidated monthly report)
b) Corrective actions have been implemented to mitigate the hazards / risks
c) Findings from Inspections & audits are analysed to determine breakdowns in management system (root causes) and corrective action taken. . Refer Criterion 2

검사와 감사 관련한 다섯 번째 질문에 대한 평가 결과는 4점이다.

5 Corrective and preventive actions from Audits address root causes and are completed on a timely basis.	Rating (4 pts)
	4

Auditor Guidance

Evidence would include: A review of the corrective actions to determine that system deficiencies identified through management audits are addressed by the management team with corrective actions taken across the operation to improve the management system. Review documentation to determine if corrective actions are appropriate and effective, address root cause, are completed on a timely basis and are sustainable. The audit team should find evidence that formally documents closure of each identified audit finding. Note: If the response to criterion 3 of this element is "1" or "0", then the rating for this criterion must not be greater than the rating for criterion 3.

Components
- a. Findings from audits are reviewed and analyzed to determine breakdowns in management systems (root causes) and appropriate corrective action(s).;
- b. Corrective actions address root cause deficiencies in applicable system elements and create sustainable solutions; and
- c. Corrective actions have been implemented according to schedule and are effective in reducing risk.

Scoring Criteria

[4] The above components are fully implemented and are effective.
[3] There are minor gaps in implementation or effectiveness of any one of the above components, and/ or there are minor EH&S management system findings relative to these components. Risk ranked detail findings related to the above components are low risk.
[2] There are gaps in implementation or effectiveness of any one of the above components and/or there are EH&S management system findings relative to these components. Risk ranked detail findings related to the above components are medium risk.
[1] There are major gaps in implementation or effectiveness of any one of the above components, and/ or missing components, and/or major EH&S management system findings relative to these components. Risk ranked detail findings related to the above components are high risk.
[0] No evidence was found that the above components exist.

Evidence and/or Supporting Documentation

a) Findings from audits are analysed to determine breakdowns in management system (root causes) an corrective action taken. The first slef audit was conducted in July 2006 and schedules to be reviewed by Regional Management in the 3rd quarter management meeting.
b) Corrective actions taken did not address root cause deficiencies in system elements - Scaffold less installation Method not includes the necessary safety guidelines.
c)Corrective actions have been implemented for identified hazards / risks.

이와 관련한 정보를 추가로 알고자 하는 독자는 네이버 카페 새로운 안전문화(https://cafe. naver.com/newsafetyculture)에 방문하여 14. 안전보건경영시스템 평가를 참조하기 바란다.

라. 평가 점수부여 시스템

아래 그림과 같이 방침과 리더십, 조직, 계획, 책임, 평가와 예방통제, 교육과 훈련, 커뮤니케이션, 규칙과 절차, 점검과 감사, 사고조사, 문서관리 및 프로그램 평가 12개 요소로 구성된 안전보건경영시스템 평가가 완료되어 점수가 부여된 내용이다. 중국의 000 기업은 이 평가에서 77.41%를 획득하였다.

Rating System Summary

Element	Criteria Attained				% (x 100)		Value			Points
I. Policy and Leadership	14	of	16	=	87.50%	x	6	Points =		5.25
II. Organization	11	of	12	=	91.67%	x	8	Points =		7.33
III. Planning	13	of	16	=	81.25%	x	10	Points =		8.13
IV. Accountability	8	of	8	=	100.00%	x	8	Points =		8.00
V. Assessment, Prevention and Control	27	of	40	=	67.50%	x	24	Points =		16.20
VI. Education and Training	8	of	12	=	66.67%	x	6	Points =		4.00
VII. Communications	8	of	8	=	100.00%	x	4	Points =		4.00
VIII. Rules and Procedures	7	of	12	=	58.33%	x	6	Points =		3.50
IX. Inspections and Audits	13	of	20	=	65.00%	x	8	Points =		5.20
X. Incident Investigations	12	of	12	=	100.00%	x	6	Points =		6.00
XI. Documents and Records Management	8	of	8	=	100.00%	x	2	Points =		2.00
XII. Program Evaluation	13	of	20	=	65.00%	x	12	Points =		7.80
								Total Points =		77.41
Overall Rating	77.41 Total Pts/		100		x 100 %			=		77.41%

아래 그림은 안전보건경영시스템 평가 결과를 바 차트로 구성한 것이다.

Assurance Review Score by Element

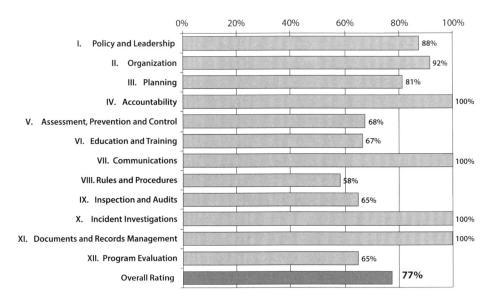

제14장 안전보건경영 시스템 평가

아래 그림은 이전에 시행된 안전보건경영시스템 평가와 최근에 시행된 평가 결과를 비교한 그림이다.

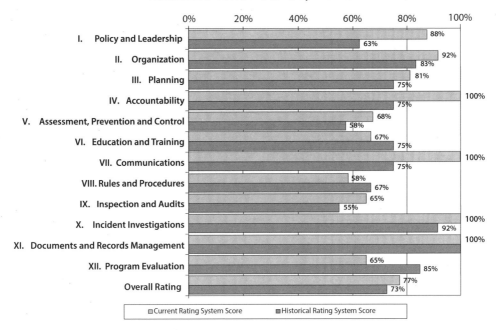

Assurance Review Score by Element

Element	Current Rating System Score	Historical Rating System Score
I. Policy and Leadership	88%	63%
II. Organization	92%	83%
III. Planning	81%	75%
IV. Accountability	100%	75%
V. Assessment, Prevention and Control	68%	58%
VI. Education and Training	67%	75%
VII. Communications	100%	75%
VIII. Rules and Procedures	58%	67%
IX. Inspection and Audits	65%	55%
X. Incident Investigations	100%	92%
XI. Documents and Records Management	100%	
XII. Program Evaluation	65%	85%
Overall Rating	77%	73%

감사팀은 안전보건경영시스템 평가를 통해 중국 000 기업의 안전보건경영시스템 운영의 gap을 확인하고 강점과 단점을 파악할 수 있었고, 피 감사 회사는 이 평가를 통해 안전보건경영시스템 체계 전반을 재검토하는 기회가 되었다. 이 평가결과는 중국 000 기업 CEO의 인센티브 지급 평가에 영향을 주었기 때문에 CEO는 상당한 관심을 갖고 감사를 지원하였다.

아래 그림과 같이 미국 본사는 한 해 전 세계에 있는 회사들의 평가 결과를 tail chart 형식으로 공유한다. 평가 점수가 적정 수준 미만일 경우, 추가적인 개선 조치와 감사가 시행된다.

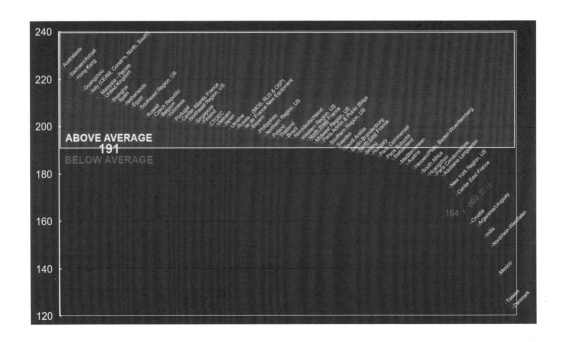

③ 중대산업재해 예방감사

OLG 기업의 유해 위험요인은 주로 추락, 감전, 끼임, 낙하, 화재, 폭발 등으로 위험(risk) 수준이 높은 수준으로 중대산업재해 발생 빈도가 높았다. 이에 미국 본사는 지난 수십년간 전 세계에서 발생한 중대산업재해의 유형과 원인 분석을 대규모로 시행하였다.

중대산업재해 분석 결과, 추락, 카 통제, 위험에너지 통제, 양중, 비계 및 임시카 등에서 심각도가 높았던 것을 확인하였다. 이에 따라 관련 위험 9가지 항목(category)을 선정하고 각 항목별 사고 기여요인을 점검 항목 형태로 구성하였다. 점검표는 마이크로 소프트 엑셀 프로 그램을 기반으로 만들어졌고, 전 세계 중대산업재해 감사자들에게 제공되고 사용되었다. 아래 첨부된 점검표와 같이 '추락방지'와 관련한 세부 확인 항목은 총 12가지로 이중 한 가지라도 ok가 되지 않으면 추락방지 항목 자체에 대한 점수를 얻을 수 없는 체계로 구성되었다.

저자는 매년 주기적으로 중대산업재해 예방 감사자로서 해외 국가 또는 해외 법인을 대상으로 감사를 시행하였다. 아래 점검표는 저자가 2002년 7월 21일부터 26일까지 대만에 있는 00 회사를 감사팀장으로서 감사한 점검표이다.

Area / Country:	**SAPA**	Job Type:	**Service**
City / Branch:	**Taipei**	Auditor(s):	**JM Yang, Arru**
Name of Site:		Supervisor:	**1**
Date:		Mechanic:	**1**

Instructions for use of the FPA Form

1. This form should only be used by personnel that have completed the FPA Training Program. The form can be used as an audit, or at the Company level, as a self-inspection form for supervisors. All audit team members must be certified when the results

2. The criteria used for assessment is to be based primarily on the method of work used to safeguard against each category of risk. To evaluate all work procedures, the mechanic must be asked to physically demonstrate the procedure. A verbal explanatio

3. For each risk category evaluated, a written explanation is required that defines the demonstration or physical fact used to answer OK or NO.

4. Wherever a deficiency is found, the appropriate tick box must be checked. If there is more than one tick box checked, a written explanation is required for each problem.

A. Fall Protection

Fall protection shall be provided for and used by any employee who is exposed a to fall hazard when working at an elevated level of 1.8 meters or more. When working on top of an elevator, running platform or scaffold, a fall hazard exists when there is a

OK	NO	N/A
X		

A	1	☐ Fall protection not used when exposed to a fall hazard (4.3)	A	7	☐ Lifelines not protected from sharp edges (4.7.C)
A	2	☐ Guardrails are not adequate and no fall protection used.	A	8	☐ Inadequate or unknown capacity of anchorage point for lifeline and/or lanyard (app.).
A	3	☐ Fall protection equipment not certified or does not conform to Otis requirements.	A	9	☐ Improper sequence of connecting and disconnecting lanyard (4.3)
A	4	☐ Inadequate barricades at hoistway openings (5.4A)	A	10	☐ Ladder not secured at elevations greater than 1.8 meters (4.3/5.3C)
A	5	☐ No fall protection while working on ladder at elevations greater than 1.8 meters (4.3)	A	11	☐ Riding car top with long lanyard w/o inspection mode by 2 independent means (App. A)
A	6	☐ More than one person tied off to the same lifeline (4.3.C)	A	12	☐ Other

Observations

Full, adequate car top barricade fitted

B. Control of Elevator/Escalator

Complete control of the unit must be maintained at all times when working in a hoistway. This requires that control be assured, tested and verified prior to entering the hoistway and not relinquished until the mechanic has exited the hoistway.

OK	NO	N/A	Access and Egress for Top of Car	OK	NO	N/A	Access and Egress for Pit/Escalator Truss
X					X		

B	1	☐ Improper verification of safety chain function (door, E-Stop) and Inspection Switch (5.2A)	B	7	☐ Improper verification of safety chain function (door, E-Stop) (5.3B) or Escalator control/stop switches
B	2	☐ Riding car top without top of car inspection fitted or used (5.2.C)	B	8	☐ Stop switch located too far from landing and no alternate safe procedur
B	3	☐ Riding the car top in Normal operation (5.2)	B	9	☐ Improper door blocking device (5.4)
B	4	☐ More than two people working in the hoistway without proper authorization (5.1D)	B	10	☐ More than two people working in the hoistway without proper authorization (5.1D)
B	5	☐ TOCI or stop switch located too far from landing and no alternate safe procedure used (App. A)	B	11	☐ No pit stop switch or equivalent form of protection (5.3.A)
B	6	☐ Other	B	12	☐ Mechanism (switches, ladder, releases, etc.) locations prevent use of standard procedure. No alternative safe procedure available or used
			B	13	☑ Other

Observations

Car top access and egress procedures carried out OK	**Mechanic did not fixed DBD when he verifing the E-stop**

	OK	NO	N/A	False Car / Running Platform		OK	NO	N/A	Jumpers & Shunts
			X			X			
D	18		☐	Failure to use audio-visual alarms on false cars or running platforms (5.6D)	D	27	☐		Use of unauthorized jumpers (on site, on person, in tool box, etc) (4.9C)
D	19		☐	Improper construction of false car (5.6A)	D	28	☐		Non-retractable shunts used in swing or manual door locks (4.9A)
D	20		☐	Failure to inspect and maintain false car in good working condition (5.6A)	D	29	☐		Jumpers in place when mechanic departed jobsite (4.9D)
D	21		☐	Improper activation, construction and functioning of safeties (5.6G)	D	30	☐		Mechanics could not explain use of jumpers (4.9A)
D	22		☐	False car erected by untrained personnel w/o use of instructional guidelines (5.6A)	D	31	☐		No control log or process for multiple jumpers (4.9B)
D	23		☐	Inadequate guard rails (5.6B/5.6D)	D	32	☐		Elevator not put on inspection prior to installing jumpers (4.9D.2)
D	24		☐	Lack of automatically activated redundant safety mechanisms to prevent failure of false car or running platform (5.6.G)	D	33	☐		Other
D	25		☐	Employees not familiar with false car construction requirements (5.6A)					
D	26			Other					

Observations

Jumper use described and demonstrated (NBU4,3)

E. Management System Observations - Training, Rules and Procedures, Inspections and Audits
Every negative response requires an analysis of cause. The Management System must be reviewed to include any previous Assurance Report findings and recommendations.

Observations

	OK	NO	N/A	
Fall Protection	1	0	0	☑ Service
Control of Elevator				
Access to TOC	1	0	0	
Access to Pit	0	1	0	☐ Repair / Modernization
Control of Hazardous Energy				
Electrical	1	0	0	☐ Construction
Mechanical	0	0	1	
High Hazard Operations				
Hoisting & Rigging	0	0	1	
Scaffolding	0	0	1	**Name of Site**
False Cars / Running Platforms	0	0	1	**Long-An**
Jumpers / Shunts	1	0	0	
Totals:	4	1	4	80.0%

중대산업재해 감사와 관련한 정보를 추가로 알고자 하는 독자는 네이버 카페 새로운 안전문화(https://cafe.naver.com/newsafetyculture)에 방문하여 14. 안전보건경영시스템 평가를 참조하기 바란다.

별첨 1
안전문화와
안전탄력성
(resilience)

I 안전탄력성(resilience)의 개요

탄력성과 관련한 용어를 경제학에서는 회복탄력성, 심리학에서는 인내성, 생태학에서는 기후변화에서의 회복력 등의 의미를 부여하여 사용하고 있다. 안전보건 분야는 '안전탄력성'이라고 정의하고 있다.

안전탄력성(resilience)이라는 용어가 생기게 된 배경에는 2000년 이후 발생한 안전사고의 발생과정과 그 배경이 되는 시스템 운영을 깊게 살펴온 연구자들의 노력이 있었다. 연구자들은 사고예방을 위하여 그동안의 경험과 배움을 종합하여 시스템 공학을 안전보건 관리에 접목하는 방안을 검토하였다. 이러한 검토는 안전보건 관리의 개념을 통합한 패러다임(paradigm) 전환 방식이었다.

Hollnagel은 그동안의 여러 사고예방 활동(순차적 모델과 역학적 모델 기반의 활동)이 현재의 산업 환경(socio-technical)을 반영하지 못하고 있으므로 안전탄력성이 필요하다고 주장하였다. 이에 따라 그 동안의 사고예방 활동 패러다임을 Safety-I 그리고 앞으로 추구해야 할 사고예방 활동 패러다임을 Safety-II(안전탄력성 기반)라고 정의하였다. Sydney Dekker 또한 이러한 패러다임 변화의 필요성을 주장한 학자이다.

Safety I의 초점은 부정적인 결과라고 할 수 있는 사고와 고장을 줄이기 위해 근본 원인분석(root cause analysis), 위험성 평가와 원인과 결과 영향분석 기법 등을 활용한다. Safety I의 관점은 부정적인 사건을 조사하고 개선한다면, 무사고/무재해를 이룰 수 있다고 믿는 것이다. Safety II의 관점은 모든 결과가 긍정적이기도 하고 부정적일 수 있다는 변동성(variability)에 초점을 두고 있다. Safety II의 목표는 상황에 잠재된 변동성이 안전한 영역에서 유지할 수 있도록 지원하고 능동적인 대처를 통해 안전 탄력성을 유지할 수 있도록 하는 것이다.

Safety I과 II의 접근방식은 아래 그림과 같이 Safety I의 목표는 발생할 수 있는 위험을 찾아 예방하거나 제거하는 것이다. 반면, Safety II가 지향하는 목표는 가능한 긍정적인 요인에 집중하는 것이다. 즉 Safety I의 개선방식은 선형적 접근방식으로 위험 예방, 제거, 보호에 초점을 두고 있지만, Safety II의 개선방식은 비선형적 접근방식으로 개선, 지원 및 조정에 초점을 둔다. 기준준수에 있어 Safety I의 관점은 설계, 안전절차, 안전기준, 법 기준 등의 계획(상정)된 기준(work as imagined, 이하 WAI)에 의한 현장 근로자의 실제 작업(work as done, 이하 WAD)

에 초점을 두고 있지만, Safety II의 관점은 근로자의 준수 상황에 입각한 WAI와 WAD를 조정 (adjust)하는 데 초점을 두고 있다.

안전탄력성은 시스템이 사고를 예방하기 위해 변동성(variability)을 확인하여 일정 수준으로 제어하고 그 파급을 방어하는 설계와 운영을 의미한다. 즉 안전탄력성은 내부와 외부의 어떠한 변동에도 감시, 예측, 학습 그리고 대응 역량을 통해 안전한 수준 내에서 시스템을 유지하는 능력을 말한다.[1,2,3,4]

1 안전보건공단. (2019). 산업안전 패러다임의 전환을 위한 연구.

2 Hollnagel, E. (2018). Safety‐I and safety‐II: the past and future of safety management. CRC press.

3 Hollnagel, E., Wears, R. L., & Braithwaite, J. (2015). From Safety‐I to Safety‐II: a white pa‐ per. *The resilient health care net: published simultaneously by the University of Southern Denmark, University of Florida, USA, and Macquarie University, Australia.*

4 Hollnagel, E., Woods, D. D., & Leveson, N. (Eds.). (2006). *Resilience engineering: Concepts and precepts.* Ashgate Publishing, Ltd..

II 안전탄력성(resilience)의 4가지 능력

안전탄력성은 시스템이 작동하는 방식을 조정하는 능력으로 비상상황이나 스트레스가 있는 상황에서만 동작하는 기능은 아니다. 안전탄력성은 여러 단계의 장벽이 존재하는 심층방어(defense in depth)와 유사한 능력을 발휘한다.

안전탄력성의 조정(adjust)능력을 통해 대형화재, 폭발, 예상하기 어려운 비상상황에서 사고가 발생하기 전 여러 조건을 감시하여 시스템의 안전을 확보할 수 있다. 사고가 발생하기 전 조정(adjust)한다는 의미는 시스템이 정상 작동 상태에서 사고가 일어나기 전 대비하는 상황으로 변경 또는 전환될 수 있음을 의미한다. 여기에서 대비하는 상황이란 사고를 대비하기 위해 적절한 자원을 할당하고 특별한 기능이 활성화되며 심층방어가 증가한다는 것을 의미한다.

심층방어를 증가시킬 수 있는 안전탄력성은 4가지 능력(capabilities)을 통해 보다 구체화될 수 있다.

- 해야 할 일을 아는 것(Knowing what to do), 정상 기능을 조정하여 규칙적이거나 불규칙한 장애에 대응하는 방법을 알고 있다. 이 능력은 실제를 다루는 능력이다.

- 무엇을 찾아야 하는지 아는 것(Knowing what to look for), 단기간에 위협이 될 수 있는 것을 감시하는 방법을 알고 있다. 감시는 환경에서 발생하는 것과 시스템 자체에서 발생하는 것을 포함한다. 이것은 중요한 문제를 해결하는 능력이다.

- 예상되는 것을 아는 것(Knowing what to expect), 심각한 혼란, 압박 및 그 결과와 같은 향후 미래의 위협을 예측하는 방법을 알고 있다. 이것은 잠재성(potential)을 다루기 위한 방안이다.

- 무슨 일이 일어났는지 아는 것(Knowing what has happened), 경험으로 배우는 방법 그리고 올바른 경험에서 올바른 교훈을 배우는 방법. 이것은 사실을 다루는 능력이다.

아래 그림은 4가지 능력(capabilities)이 상호 유기적으로 작동하는 예시이다.

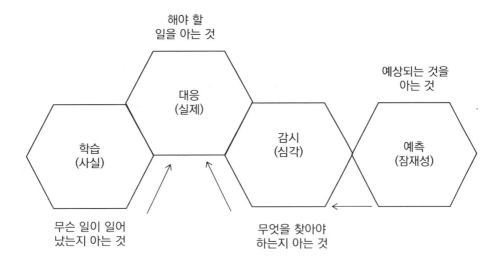

해야 할
일을 아는 것

예상되는 것을
아는 것

학습
(사실)

대응
(실제)

감시
(심각)

예측
(잠재성)

무슨 일이 일어
났는지 아는 것

무엇을 찾아야
하는지 아는 것

‖ 안전탄력성(resilience)의 4가지 능력

III 안전탄력성(resilience) 측정 [5·6·7·8·9·10]

 1 기본적인 관리 요구사항(basic requirement to manage something)

회사의 운영시스템을 관리하려면 현재의 운영 상황, 미래의 운영 상황 그리고 현재 상황에서 미래 상황으로의 효과적인 변화가 어떤 수단으로 만들 수 있는지 검토해야 한다.

2 측정의 문제(the measurement problem)

일반적으로 안전보건과 관련이 있는 측정은 성과측정 또는 성과지표로 관리할 수 있다. 다만, 아래와 같은 여러 검토사항이 존재한다.

- 성과나 상태를 단일 측정으로 할 수 있는가?
- 복합적인 여러 측정을 하며 계산이 필요한가?

5 Hollnagel, E. (2020). How resilient is your organisation? *An introduction to the Resilience Analysis Grid (RAG). Sustainable transformation: building a resilient organization*, Toronto, Canada. 2010: hal-00613986.

6 Sekeľová, F., & Lališ, A. (2019). Application of resilience assessment grid in production of aircraft components. *MAD-Magazine of Aviation Development*, 7(4), 6-11.

7 Pardo-Ferreira, M. C., Rubio-Romero, J. C., & Martínez-Rojas, M. (2018). Applying Resilience Engineering to improve Safety Management in a Construction Site: Design and Validation of a Questionnaire. *International Journal of Industrial and Manufacturing Engineering*, 12(9), 1237-1242.

8 Chuang, S., Ou, J. C., Hollnagel, E., & Hou, S. K. (2020). Measurement of resilience potential-development of a resilience assessment grid for emergency departments. *Plos one*, 15(9), e0239472.

9 Hollnagel, E. (2015). RAG-resilience analysis grid. Introduction to the Resilience Analysis Grid (RAG).

10 Klockner, K., & Meredith, P. (2020). Measuring resilience potentials: a pilot program using the resilience assessment grid. *Safety*, 6(4), 51.

- 측정이 선행지표(leading indicator) 또는 후행지표(lagging indicator)를 포함하는가?
- 측정이 신뢰할 수 있고 유효한가?
- 측정지표가 잘 정의되어 있는가?
- 측정이 객관적이거나 주관적인가(사람의 판단을 필요로 하는 측정)?

측정은 일반적으로 값이나 숫자와 같은 무언가를 양으로 나타내고, 어떠한 일의 의미가 부여된 것으로 해석되어야 한다.

 ## 3 안전보건 측정(measurements of safety)

일반적인 안전보건 측정 지표는 무언가 원하지 않는 사건을 포함하고 있다. 아래는 영국 보건안전청(HSE)의 안전보건 측정 지표이다.

- 중대산업재해 건수(Fatality)
- 기록가능한 재해율(TRIF, Total recordable injury frequency)
- 근로손실 재해율(LTIF, Lost-time injury frequency)
- 유해 화학물질 누출(Accidental oil spill, number and volume)

산업안전 유럽기술 플랫폼(ETPIS, European Technology Platform on Industrial Safety)은 영국 보건안전청과 유사한 안전보건 측정지표를 사용하고 있다. ETPIS는 안전이 성공적인 비즈니스에 필수 불가결한 요소임을 강조하였고, 산업안전 성과(performance)에 보고 가능한 인체사고와 질병 등을 포함하였다. 안전보건 성과가 전통적으로 부정적인 결과(인명피해, 재산과 금전 손실, 기능과 생산 중단, 복구 작업의 수반되는 투자 등)에 초점을 두는 이유는 회사가 그러한 부정적인 결과를 피하고 싶어하기 때문일 것이다.

부정적인 결과를 대상으로 하는 측정은 모호하지 않으며, 활동을 수치화 할 수 있고, 부정적인 결과를 줄여가는 성과를 보여줄 수 있다는 장점이 있다. 하지만 무언가를 원하는 방향 또는 긍정적인 결과를 반영한 측정은 불가능하다는 단점이 있다. 그리고 부정적인 결과를 토대로 안전보건을 측정할 경우 초기에는 작동하지만 나중에는 작동하지 않는 단점 또한 존재한다.

그 이유는 아래의 그림과 같이 초기의 안전관리 구축과 운영으로 부정적인 결과의 수치가 줄어드는 추세를 보이지만, 시간이 더 이상의 효과를 보기 어렵다는 것이다. 부정적인 결과를 줄인 이후 더 이상 줄일 것이 없다면 그만큼 드린 예방의 노력이 허사가 되고 보여줄 것이 더 이상 없을 것이다. 그리고 소중한 안전보건 관리 역량이나 자원을 잘 못된 방향으로 인도하게 될 것이다. 마치 포병이 포를 적군이 있는 곳에 쏴야 하는데, 적군이 없는 곳에 쏘는 경우와 같다고 볼 수 있다. 만약 이러한 전투를 한다면, 전투에서 이길 가능성은 매우 낮을 것이다.

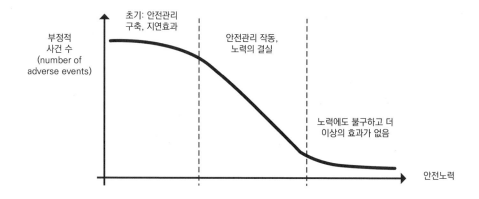

이러한 문제를 개선하기 위하여 OLG 기업은 선행지표(leading indicator)와 후행지표(lagging indicator)를 설정하고 균형 잡힌 목표설정이라는 의미로 'Balanced Scorecard'라고 불렀다. 아래는 선행지표에 포함된 내용이다.[11]

- 사전에 실시한 위험성평가 결과에 따라 설비나 시설의 비상정지스위치 또는 점검스위치 설치 그리고 안전난간대 설치 개수와 같은 목표로 설정하고 설치 완료율을 지표에 포함한다.
- 행동기반안전관리 프로그램을 통해 구성원의 안전행동율을 지표에 포함한다.
- 사업장이 시행한 불시 중대재해감사 점수를 지표에 포함한다.
- 안전장갑 착용율을 지표에 포함한다.
- 안전보건 관련 기준 준수에 대한 시상 건수와 위반 건수를 지표에 포함한다.
- 해당 연도에 시행해야 하는 교육 목표를 설정하고 완료 여부를 지표에 포함한다.
- 자체와 외부감사 또는 국가의 안전보건 점검 결과에 따른 개선율을 지표에 포함한다.
- 아차사고, 중대한 아차사고 등을 지표에 포함한다.

이와는 별도로 후행지표(lagging indicator)를 운영하였다. 주요 사례로는 중대산업재해 건수, 잠재적인 중대사고 건수, 총 기록가능한 사고율, 근로손실 사고율, 강도율, 법규 위반 건수 등이 있다.

---

11 Manuele, F. A. (2009). Leading & lagging indicators. *Professional Safety*, *54*(12), 28.

4 안전과 안전탄력성의 차이(difference between safety and resilience)

일반적으로 결과(outcomes)는 의도한 결과와 의도하지 않은 결과로 구분할 수 있는데, 일반적으로 안전보건은 의도하지 않은 결과의 수를 측정하고 있다. 안전탄력성은 안전보건과 같이 의도하지 않은 부정적인 결과를 측정하기보다는 프로세스 자체를 측정한다. 즉, 프로세스를 측정하면서 성공과 실패(부정적인 결과) 모두 동일한 개념으로 본다는 의미가 있으며, 아래 그림과 같이 프로세스를 직접 측정하는 방식이다.

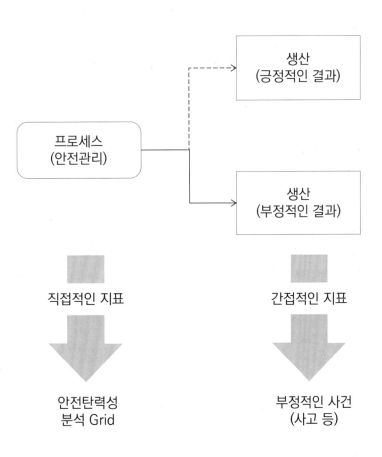

5 **안전탄력성 측정(measurement resilience)**

안전탄력성을 측정한다는 것은 기존의 안전보건 측정과는 달리 프로세스를 조정(adjust)한다는 능력으로 정의할 수 있다. 안전탄력성 측정은 양(quantity)보다는 질(quality) 그리고 시스템이 가지고 있는 것보다는 시스템이 하는 일을 대상으로 하므로 단일 또는 단순한 측정을 의미하지 않는다.

안전탄력성 측정을 가능하게 하는 능력(capability)은 대응, 감시, 예측 그리고 학습 4가지로 구성된다.

가. 대응(The ability to respond)

개인, 회사 그리고 조직이 시스템을 운영하면서 특정한 상황을 대응할 준비가 없다면 그 프로세스를 유지할 수 없다. 대응(respond)은 시기에 적절해야 하고 효과적이어야 원하는 결과를 얻을 수 있으므로 시스템은 시시각각 시스템에서 일어나는 일들을 감지하고 있어야 한다. 그리고 사건을 식별하고 그 심각성을 인식하고 평가할 수 있어야 한다. 또한 시스템이 대응할 수 있도록 충분한 시간을 갖고 있어야 한다. 어떤 일을 감지하는 일이 수동적(가스 측정기, 화재 감지기 등)인 방식을 넘어서 능동적이어야 하며, 대응에 필요한 자원을 확보해 두어야 한다.

아래 표와 같은 분석항목을 참조하여 대응 능력을 분석하고 개선한다.

No	구분	분석항목	점수
1	사건목록	시스템에 준비된 대응이 필요한 사건은 무엇인가?	
2	배경	대응이 필요한 사건은 어떻게 선택되었는가(경험, 전문 지식, 위험 평가 등)?	
3	관련성	사건 목록은 언제 생성되었는가? 얼마나 자주 수정되었는가? 어떤 기준으로 개정되었는가?	
4	임계 값	대응은 언제 활성화되는가? 임계값은 무엇인가? 기준은 절대적인가? 또는 내부/외부 요인에 의존하는가?	
5	대응목록	특정 유형의 대응은 어떻게 결정되는가? 대응목록의 적절성을 확인하는 방법은 무엇인가? (실증적 또는 분석이나 모델을 기반으로 하는지 여부)	
6	속도	대응 능력을 얼마나 빨리 사용할 수 있는가?	
7	지속시간	효과적인 대응이 얼마나 오래 지속되는가?	
8	중지규칙	정상상태로 돌아가기 위한 기준은 무엇인가?	
9	대응능력	대응 준비 태세(인력, 자재)에 얼마나 많은 자원이 할당되는가?	
10	검증	대응 준비가 어떻게 유지되는가? 대응 준비 상태는 어떻게 확인되는가?	

나. 감시(The ability to monitor, keeping an eye on critical developments)

감시는 수시로 상황을 평가하고 수정해 가면서 잠재적인 상황을 유연하게 대처할 수 있는 기능이다. 이 기능이 효과적으로 발휘되도록 하려면 위기, 교란 또는 실패가 감시되었을 때 정상 운영상태에서 비상대응 상태로의 전환이 이루어져야 한다. 다만, 비상대응 상태로의 전환 시기가 조금은 일찍 작동하므로 문제가 발생하기 전 조기에 전환될 수 있다.

감시는 일반적으로 특정 조건이나 지표를 기반으로 작동하므로 선행지표(leading indicator)라고 할 수 있다. 일상 생활에서 일기예보는 좋은 선행지표로 간주할 수 있다. 아래 표와 같은 분석항목을 참조하여 감시 능력을 분석하고 개선한다.

No	구분	분석항목	점수
1	지표목록	지표는 어떻게 정의되었는가? (분석에 의한, 전통에 의한, 업계의 합의에 의한, 규제자에 의한, 국제 표준 등에 의한)	
2	관련성	지표 목록은 얼마나 자주 수정되고, 어떤 기준으로 수정되는가?	
3	지표형식	얼마나 많은 선행지표가 있고, 얼마나 많은 후행지표가 있는가?	
4	유효성	선행 지표가 타당한가?	
5	지연	후행지표에 포함된 사건의 집계 시간은 어느 시점 기준으로 집계되는가 (10년, 5년, 3년, 1년, 1개월 혹은 매주 등)?	
6	측정유형	측정의 특성은 무엇인가? 정성적인가? 정량적인가?(정량적이라면 어떤 종류의 스케일링을 사용하는가?)	
7	측정주기	측정은 얼마나 자주 수행되는가?(계속적으로, 정기적으로, 때때로)	
8	분석	측정과 분석/해석 사이의 지연(delay)은 얼마인가? 얼마나 많은 측정들이 직접적으로 의미 있고, 얼마나 많은 측정들이 어떤 종류의 분석을 필요로 하는가?	
9	안정성	측정된 효과는 일시적인가? 영구적인가?	
10	조직지원	정기적인 검사 계획이나 일정이 있는가? 자원이 제대로 공급되고 있는가?	

다. 예측(The ability to anticipate, looking for future threats and opportunities)

감시(monitor)능력을 통해 현재의 상황을 파악할 수 있다면, 미래의 잠재적인 요인파악은 예측능력을 활용한다. 현재의 위험성평가는 미래에 발생할 위험에 초점을 두고 있지만, 변동성을 충분히 고려한 상황 평가로 활용되기에는 한계가 있으므로 아래 표와 같은 분석항목을 참조하여 예측능력을 분석하고 개선한다.

No	구분	분석항목	점수
1	전문성	미래의 잠재조건을 확인하기 위한 어떤 전문성이 필요한가?(사내 전문가 또는 외부 전문가)	
2	빈도	미래의 위협과 기회는 얼마나 자주 평가되는가?	
3	의사소통	향후 사건을 대응하는 조치를 조직 내에서 어떻게 의사소통하는가?	
4	모델	모델이 명시적인가? 임시적인가? 질적인가 또는 양적인가?	
5	시간범위	조직은 얼마나 앞서 계획을 세우고 있는가? 사업에서 안전보건이 시기적절하게 중요한 평가 대상으로 검토되고 있는가?	
6	수용성	어떤 위험을 수용할 수 있고, 어떤 위험은 수용할 수 없는가?	
7	병인학 (Aetiology)	미래 위협의 가정된 특성은 무엇인가? • 예전의 위협/사고와 동일한가? • 알려진 사고/사건의 결합인가? • 완전히 새로운 위협인가?	
8	문화	조직문화에 위험인식이 포함되어 있는가?	

라. 학습(The ability to learn, finding and making use of the right experience)

안전탄력성이 있다는 것은 경험으로 많은 것을 배운다는 것을 의미한다. 학습능력은 대응, 감시 및 예측의 토대에 해당한다. 일반적으로 경험에서 배운다는 것은 다소 간단하고 누구나 알 만한 상황이다. 하지만 체계적이지 못한 배움은 그 효과가 낮을 수밖에 없다. 학습의 기초가 무엇인지 그리고 어떤 사건이나 경험을 고려할 지 대상을 정하는 일은 매우 중요하다. 그리고 배우기 쉬운 것과 배울 의미가 있는 것을 구분하는 것이 중요하다.

방대한 분량의 사고통계와 분석 자료를 검토한다는 것은 인상적으로 보일 수 있지만, 실제로 무언가를 배운다는 차원에서는 다른 문제이다. 얼마나 사고가 발생했고 어떤 사고의 어떤 원인이 있다는 정도는 일반적인 분석 방식이지만, 사고가 왜 발생하지 않았고, 어떤 활동을 잘해서 사고가 발생하지 않았는지에 대한 분석 또한 필요하다. 아래 표와 같은 분석항목을 참조하여 학습능력을 분석하고 개선한다.

No	구분	분석항목	점수
1	선택기준	어떤 사건이 조사되고 어떤 사건이 조사되지 않는가? 선택은 어떻게 이루어지는가? 누가 선정하는가?	
2	학습기반	조직은 실패와 성공을 동시에 배우려는 노력을 하고 있는가?	
3	분류	사건은 어떻게 설명되는가? 자료와 범주는 어떻게 수집되는가?	
4	공식화	조사 및 학습을 위한 공식적인 절차가 있는가?	
5	교육	조사 및 학습을 위한 공식적인 교육 또는 조직적 지원이 있는가?	
6	학습방식	학습은 지속적인 활동인가? 또는 개별적인 활동인가?	
7	자원	조사와 학습에 얼마나 많은 자원이 할당되는가? 그것들은 충분한가?	
8	지연	보고 및 학습이 얼마나 지연되는가? 조직 내부와 외부에 어떻게 전달하는가?	
9	학습목표	학습은 어느 계층에서 효과가 있는가?(개인, 집단, 조직)	

6 안전탄력성 평가(RAG, Resilience Analysis Grid)

안전탄력성 평가는 대응, 감시, 예측 그리고 학습 4능력을 기반으로 하고 있다. 안전탄력성 평가는 '안전탄력성 분석 그리드(이하 RAG, Resilience Analysis Grid)'로 표현할 수 있다. 안전탄력성 평가는 안전탄력성을 적용할 대상 서술, 4능력의 분석항목 설정, 분석항목 평가, 안전탄력성 평가 순으로 운영된다. 그리고 RAG는 스타차트(star chart) 또는 레이더 차트(radar chart)로 표현된다.

가. 안전탄력성을 적용할 대상 서술

대상 시스템의 종류, 경계 및 조직구조에 따른 인력과 자원 등을 명확히 규정한다. 예를 들어, 항공관련 시스템의 경우, 항공기승무원(조종사, 승무원), 운항관리 부문 등이 해당할 수 있고, 전력회사 시스템의 경우, 중앙제어실, 근무교대 부문, 유지보수 부문, 정전관리부문 등이 있을 수 있다.

나. 안전탄력성 4능력의 분석항목 설정

시스템/활동범위와 핵심 프로세스의 본질과 관련된 내용으로 구분하고 개별 분석항목에 맞는 새로운 내용을 추가한다.

다. 분석항목 평가

안전탄력성 4능력과 관련한 분석항목을 개발하는 단계에서 해당 분야의 유 경험자를 포함시킨다. 분석항목 평가 시에는 현장 구성원 인터뷰, 전문가 토론 그리고 대표 그룹을 선정한 조사를 포함한다. 안전탄력성 평가 점수는 아래와 같이 5가지 범주를 사용한다.

- 우수(excellent): 시스템 전체적으로 평가수준이 매우 만족스러운 정도
- 만족(satisfactory): 특정항목에 대한 평가기준을 충분히 만족하는 정도
- 수용가능(acceptable): 특정항목에 대한 평가기준에 적합한(최소한) 정도
- 수용불가(unacceptable): 특정항목의 평가기준에 부적합인 정도
- 결함(deficient): 특정항목에 대한 평가기준에 대한 능력이 부족한 정도
- 누락(missing): 특정항목에 대한 평가기준에 대한 능력이 전혀 없는 정도

라. 안전탄력성 평가

분석항목 평가 결과에 따라 RAG는 아래 그림과 같은 스타차트(대응 능력을 예시로 함)로 표현할 수 있다. 대응 능력과 관련한 10개의 구분에 해당하는 좌표축을 갖고 있으며, 5가지 범주의 점수가 표시되어 있다(6번째 범주 "누락"은 좌표축의 공통 출발점에 해당).

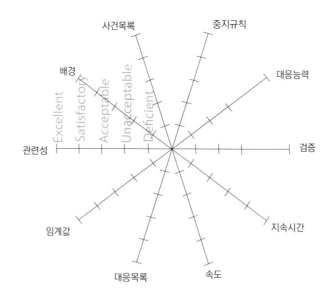

대상 시스템의 안전탄력성을 전체적으로 조망하기 위한 RAG는 아래 그림과 같이 스타 차트를 구성할 수 있다. 이 차트를 통해 안전탄력성 4능력 전체에 대한 평가 결과를 검토하고 개선 대책을 수립할 수 있다. 아래의 그림 예시는 안전탄력성 4능력이 수용가능한(acceptable) 수준이다.

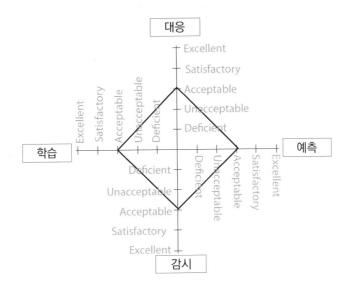

아래 그림은 대응과 감시 능력 측면에서는 잘하지만 예측 및 학습 능력 측면에서는 결함(deficient)이 있다는 것을 볼 수 있다. 해당 시스템은 단기적으로는 안전할 수 있지만, 안전탄력성이 결여되어 있다고 볼 수 있다.

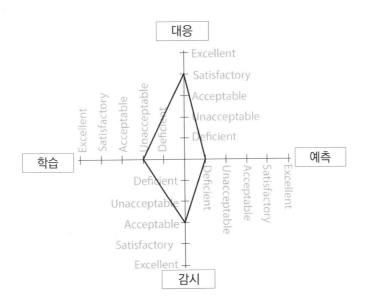

IV 안전문화(safety culture)와 안전탄력성(resilience) 개선 제언

본 책자의 제1장 안전문화의 정의 그리고 제2장 안전문화의 중요성과 특징에서 서술한 내용을 골자로 설명한다. 안전보건경영시스템을 기반으로 하는 안전문화 수준을 촉진시키기 위해 안전탄력성 4능력을 조화롭게 적용할 수 있는 방안을 설명한다. 그리고 향후 연구 방향을 모색한다.

1 안전문화와 안전보건경영시스템

안전문화라는 용어는 체르노빌 원전사고 조사를 담당했던 IAEA의 국제원자력안전자문그룹(INSAG)이 작성한 '사고 후 검토회의 요약'(1986년)에서 처음으로 사용되었다. 안전문화는 3가지의 층으로 구성되어 있다. '근본가정(underlying assumption)'은 우리의 무의식에 깊은 곳에 있으면서 사람이 무의식적으로 어떤 행동을 하는데 많은 기여를 하는 요인이다. 그리고 표현되는 믿음과 가치(espoused beliefs and values)는 안전과 관련한 가치(value)로 조직에서 구성원의 행동을 유도하는 주요 원칙으로 안전보건경영시스템 운영의 핵심적인 역할을 한다. 마지막으로 인위적 결과물(artifact)은 형식적, 문서적, 물리적 요소를 다루지만 비형식적 요소 또한 포함한다.

세계적으로 안전문화(safety culture)에 대한 보편적 합의는 없고, 기관이나 사람별로 서로 다르게 안전문화를 정의하고 있다. 세계적으로 51개가 넘는 안전문화의 정의가 존재하고 있으며, 안전풍토(safety climate)는 31개가 넘는 정의가 존재한다고 한다. 안전풍토는 안전문화와 매우 가까운 사촌 정도의 사이이며 문헌에서 종종 상호 교환적으로 사용되고 있다.

안전문화는 안전관리를 다루는 하향식 접근방식으로 주로 조직의 원칙, 규범, 약속 및 가치로 정의할 수 있고 안전관리의 중요성을 결정할 수 있다. 안전문화는 안전풍토보다 추상화 수준이 높기 때문에 설문지를 기반으로 하는 측정방식보다는 인터뷰와 감사 등의 평가를 통해 측정하는 것이 효과적이라고 알려져 있다.

안전풍토는 안전 행동, 안전 성과, 작업 관련사고와 질병을 예측할 수 있는 변수를 대상으로 하고 있어 주로 설문지를 사용하여 수준을 측정할 수 있다고 알려져 있다. 안전풍토는 전술한 안전문화의 표현되는 가치와 인위적 결과물의 영역에 가깝다. 따라서 안전풍토는 안전문화 요인 중 관찰이 가능한 부분으로 안전이 관리되는 방식에 대한 근로자의 공유된 인식을 반영한다. 안전풍토는 근로자가 어떤 순간 인지 과정을 거쳐 행동으로 옮기는 상황으로 안전보건경영시스템과 긴밀한 관계가 있어 산업재해 예방에 효과가 있다.

안전보건경영시스템을 기반으로 하는 안전문화는 산업재해 예방에 가장 효과적인 방안으로 해외에서 잘 알려져 있다. 안전문화가 중요한 이유는 조직의 의사결정자가 안전을 고려한 정책을 수립하여 사고예방 활동을 적극적으로 지원하고, 근로자는 유해 위험요인을 인식하여 사고예방 활동을 하는데 많은 영향을 주기 때문이다. 안전보건경영시스템은 계층별 사람들의 안전보건 관련 책임을 명확히 구분하여 해당 업무를 안전하게 수행하도록 하는 안전절차를 표준 문서로 구성하고 있다.

2 안전보건경영시스템과 안전탄력성

안전보건경영시스템 내에서 안전절차를 표준 문서로 구성한 내용을 보면, 이상적으로 보이지만 현실은 그렇지 않다. 그 이유는 안전절차가 실제 작업현장의 상황을 모두 반영하기는 어려울 뿐 아니라 수시로 바뀌는 작업상황을 감안하기는 어렵기 때문이다. 더욱이 본사나 경영층(blunt end에 위치한)의 예산 삭감, 인력 감소 및 공사 단축 등의 지시를 받은 현장 책임자는 계획한 일정을 급히 줄이기 위한 방도를 찾아야 하고, 그 결과는 고스란히 근로자(sharp end에 위치한)의 안전작업에 많은 영향을 주기 때문이다. 이러한 상황을 '상정된 기준(work as imagined)과 실제작업(work as done)에서 효율과 안전을 절충(ETTO, efficient thoroughness trade-off)' 하는 과정이라고 할 수 있다.

전술한 상황에서 안전한 작업을 수행하기 위한 방안은 결국 조직의 모든 계층에 있는 사람들이 안전과 관련한 근본가정과 믿음과 가치에 반영된 안전문화를 통해 경영층과 관리감독자가 리더십을 발휘하여 근로자의 안전 행동을 유지하고 지지하는 것이다.

특히 시대가 복잡하고 다양화되는 최근에는 IT 활용 등으로 인한 자동화의 결과인 인력 감소와 다양한 조직이나 사람들의 업무에 잠재되어 있는 많은 변동성(variability)으로 인하여 예상하기 힘든 유형의 사고가 발생하고 있다. 따라서 기존의 안전보건경영시스템을 기반하는 안전문화 구축과 운영에 학습(learn), 예측(anticipate), 대응(response) 그리고 감시(monitor)능력을 가진 안전 탄력성(resilience)을 포함하는 방안이 절실히 필요한 이유이다.

안전탄력성 제고를 위한 제언

안전문화의 3가지 층의 표현되는 믿음과 가치(espoused beliefs and values)와 인위적 결과물(artifact)의 영역에서 안전문화 수준 향상에 지대한 영향을 주는 안전보건경영시스템의 운영 고도화가 필요하다. 하지만 이러한 과정은 상당한 시간이 소요되는 먼 여정이므로 먼저 인위적 결과물에 해당하는 활동을 선별하여 구성원의 행동을 변화시키기 위한 선행 활동이 필요하다. 따라서 기존의 안전보건경영시스템 운영 체계에 안전탄력성 4능력을 적절하게 적용하여 안전문화 수준을 고도화해야 한다.

가. 선행지표(leading indicator)와 후행지표(lagging indicator) 설정과 운영

전통적인 부정적 결과인 사고와 문제 등의 후행지표에 더해 무엇을 잘하고 있고, 무엇을 변화시켜야 좋아질 지 검토하고 적용한다.

나. 구성원 행동변화 프로그램 운영

행동기반안전관리 프로그램과 같은 구성원 간, 관리감독자와 구성원 간, 경영층과 구성원 간 작업행동을 관찰하고 좋은 점과 개선할 점을 공유하는 선행적(proactive) 활동의 프로그램 운영이 필요하다.

다. 사고조사와 분석 방법 고도화

FTA, ETA, Bowtie, HAZOP 등의 순차적(sequential) 기법, organizational accident model, Swiss cheese model, HFACS 등의 역학적(epidemical) 기법 그리고 FRAM, AcciMap 및 STAMP 등의 시스템적 방법을 적절하게 혼용하여 사고 원인분석을 다양화하고 효과적인 개선대책을 수립한다.

라. 안전보건경영시스템 평가와 안전탄력성 4능력평가 공동 시행

회사가 정해 놓은 주기에 따른 안전보건경영시스템 평가 시기에 안전탄력성 4능력평가를 공동으로 시행할 필요가 있다. 이에 대한 예시를 보여주기 위하여 아래 표와 같이 ISO 45001(2018) 요소(element)에 학습(learn), 예측(anticipate), 대응(response) 그리고 감시(monitor)의 안전탄력성 4능력이 해당할 수 있다고 판단되는 항목을 임의적으로 기재하였다. 향후에는 사업장의 특성을 감안하여 안전탄력성 4능력평가 목록을 구성할 필요가 있다.

안전보건경영시스템(ISO 45001) 평가		안전탄력성 평가				
요소	내용	학습	예측	대응	감시	점수
4.조직상황	조직과 조직상황의 이해		●			
	근로자 및 기타 이해관계자의 수요와 기대관계사항		●			
	안전보건경영시스템 적용범위 결정		●			
	안전보건경영시스템	●	●	●	●	
5.리더십	리더십 의지표명			●		
	안전보건 정책			●		
	조직의 역할, 책임과 권한			●		
	근로자와 협의 그리고 참여			●		
6.계획	위험과 기회를 다루는 조치(일반사항, 위험요인 파악과 리스크와 기회의 평가, 법적 요구사항과 기타 요구사항 결정, 조치의 계획)	●	●		●	
	안전보건 목표와 달성 계획(안전보건목표, 안전보건목표 달성 계획)		●		●	
7.지원	자원		●			
	역량	●				
	인식		●			
	의사소통(일반사항, 내부와 외부 의사소통)			●		
	문서화된 정보(일반사항, 작성과 갱신, 문서관리)				●	
8.운영	운영계획과 관리(일반사항, 안전보건 위험 제거와 감소, 변경관리, 구매)		●		●	
	비상사태 준비와 대응	●	●	●		
9.성과평가	감시, 측정, 분석 및 성과평가(일반사항, 준수평가)		●		●	
	내부감사(일반사항, 내부 심사프로그램)				●	
	경영층 검토				●	
10.개선	일반사항, 사고/부적합 시정조치, 지속적 개선				●	

마. 공공기관 안전관리등급제 평가에 안전탄력성 4능력 평가

공공기관의 안전관리에 관한 지침과 공공기관 안전등급제 운영에 관한 지침에 따라 기획재정부는 평가위원 선임을 통해 매년 공공기관 안전등급 평가를 시행하고 있다. 저자는 2021년 기획재정부로부터 안전등급제 평가 심사위원으로 위촉되어 여러 공공기관의 사업장과 본사를 방문하여 평가를 시행한 경험이 있어, 안전탄력성 4능력이 평가지표에 반영되어야 한다고 생각하고 있다.

아래 표와 같이 공공기관 안전관리등급 평가 요소에 학습(learn), 예측(anticipate), 대응(response) 그리고 감시(monitor)의 안전탄력성 4능력이 해당할 수 있다고 판단되는 항목을 임의적으로 기재하였다. 향후에는 공공기관의 특성을 반영하여 안전탄력성 4능력 평가 목록을 구성할 필요가 있다.

공공기관 안전등급제				안전탄력성 평가				
범주	분야	심사항목	점수	학습	예측	대응	감시	점수
안전역량	1.체계역량	① 안전보건경영 리더십					●	
		② 안전보건경영체제 구축 및 역량			●			
		③ 안전보건경영 투자			●			
		④ 안전관리규정 및 절차지침		●	●		●	
		⑤ 안전관리 목표 및 안전기본계획 수립			●			
	2.관리역량	① 위험성평가 실시 체계			●			
		② 근로자 건강 유지증진 활동 체계			●			
		③ 안전보건교육 · 안전인식 · 활동참여					●	
		④ 재해조사 및 비상상황 대비 · 대응 능력		●	●			
안전수준	작업장	① 작업장 기본 안전보건관리 수준					●	
		② 기계 · 전기 설비 위험방지 및 추락 예방 조치				●		
		③ 화재 및 화학물질사고 예방활동 수준				●		
		④ 위험 작업 및 상황 안전관리				●	●	
		⑤ 수급업체 안전보건 관리					●	
안전성과 및 가치	공통	① 안전보건경영 성과측정		●	●			
		② 안전경영책임 활동 및 성과					●	
		③ 안전문화 확산		●				
		④ 사망사고 발생 및 감소 성과				●	●	

아래는 안전보건경영시스템(ISO 45001 체계 기반)을 기반으로 하는 안전문화 수준 향상을 촉진시키기 위해 안전탄력성 4능력을 조화롭게 적용할 수 있는 제언을 묘사한 그림이다.

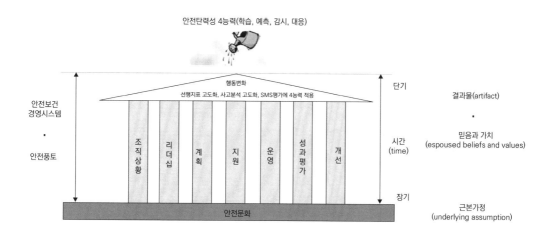

안전탄력성 4능력(학습, 예측, 감시, 대응)

	단기	결과물(artifact)
안전보건 경영시스템		
	시간 (time)	믿음과 가치 (espoused beliefs and values)
안전풍토		
	장기	근본가정 (underlying assumption)

행동변화

선행지표 고도화, 사고분석 고도화, SMS평가에 4능력 적용

조직상황 / 리더십 / 계획 / 지원 / 운영 / 성과평가 / 개선

안전문화

Ⅳ 안전문화(safety culture)와 안전탄력성(resilience) 개선 제언

하인리히 이론에 대한 맹목주의와 신비주의에 대한 의견

이번 장에서는 Fred A. Manuele[1]가 2011년 미국 안전 엔지니어 협회(American Society of Safety Engineers)에 출판한 'Reviewing Heinrich—Dislodging Two Myths From the Practice of Safety(안전 실천에 대한 두 가지 오해 없애기)'라는 영문 논문을 의역 및 요약하여 소개하고자 한다.

---

1 Fred A. Manuele는 미국의 공인 안전 전문가이다. 그의 저서 On the Practice of Safety and Advanced Safety Management: Focusing on Z10 and Serious Injury Prevention은 학부 및 대학원 안전 학위 프로그램으로 활용되고 있다. Manuele는 미국 안전 엔지니어 협회(American Society of Safety Engineers)로부터 펠로우(Fellow)의 영예를 받았고 국가 안전 위원회(National Safety Council)로부터 안전 공로상(Distinguished Service to Safety)을 받았다. 그는 ASSE, 국가 안전 위원회 및 공인 안전 전문가 위원회의 전 이사였으며 회장을 역임했다. 2013년에 Mr. Manuele는 공인 안전 전문가 위원회에서 평생 공로상을 받았다. 2015년에 센트럴 미주리 대학교에서 공로상을 받았다. 2016년에는 미국안전기술자협회(American Society of Safety Engineers)로부터 "안전실천 발전에 대한 헌신"으로 대통령상을 수상했다.

별첨 2 하인리히 이론에 대한 맹목주의와 신비주의에 대한 의견

I 소개

 1 표준화 오류(The Standardization Error)

Stefansson[2]은 사람들이 적절한 증빙이나 검증 없이도 어떠한 사실을 기꺼이 수용하려는 경향이 있다고 지적하고 있다. 이러한 경향이 사실로 굳어지게 되면 사람들의 믿음은 깊이 고착화되어 결국 표준화되므로 이를 없애기 매우 힘들다고 하였다.

지식은 논리적으로 모순되지 않고 오직 검증될 때만 수용되어야 하지만, 안타깝게도 안전 전문 분야에 그릇된 통념(myth)이 고착화되어 그동안 표준화되어 왔다. 이러한 통념은 하인리히가 4번(1931, 1941, 1950, 1959)에 걸쳐 발간한 산업사고방지(Industrial Accident Prevention: A Scientific Approach) 이론을 담은 책에 존재한다.

따라서 현장 실천을 기반으로 하인리히가 주장하고 있는 '산업재해 발생의 핵심 원인은 사람의 불안전한 행동이다'와 '사고율을 줄이면 심각한 재해가 줄어든다는 통념'을 검증하고자 한다.

 2 하인리히의 업적(recognition : Heinrich's achievements)

하인리히는 사고방지 분야에서 선구적인 인물로 1930년부터 약 30년간 4번에 걸쳐 산업사고방지 이론을 담은 책자를 발간하였다. 하인리히는 그 누구보다도 산업안전 분야에 지대한 영향을 주었다.

---

2 Vilhjalmur Stefansson (Icelandic: Vilhjálmur Stefánsson) (1879 - 1962) 캐나다 북극 탐험가, 민족 학자

3 하인리히의 연구 자료 검색 불가(Heinrich's source unavailable)

하인리히가 연구한 자료를 찾으려고 하였으나 실패했다. Dan Peterson[3]과 Nestor Roos는 하인리히와 함께 산업사고방지 이론을 담은 5번째 책자를 집필하는 과정에서 그가 그동안 발간한 책자에 있는 여러 이론과 관련한 자료가 없었음을 확인하였고, 자료 취합방식과 사용된 설문서의 분석 방식은 검증되지 않았다고 하였다.

4 심리와 안전(psychology & safety)

하인리히는 사고의 주요 원인을 선택하고 관련 문제를 해결하는 데 있어 심리학 적용이 매우 중요하다고 하였다. 그리고 사고의 근본 원인에는 심리학이 존재한다는 대전제를 두었다. 그리고 그의 4번째 서적에서는 회사가 사업장에 의사를 상주시키듯이 산업 심리학자를 사업장에 상주시켜야 한다고 주장하였다. 저자는 심리학을 기반으로 하는 사고방지 활동의 실효성에 대해 의문을 품는다.

---

3 Dan Petersen(1932-2007) 현대 안전의 아버지 중 한 사람으로 간주된다. 그는 ASSE(American Society of Safety Professional)의 "Fellow"로 지명되었고, 전국 회장으로 선출되는 것을 포함하여 산업 안전 보건에 관한 모든 명예와 상을 받았다.

별첨 2 하인리히 이론에 대한 맹목주의와 신비주의에 대한 의견

하인리히는 사고의 직접적인 원인으로 불안전한 행동을 지목하였고, 전체 사고에서 88%를 차지한다고 하였다. 그리고 기계/물리적인 불안전한 상태가 10%를 차지하며 사전에 막을 수 없는 불가항력이 2%를 차지한다고 하였다. 그는 사람의 결함(man failure)과 심리요인이 개선되어야 할 중요한 요인이라고 주장하였다. 여기에서 주의 깊게 생각해 볼 것은 그가 사고를 예방할 수 있는 요인으로 인간실수(human error, 불안전한 행동의 원인이 되는 요소)를 지목하였다는 것이다. 하지만 사고의 원인은 다양하므로 인간실수를 전적인 요인으로 보는 관점은 현실적으로 한계가 있다.

예를 들어 어떤 화학공장의 밀폐된 생산설비에서 냄새가 없고 색이 없는 독성가스를 생산하는 시설이 오래되어 독성가스가 새고 있지만, 가스 검지기와 알람 시스템이 동작하지 않고 있다고 가정해 본다.

이런 위험한 상황을 발견한 내부 감사자는 설비를 즉시 개선하도록 지시하였지만, 경영책임자는 비용이 투자되는 시설개선을 중지시키고 관련 직원을 1/3로 감원하도록 지시했다고 하면, 이런 상황에서 근로자는 가스 검지기와 알람 시스템 기능을 고치기 위해 잦은 수리와 조정 업무를 할 수밖에 없을 것이다. 게다가 감독자는 밀폐된 가스 생산 지역을 출입하는 근로자가 가스 측정을 하지 않고 들어가는 것을 보고도 제재하지 않아, 근로자가 밀폐된 장소에 체류된 독성가스에 의해 사망하였다면 근본원인은 무엇일까?

이 사고의 근본원인은 일반적으로 설비 노후로 인한 독성가스 누출, 가스 검지기와 알람 시스템 불량, 인원 감원, 관리감독자의 감독 미흡 등 다양한 요인이 있다고 볼 수 있다. 하지만, 이 사고의 근본원인을 근로자의 불안전한 행동으로 지목한다는 것은 또 다른 사고를 일으키는 요인이 될 뿐 아니라 사고예방의 효과 또한 매우 낮을 것이다. 따라서 하인리히가 주장하는 사고의 원인이 사람의 결함(man failure)이라는 점 그리고 불안전한 행동이 유일한 사고의 근본원인(root causes)이라는 논리는 지지할 수 없다.

하지만 아쉽게도 하인리히의 사고 발생 원인 법칙(88-10-2 비율)은 지속적으로 안전관리에 지대한 영향을 주었고 가장 잘못된 방향으로 인도하였다. 그 결과 작업 현장 개선 방식의 안전관리가 사람의 결함을 개선하는 방식으로 전개되었다. 무엇보다 그의 주장과 법칙을 굳게

믿고 있는 안전전문가들을 현장이나 시스템 개선보다는 사람의 결함에 집중하게 하는 계기가 되었다.

이로 인해 현장에서 사고가 발생하면 사람의 결함을 근본원인으로 지목하여 사고조사와 분석을 쉽게 종결하는 관행이 고착화되었으며, 사고의 책임에서 자유롭지 않은 관리감독자나 책임자는 그들의 책임을 근로자에게 미루는 관행이 팽배해졌다. 이러한 관행으로 인해 비용이 투자되는 현장개선이나 시스템 개선의 노력보다는 근로자 재교육, 조직 그룹 재편성, 표준 운전 절차 변경 등 감독자나 관리자가 쉽게 할 수 있는 피상적인 안전 관리 활동에 치우치게 되었다.

 ## 1 근로자 계층 이상의 인간실수(human error above worker level)

공정 안전분야와 관련이 있는 인간실수 예방 가이드라인(guidelines for preventing human error in process safety)[4]은 공정 안전과 관련이 있는 내용으로 구성되었지만, 처음 두 개의 장(chapter)은 인간실수를 예방할 수 있는 내용으로 구성되어 있다. 주요 내용은 실수가 발생하는 장소, 실수를 일으키는 사람과 계층, 실수가 조직문화에 주는 영향 등으로 구성되어 있고, 인간실수를 예방하기 위한 조언이 아래와 같이 포함되어 있어 대부분의 산업에 적용할 수 있다.

- 인간실수 요인은 운영 조직에서 시스템 실패를 일으키는 주요한 기여 요인이다. 그러나 종종 이러한 실수는 회사의 경영진, 설계자 또는 기술 전문가로 인해 생긴다.
- 실수는 사람이 해야 하는 어떠한 목표(업무)를 달성하지 못한 결과이므로 적절하지 못한 조직문화에 의해 발생한다. 따라서 경영층이 참여하여 시스템적인 관점에서 인간실수를 예방해야 한다.
- 인간실수는 설계, 운전, 유지보수 또는 관리 절차로 인해 발생한다.
- 처벌과 부정적인 피드백 등 비난의 순환고리에 의해 비난 문화가 만들어지고, 근로자는 안전 동기 수준이 낮아져 의도적인 불안전 행동을 한다.
- 안전문화 수준은 경영층의 참여 정도와 작업 인력 간 안전 의사소통에 따라 결정된다.
- 작업장의 안전설계와 안전 작업 방법은 회사 경영층, 설계자, 기술자 계층의 안전관리

---

4 Guidelines for Preventing Human Error in Process Safety, CCPS(Center for Chemical Process Safety) John Wiley & Sons, Aug 13, 2010-Technology & Engineering, 텍사스 시 파이퍼 알파사고, 필립스 폭발사고, 프랑스 Feyzin폭발사고 등에 대한 인간실수 요인, 디자인 요인, 운전과 유지보수, 안전관리 등에 대한 주요 사고조사

참여 노력에 따라 확보된다. 따라서 안전 전문가는 먼저 현장의 위험(risk)이 수용할 수 있는 위험(acceptable risk) 수준에서 관리되도록 시스템 개선에 집중해야 한다.

- 안전 전문가는 James Reason이 발간한 "managing the risks of organizational accident"[5] 책자를 참조하여 조직의 인간실수를 예방해야 한다.
- 잠재 조건(latent condition)에는 설계결함, 감독 불일치, 발견되지 않은 제조 결함 또는 유지 관리 실패, 실행 불가능한 절차, 서투른 자동화, 교육 부족, 기준 이하의 도구 및 장비 등이 존재한다. 그리고 잠재 조건은 현장의 여러 조건과 실행 실패(active failure)와 결합하여 시스템 방어층(layer of defenses)에 상주하면서 인간실수를 유발한다.

잠재 조건은 정부, 규제 기관, 제조업체, 설계자 및 조직 관리자와 전략적인 결정을 하는 최상위 조직에 의해 만들어진다. 조직이 만든 잠재 조건은 해당 기업의 문화 조성에 많은 영향을 주며, 사업장으로 전파되어 인간 실수를 유발하는 요인이 된다.

Deming[6]은 품질보증 분야에서 세계적인 명성을 얻은 사람으로 사고방지를 위한 방안으로 근로자의 행동을 위주로 하는 관리보다는 시스템 관리에 많은 집중해야 한다는 85-15원칙을 주장하였다. 그의 주장은 품질 분야 이외에도 안전 분야에 적용될 수 있다. 그는 1,700건이 넘는 사건 조사 보고서를 검토한 결과, 문제의 15%는 근로자의 행동과 관련이 있었고 85%는 경영책임자의 부족한 리더십에서 비롯되었다고 주장했다.

또한 2010년 미국 안전 엔지니어 협회(ASSE)가 주관하는 심포지엄에서 작업장 안전과 인간실수라는 새로운 관점을 주제로 토론을 한 적이 있었는데, 몇몇 연사는 인간실수를 방지하기 위해서는 시스템과 작업설계를 개선해야 한다고 조언한 바 있어 Deming의 85-15원칙과 유사하다고 할 수 있다.

인간공학(Ergonomics and Human Factors Engineering) 분야에서 저명한 Chapanis의 연구 또한

---

5 Managing the Risks of Organizational Accident, Reason, J. (1997). "이 책은 다양한 첨단 기술 시스템에서 중대 재해의 원인을 파악할 수 있는 지식을 높이기 위한 기준을 제시한다. 또한 시스템 관리자와 안전 전문가가 현재 이용할 수 있는 것 이상으로 조직 사고의 위험을 관리하기 위한 도구와 기술에 대해서도 설명한다. 제임스 리슨(James Reason)은 원자력 발전소, 석유 탐사 및 생산 회사, 화학 공정 설치 및 항공, 해상 및 철도 운송 분야에서 인간과 조직의 원인으로 발생하는 중대한 사고를 포괄적으로 설명한다. 인간과 조직적 요인을 이해하고 통제하는 것과 관련이 있으며, 안전 전문가들이 읽어야 할 필독서이다.

6 William Edwards Deming (October 14, 1900-December 20, 1993) 품질문제에 있어 경영자 책임이 전체 문제의 85%에 달한다고 주장하면서 경영자 책임을 강조했다. 결국 품질문제는 시스템의 문제인 것이다. Deming은 문제가 발생한 다음 이를 긴급 수습하는 식의 해결보다 장기적 안목으로 보다 계획적으로 시스템과 프로세스에 주목할 것을 강조했다. 프로세스 개선 시에 필요한 4단계 행동절차, PDCA를 강조했다. 본래 이 4단계는 슈와트 사이클이라고 알려진 것이었으나, 1950년대에 Deming 사이클이라고 불리고 있다.

Deming의 견해와 주장과 일치한다. Chapanis는 사고의 원인이 불안전한 행동이라는 사고조사의 결론은 비논리적이므로 설계, 배치, 장비, 운영 및 시스템 측면의 개선방안 마련이 필요하다고 주장하였다.

미국 에너지부(Department of Energy, 1994)는 MORT(Management Oversight and Risk Tree)를 체계적인 사고원인 분석 절차로 제시한 바 있는데, 여기에도 불안전한 행동을 사고의 근본원인으로 보고 있지 않다. 따라서 하인리히가 주장한 산업재해의 핵심 원인이 불안전한 행동이라는 전제는 더 이상 지지할 수 없다.

2 자료 취합과 분석 방법(Heinrich's data gathering & analytical method)

하인리히는 1953년과 1960년 두 차례 펜실베니아 주(state)에 보고되었던 사고 원인조사 분석 결과를 알고 있던 것으로 판단한다. 그 사고 원인조사 분석 결과에 따르면 사람의 불안전한 행동과 상태(부적절한 기계적 또는 물리적인 조건)로 인해 발생하는 사고가 거의 같은 비율인 것을 알 수 있다. 따라서 하인리히가 주장했던 사고발생 원인 법칙 88-10-2와는 다르다는 것을 보여주고 있다.

이러한 사실을 확인할 수 있었던 것은 미국 NSC[7]가 1980년에 발간한 산업공정에 대한 사고방지 매뉴얼(accident prevention manual for industrial operations)에 기재된 펜실베니아 주 사고 원인조사 보고 내용 확인을 통한 것으로 자세한 사항은 아래와 같다.

- 1953년 펜실베니아 주에 보고된 91,773건에 대한 사고분석 연구에 따르면, 모든 치명적이지 않은 부상(nonfatal)의 92%와 모든 치명적인 부상(fatal)의 94%가 불안전한 상태(위험한 기계적 또는 물리적 조건)에 인한 것으로 나타났다. 그리고 모든 치명적이지 않은 부상(nonfatal)의 93%와 모든 치명적인 부상(fatal)의 97%가 불안전한 행동에 인한 것으로 나타났다
- 1960년 같은 주에 보고된 80,000건의 사고분석 연구 결과를 보면, 치명적이지 않은 부상(nonfatal)의 98.4%는 불안전한 상태(위험한 기계적 또는 물리적 조건)이고, 불안전한 행동은 98.2%이었다.

하인리히는 펜실베니아 주에 보도된 두 가지 사고분석 연구 결과가 자신의 연구 결과가 다르

---

7 NSC(National Safety Council, 미국 국가안전보장회의)는 미국 안보 보좌관들과 내각 관리들과 함께 국가 안보, 군사 문제 및 외교 문제를 고려하기 위해 미국 대통령이 참여하는 주요 포럼.

다는 것을 알고 있었지만, 오직 불안전한 행동을 근본원인(88%)으로 지목하여 정당화하였다. 하인리히의 사고발생 원인 법칙 88-10-2는 1920년대 후반에 발표되었지만, 그의 연구 결과에 활용된 사고분석 자료는 미심쩍으며 알려지지도 않았다.

사고 분석 자료는 폐쇄 청구 파일 보험 기록에서 무작위로 2만 건이 선정된 것이며, 연구 자료는 넓은 범위의 지역(도시)과 다양한 산업군으로 분류되었다. 그리고 사고발생 공장 소유자의 사고 기록 63,000건은 사고분석이 실시되지 않은 신뢰하기 어려운 자료였다. 더욱이 사고조사에 대한 전문성이 부족하고 사고원인의 책임을 회피하기 쉬운 감독자가 작성한 사고조사 보고서를 연구 결과에 활용했으므로 사고원인 조사를 신뢰하기 어렵다.

하인리히는 사고원인 파악을 위해 고객들에게 보험 청구서와 감독자의 사고보고서를 컴퓨터 기반으로 사고 보고 시스템에 보고할 것을 요청했지만, 실제 보고서에는 사고원인을 파악할 수 있는 자료는 거의 없었다. 결과적으로 하인리히는 보고된 1,700건이 넘는 사고를 검토했지만 약 80% 정도는 사고원인을 파악하기 어려웠을 것으로 판단한다. 따라서 하인리히가 발표한 사고발생 원인 법칙 88-10-2는 신뢰하기 어렵다.

3 사고 발생 원인 법칙(88-10-2 비율) 요약(summation on the 88-10-2 ratios)

하인리히가 발표한 사고발생 원인 법칙 88-10-2의 근거자료는 신뢰할 수 없고, 사고가 발생하는 직접적인 원인이 사람의 결함(man failure)이라는 그의 전제는 지지할 수 없음에도 불구하고 안전 분야의 전문가들은 사고의 원인 중 80%~90%는 사람의 행동적인 요인이고, 나머지는 장비와 시설적인 요인이라고 생각하고 있는 것이 현실이다. 우리 문화 전반과 안전 분야에 뿌리내린 하인리히의 사고원인 분석 이분법은 효과적인 사고방지 활동을 비효율적으로 이끌고 있다는 것을 인지해야 한다.

그동안 무상해(no injury) 사고가 300건이 있고, 경상해(minor injury)가 29건이 있다면 결과적으로 중상해(주요한 근로 손실 사례, major lost-time case)가 발생한다는 하인리히의 이론을 신봉했다. 이로 인해 많은 안전 전문가들은 그의 이론을 따라 사고빈도를 줄이면 부상의 심각성이 동등하게 감소한다고 믿어왔다.

이러한 믿음은 하인리히가 그의 서적에서 4번에 걸쳐 저술한 "가장 많이 차지하는 부상의 종류(경상해)는 사고원인을 파악할 수 있는 중요한 단서가 된다(in the largest injury group-the minor injuries-lies the most valuable clues to accident causes)."라는 내용에서 비롯된 것이다. 아래 그림과 같이 사고율을 줄이면 심각한 재해가 줄어든다는 하인리히의 1-29-300 법칙은 삼각형이나 피라미드로도 불린다.

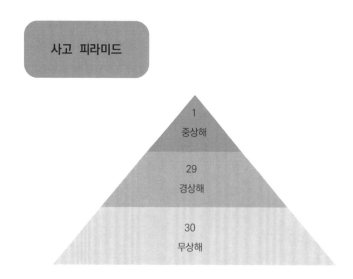

사고 피라미드

1
중상해

29
경상해

30
무상해

출처: Adapted from Industrial Accident Prevention: A Scientific Approach(1st ed.) (p. 91), (2nd ed.) (p. 27), (3rd ed.) (p. 24), (4th ed.) (p. 27), by H.W. Heinrich, 1931, 1941, 1950, 1959, New York: McGraw-Hill.

하인리히는 그의 저서 1판에서 사고 330건 중 300건은 무상해이고, 29건은 경상해, 1건은 중상해 또는 근로손실사고라고 하였다. 이러한 분석 결과를 토대로 사고는 다른 산업에서도 유사하게 발생할 수 있다고 주장하였다. 그리고 그는 그의 저서 2판에서 "사고 분석 결과를 통해 파악된 모든 사고가 다른 산업에서도 유사하게 일어났음을 증명한다."라고 공식적인 주장을 추가하였다.

하인리히는 그의 서적 1판에 포함된 1-29-300 법칙을 나타내는 도식에서 "330건의 사고가 모두 같은 원인"이며 원인은 한가지라고 주장하였는데, 실제 330건의 모든 사고가 같은 원인을 갖는다는 주장은 신뢰하기 어렵다. 하물며 이러한 주장은 그의 서적 1판에만 언급되어 있다. 결과적으로 그의 이론에 따라 사고빈도를 줄이면 반드시 상해의 심각성이 동등하게 감소한다는 법칙은 비현실적이다.

더욱이 법칙을 지지하는 근거자료 또한 신뢰하기 어렵다. 그 이유는 그의 저서 1판, 2판 및 3판에서 무상해 빈도의 결정은 가장 흥미롭고 포괄적인 연구를 따랐다고 설명하고 있지만, 경상해와 무상해 사고에 대한 사고 분석 자료는 거의 없었기 때문이다. 하인리히가 1판을 출간한 이래 28년 만에 발간한 4판에는 무상해 사고 5,000건 이상의 사고 자료의 출처가 더 구체적으로 명시되어 있었지만, 경상해나 중상해 사고에 관한 내용은 여전히 거의 없었다. 하인리히가 1판을 출간한 이래 28년 만에 그가 주장했던 여러 내용을 개정한 것은 신뢰하기 어렵다. 특히 2판과 3판에서는 별도의 설명 없이 아래와 같이 내용이 수정되었다.

- 1판에서 330건의 사고가 모두 같은 원인을 가지고 있다는 내용이 삭제되었다.
- 2판에서는 330건의 사고 집단이 "유사"하고 "동일 종류"로 변경되었다.
- 3판에서는 330건의 사고는 "같은 종류이며 동일한 사람이 관련되어 있다"라는 내용이 추가되었다.

하인리히는 그의 저서 3판과 4판에서 "재해의 결과로 이어졌던 사고마다 사고로 이어지지 않았던 유사 사고가 자주 발생했었다"라고 하였는데, 이것을 추정해보면 하인리히는 동일한 사람에게 발생한 330건(무상해 300건, 경상해 29건 및 중상해 1건의 합)을 분석한 것으로 보인다. 하지만 330건의 사고가 같은 종류로 같은 집단에서 같은 사람에게 발생한다는 그의 주장을 믿을 수가 있을까? 더욱이 그는 이러한 주장에 근거가 되는 자료분석에 대한 어떠한 설명도 없었다. 그런데도 그의 법칙을 어떻게 신뢰할 수 있을까?

특히, 그의 서적 2판과 3판의 1-29-300 법칙에서 변경된 내용은 4판으로 이어지면서 심각한 논리적 문제를 일으킨다. 예를 들어 건설 근로자 A씨가 건설 리프트를 타고 상부 10층으로 올라간 후 곧 난간이 없는 개구부에서 추락하여 사망했다는 사고를 하인리히의 1-29-

300 법칙에 적용해 보면, A씨는 사망사고 전에 300건의 무상해가 있었고 29건의 경상해가 있었다는 사실이 검증되어야 한다. 하지만 이러한 검증은 매우 어려울 것으로 판단한다. 그럼에도 불구하고 하인리히는 전술한 상황을 그에게 유리하게 1-29-100 법칙으로 설명한다는 것은 매우 비논리적일 수 있다.

하인리히의 1-29-300 법칙에 따라 5,000건 정도의 사고를 분석한다면, 아래와 같은 상황이 설정된다.

- 중상해가 1건일 경우, 경상해는 29건이고, 무상해 사고는 300건이다.
- 중상해가 5건이면, 경상해는 145건이고, 무상해 사고는 1,500건이 된다.
- 중상해가 10건일 경우, 경상해는 290건이고, 무상해 사고는 3,000건이 된다.

하인리히는 1-29-300 법칙에서 모든 사고는 동일 유형이고 같은 사람에게 발생한다는 논리를 설정하였기 때문에 수용하기 어렵다고 판단한다. 그의 논리를 설득력 있게 보완하려고 한다면, 실제 4,500건이 넘는 무상해 사고(300 ÷ 330 × 5,000)에 대한 정보를 수집하고 분석해야만 가능하다. 하지만 이런 방대한 자료를 그가 분석했다고 보기는 어렵다. 이런 모든 점을 고려해 보면 그의 1-29-300 법칙이 논리적이라는 것에 동의할 수 없다.

① 통계지표: 중대재해 추이(statistical indicator: serious injury trending)

심각한 부상과 근로자 재해 보상 추이를 보면 사고 발생 빈도(incident frequency reduction)가 감소하는 경향과 동등하게 중상해(severity)는 감소하지 않았다. 아래 자료는 NCCI[8]의 간행물에서 발췌한 것이다.

- 2006년 NCCI의 발표에 의하면 지난 10년 동안 근로자 재해 보상 신청 건수가 상당히 감소한 것으로 나타났다.
- 2009년 7월 발표에 의하면 근로자 재해 보상 신청 건수가 2008년에 계속 감소하여 4.0%에 이르렀다. 2010년 5월 발표에 의하면 1991년부터 2008년까지 재해 보상 신청 건수 누적 감소율은 54.7%나 되었다.

---

8 NCCI, 미국 보상 보험 협회(National Council for Compensation Insurance)는 미국의 근로자 보상 정보, 도구 및 서비스 공급자이다.

- 2005년 발표에 의하면 근로자 재해 보상 신청 건수가 감소하였는데, 중대한 사고손실 (larger lost-time claims)보다는 경미한 사고손실(smaller lost-time) 건수가 높게 줄었다. 이러한 자료를 뒷받침해 줄 수 있는 1999년과 2003년의 보상비용 감소 비율인 아래 표를 검토해 볼 필요가 있다.

사고감소 항목

처리비용	감소율
2천 달러 미만	34%
2천 달러~1만 달러	21%
1만 달러~5만 달러	11%
5만 달러 이상	7%

출처: Data from "State of the Line," by National Council on Compensation Insurance, 2005, Boca Raton, FL: Author.

근로자 재해 보상 건수가 줄어드는 동안 가장 큰 감소는 덜 심각한 부상이다. 1만 달러에서 5만 달러 사이의 보상 건은 2천 달러 미만 건에 비해 약 1/3 수준이다. 5만 달러 이상의 보상 건은 비용이 덜 들거나 덜 심각한 상해에 비해 약 1/5 정도 감소했다. 이 자료는 재해 건수의 감소에 따라 재해의 심각성이 감소하지 않는다는 것을 보여주고 있으며, DNV(2004)의 자료를 통해서도 보면 사고빈도를 줄이는 관리를 한다고 해서 사고의 심각한 사고를 동등하게 줄인다는 것은 어려워 보인다.

 피라미드란 무엇인가?(what about the pyramid?)

지난 몇 년간 고전적인 손실 통제 피라미드[9]에 대한 토론이 있었다. 손실 피라미드는 중상해 1건이 발생하려면 29건의 경상해가 발생하고 300건의 무상해 사고가 있음을 나타낸다.

---

9 손실 통제 피라미드: 하인리히의 이론으로 안전 피라미드라고 불리고 있다. 중상해 1건이 발생하려면 29건의 경상해가 발행하고 300건의 무상해 사고가 있음을 나타낸다. 즉 무상해 사고를 최소화하면 중대 재해가 감소할 가능성이 높다는 이론이다. Safety Triangle이라고도 불린다.

모순점: 행동과 재해(contradiction acts & injuries)

하인리히는 그의 서적 1판과 3판에서 언급한 바와 같이 사람이 중상을 입기 전 330건 혹은 그 이상 수백 가지의 불안전한 행동이 존재한다고 아래와 같이 주장하였다.

- 사람이 부상을 입기 전 약 300번의 불안전한 행동이 존재하므로 부상을 입기 전 불안전한 행동을 발견하고 수정할 수 있는 훌륭한 기회가 있다는 것을 명심하라고 하였다.
- 그리고 심각한 부상을 입기 전 불안전한 행동이 수백 번 발생한다고 하였다.

특정 사고가 발생하기 전 불안전한 행동이 여러 차례 있을 수 있지만, 이것을 심각한 부상이나 사망을 초래하는 주요 사고에 포함하는 그의 설명을 동의하기 어렵다. 그는 그의 서적 4판에서, 불안전한 행동과 상태와 관련한 견해를 밝혔는데, 300건의 무상해 사고가 발생하기 전 500건에서 1,000건 이상의 불안전한 행동이나 상태가 만들어진다고 주장하였다. 사고가 발생하기 전 불안전한 행동이나 상태가 반드시 존재한다는 그의 설명은 비논리적이다.

 1:29:300 법칙 요약(summation on the 300-29-1 ratio)

하인리히의 1-29-300 법칙은 비논리적이다. 중상해를 막을 수 있는 기회를 놓치면서 무상해 사고에 집중한다는 것이 과연 효과적인 활동인지 생각해 보아야 한다. 하인리히의 전제 중 하나인 "무상해 사고의 주된 원인은 통상적으로 중상해의 주된 원인과 같으며 경상해의 우연한 원인이기도 하다."라는 논리는 수정되어야 하는 잘못된 믿음이다.

이 전제대로라면 중상해를 막기 위해 사용될 자원 활용(안전관리 활동)이 무상해 사고를 막는 잘못된 방향으로 진행될 수 있다. 저자의 경험에 의하면 중상해는 복잡한 원인[10]이 있고 같은 종류의 사고는 드물게 발생했다고 생각한다. 게다가 모든 위험(hazard)이 동일한 위험을 갖는 것은 아니며, 어떤 위험(risk)은 다른 위험보다 더 중요하므로 위험의 우선순위를 부여하여 설정하는 것이 중요하다.

---

10 Casual Factor: Causal Factors are any behavior, omission, or deficiency that if corrected, eliminat-ed, or avoided probably would have prevented the fatality. 만약 사고의 원인이 되는 무엇을 수정, 제거 또는 피하면 중대재해를 막을 수 있었던 행동, 생략 또는 결핍

별첨 2 하인리히 이론에 대한 맹목주의와 신비주의에 대한 의견

많은 안전 전문가들은 하인리히가 정의한 중상해, 경상해 및 무상해 사고라는 용어를 잘못 사용했다. 그 예로 안전 전문가들은 중상해(major injury)를 심각한(serious)사고나 사망사고로 정의하여 사용하고 있는 것이다.

하인리히는 보험사에 보고된 사고 집단(330건) 중 중상해(major injury)를 심각한(serious)사고나 사망사고로 정의하지 않았다. 또한 중상해는 모든 근로손실사고가 아닐 수도 있고 산재 보상금을 지급하지 않는 경우도 포함한다. 그리고 경상해(minor injury)는 일반적으로 응급 처치인 긁힘, 타박상 또는 열상 등의 사고이며, 무상해(no injury accident)는 사람, 물체, 광선 또는 물질(예: 넘어짐, 추락, 물체의 움직임, 흡입)의 움직임과 관련된 계획되지 않은 사건으로 실질적인 상해나 재산피해를 유발할 수 있는 사고이다.

1920년대 하인리히가 이러한 정의를 할 즈음에는 근로자에게 산재 보상을 해주는 회사는 매우 드물었다고 한다. 게다가 의료시설이 구비된 현장은 별로 없었으며 보험회사는 통상적으로 가벼운 부상에 대한 보상비용을 지불했다고 한다. 하지만 하인리히는 이러한 사고를 큰 부상으로 간주하였는데, 그렇다면 모든 기록 가능한 부상-recordable injury[11]들이 이러한 맥락에서 보면 큰 부상으로 간주해야 한다는 논리가 성립된다

하인리히의 1-29-300법칙은 그동안 잘못 사용되어 왔다. 예를 들면, 어떤 회사의 안전 담당 임원이 그가 근무하는 회사에서 1건의 사망사고가 발생했을 때, 이미 이전에 29건의 근로손실사고가 있었다고 하는 사실을 들어 하인리히의 1-29-300법칙이 입증된 것이라 보고하는 경우와 같을 것이다.

이러한 사례를 두고 볼 때 하인리히의 1-29-300 법칙은 잘못 사용되고 있다고 판단한다.

---

11 Recordable Injury: 응급 처치 사고, 사망, 근로손실 사고, 제한된(Restricted) 작업 또는 다른 직업으로 전환 또는 의식을 잃는 기록가능한 사고 등이 있다.

V 하인리히의 법칙과 현재 안전 지식
(Heinrich premises versus current safety knowledge)

사고방지를 위해 근로자의 행동에만 집중하는 하인리히의 이론은 현재의 안전보건경영시스템 운영을 통한 사고방지 활동과는 다르다. 안타깝게도 일부 안전 전문가들은 사업장에서 가장 먼저 개선해야 할 활동(hierarchy of control)을 무시한 채, 하인리히의 이론에 따라 불안전한 행동에만 몰입하고 있어 효과적인 사고방지 활동이 저해되고 있다. 아래의 사례는 효과적인 안전보건경영시스템을 통한 사고방지 활동의 사례들이다.

- 위험(hazard)[12] 요소는 안전 개선을 위해 활용되는 중요한 자료이다.
- 위험(risk)[13]은 위험(hazard)과 관련된 사고 또는 누출이 발생할 확률과 그로 인해 생길 수 있는 피해의 정도를 추정한 것이다.
- 직책과 관계없이 안전에 책임이 있는 사람은 위험(hazard)을 관리하여 위험으로부터 파생되는 위험(risk)을 수용(acceptable)할 수 있어야 한다.
- 안전 개선을 위해 활용되는 모든 위험(risk)은 위험(hazard)을 파악한 결과로 예외 없이 안전 개선 활동에 적용된다.
- 제품/설비 등의 설계와 변경 시 위험(hazard, risk)이 제거되거나 통제되는 것이 가장 효과적이고 경제적이다.
- 위험(risk)의 두 가지 측면에서 전문적인 안전 실천을 고려해야 한다. 위험과 관련된 사고 또는 노출 발생의 가능성 감소 또는 제거, 만약 사고나 노출이 발생한다면 피해의 심각성을 줄인다.
- 경영층의 리더십을 통해 안전 문화는 구축된다.
- 경영층의 적극적인 참여 정도에 따라 조직의 안전문화 수준이 결정된다.
- 조직의 문화 수준에 따라 설비, 장비, 도구, 자재, 절차, 배치, 배치, 작업환경, 작업 방법 등에 대한 현장의 위험(risk)관리가 결정된다.

---

12 Hazard: 잠재적인 위험 요인, 예상되는 피해의 본질(예: 감전 위험, 분쇄 위험, 절단 위험, 독성 위험, 화재 위험, 익사 위험 등) by ISO/IEC Guide 51 Safety Aspects

13 Risk: 위험발생의 가능성과 심각도의 조합 by ISO/IEC Guide 51 Safety Aspects

별첨 2 하인리히 이론에 대한 맹목주의와 신비주의에 대한 의견

- 문화 변화를 통해 행동과 안전 개선이 이루어진다.
- 실수(commission)를[14] 유발하는 사전 조건(precondition)이[15] 존재하는 이유는 조직의 경영, 설계, 공학 또는 기술 전문가 수준에서 작업장 및 작업 방법과 관련한 잘못된 결정이 있기 때문이다.
- 시스템 개선을 통해 수용할 수 있는 위험(acceptable risk) 수준의 관리를 우선해야 좋은 안전 성과를 달성할 수 있다.
- 경영책임자의 승인으로 만들어진 작업 방법과 관련한 여러 현안은 경영책임자만이 해결할 수 있으며, 작업자의 책임은 매우 적다는 것을 인지한다.
- 근로자는 위험을 확인하고 분석하며, 위험을 제거하고 통제해야 한다.
- 사고는 대개 조직적, 문화적, 기술적 또는 운영 체제에 따른 여러 가지 상호 원인(casual factor)에 의해 발생한다.
- 사고조사 내용이 실제 발생 원인과 관련이 없다면, 대책은 부적절할 것이다.
- 낮은 빈도 및 강도의 사고 요인과 심각한 부상을 일으키는 사고 요인은 다르다. 따라서 심각한 부상을 일으키는 고유성(uniqueness of serious injury potential)을 적절하게 검토한다.

이상과 같이 필자가 언급했듯이 하인리히의 법칙은 현재의 안전 활동과는 거리가 있다.

---

14 Commission: 해야 할 일을 잘못 수행하는 실수(e. g. Omission: 해야 할 일을 하지 않는 실수) by Dr. Swain

15 Precondition: James Reason은 불안전행동의 전제조건(Preconditions for Unsafe Act)은 주로 업무수행, 환경영향 및 위험이 존재하는 등 복잡한 조건으로 불안전행동에 많은 기여를 한다고 하였다.

VI 추천사항 (recommendation)

    안전 전문가는 하인리히의 잘못된 이론을 전부 믿어서는 안되며, 아래와 같은 행동을 해야 한다.

- 사고의 주요 원인이 불안전한 행동이라는 논리와 사고빈도를 줄이면 사고의 심각성 또한 줄어든다는 이론 사용을 주의한다.
- 프레젠테이션, 저술 및 토론 등에서 하인리히의 잘못된 이론을 제거한다.
- 하인리히의 이론을 홍보하는 다른 사람들의 주장에 대해서 단호하게 논박한다.
- 사고의 실제 원인을 파악하기 위한 최신의 방법을 적용한다.

VII 결론 (Conclusion)

　사고 발생 원인을 파악하는 지식이 진화함에 따라 근로자의 행동보다는 시스템 개선에 중점을 두어 안전관리를 실행해야 한다. 전술한 내용은 많은 교육자 및 안전 전문가들이 사실로 받아들인 하인리히의 특정 이론에 관한 출처와 진행사항을 검토한 내용이다. 하인리히의 두 가지 법칙/이론은 더 이상 지지할 수 없으며, 안전 전문가는 하인리히의 잘못된 이론에 대한 믿음을 버려야 한다.

　아래 그림은 Fred A. Manuele가 미국 안전기술자 협회(ASSE)에 투고한 논문 1페이지다.

Reviewing
Heinrich
Dislodging Two Myths
From the Practice of Safety

By Fred A. Manuele

In *The Standardization of Error*, Stefansson (1928) makes the case that people are willing to accept as fact what is written or spoken without adequate supporting evidence. When studies show that a supposed fact is not true, dislodging it is difficult because that belief as become deeply embedded in the minds of people and, thereby, standardized.

Stefansson pleads for a mind-set that accepts as knowledge only that which can be proven and which cannot be logically contradicted. He states that his theme applies to all fields of endeavor except for mathematics. Safety is a professional specialty in which myths have become standardized and deeply embedded. This article examines two myths that should be dislodged from the practice of safety:

1) Unsafe acts of workers are the principle causes of occupational accidents.

2) Reducing accident frequency will equivalently reduce severe injuries.

These myths arise from the work of H.W. Heinrich (1931; 1941; 1950; 1959).

They can be found in the four editions of *Industrial Accident Prevention: A Scientific Approach*. Although some safety practitioners may not recognize Heinrich's name, his misleading premises are perpetuated as they are frequently cited in speeches and papers.

Analytical evidence indicates that these premises are not soundly based, supportable or valid, and, therefore, must be dislodged. Although this article questions the validity of the work of an author whose writings have been the foundation of safety-related teaching and practice for many decades, it is appropriate to recognize the positive effects of his work as well.

This article was written as a result of encouragement from several colleagues who encountered situations in which these premises were cited as fact, with the resulting recommended preventive actions being inappropriate and ineffective. Safety professionals must do more to inform about and refute these myths so that they may be dislodged.

Recognition: Heinrich's Achievements

Heinrich was a pioneer in the field of accident prevention and must be given his due. Publication of his book's four editions spanned nearly 30 years. From the 1930s to today, Heinrich likely has had more influence than any other individual on the work of occupational safety practitioners. In retrospect, knowing the good done by him in promoting greater attention to occupational safety and health should be balanced with an awareness of the misdirection that has resulted from applying some of his premises.

Heinrich's Sources Unavailable

Attempts were made to locate Heinrich's research, without success. Dan Petersen, who with Nestor Roos, authored a fifth edition of *Industrial Accident Prevention*, was asked whether they had located Heinrich's research. Petersen said that they had to

IN BRIEF
•This article identifies two myths derived from the work of H.W. Heinrich that should be dislodged from the practice of safety: 1) unsafe acts of workers are the principal causes of occupational accidents; and 2) reducing accident requency will equivalently reduce severe injuries.
•As knowledge has evolved about how accidents occur and their causal factors, the emphasis is now correctly placed on improving the work system, rather than on worker behavior. Heinrich's premises are not compatible with current thinking.
•A call is issued to safety professionals to stop using and promoting these premises; to dispel these premises in presentations, writings and discussions; and to apply current methods that look beyond Heinrich's myths to determine true causal factors of incidents.

Fred A. Manuele, P.E., CSP, is president of Hazards Limited, which he formed after retiring from Marsh & McLennan where he was a managing director and manager of M&M Protection Consultants. His books include *Advanced Safety Management: Focusing on Z10 and Serious Injury Prevention, On the Practice of Safety, Innovations in Safety Management: Addressing Career Knowledge Needs,* and *Heinrich Revisited: Truisms or Myths.* A professional member of ASSE's Northeastern Illinois Chapter and an ASSE Fellow, Manuele is a former board member of ASSE, NSC and BCSP.

별첨 2 하인리히 이론에 대한 맹목주의와 신비주의에 대한 의견

별첨 3

안전 메시지

1	가정안전을 단지 말로만 강조해서는 안됩니다. 위험한 약품은 아이들 손이 닿지 않는 곳에 보관하십시오. 안전은 바로 가정에서부터 시작되는 것임을 명심하십시오.
2	여러분 자녀들에게 위험표시에 대해 설명해 주십시오. 위험한 약품은 낯선 사람만큼 위험하다는 것을 알려 주십시오.
3	안전에 대한 제안이나 개선책이 있다면 동료들과 공유하십시오. 안전에 대한 여러분의 제안은 작업현장과 동료들을 더 안전하게 할 수 있습니다.
4	안전과 관련해서 말로만 지시하거나 가르치려고만 들지는 않습니까. 이보다는 그들의 참여를 이끌어 내도록 하는 방법이 훨씬 효과적입니다.
5	만약 여러분이 안전에 대한 정확한 예방대책을 모른다면 누구에게든지 물어 보십시오. 미루지 마십시오. 또한 추측하지 마십시오. 잘못된 판단은 큰 희생을 초래합니다.
6	안전을 위해 대화하십시오. 숨기지 말고 공유하십시오.
7	여러분은 여러분 자신과 동료를 사고로부터 지켜야 할 책임이 있습니다. 항상 안전을 생각하십시오.
8	여분의 팔이 있습니까? 여분의 발? 손가락? 귀? 눈? 안전을 간과한다면 엄청난 고통이 뒤따릅니다.
9	여러분이 동료들과 힘을 모을 때, 극복하지 못할 장애물은 없습니다. 그리고 말하십시오. "다같이 해봅시다~!"라고 말입니다.
10	어떠한 장애물도 여러 동료들과 힘을 합하면 극복할 수 있고, 더 좋은 결과를 얻을 수 있습니다.
11	여러분 자신뿐만 아니라 여러분의 동료들을 보살피십시오. 안전은 팀원 전체의 노력에 의해서만 달성될 수 있습니다.
12	여러분 혼자 힘으로는 감당하기 어려울 때, 하던 일을 중단하십시오. 그리고 도움을 청하십시오. 그것이 더 안전합니다.
13	안전문화를 조성하기 위해서는 여러분 모두 하나가 되어야 합니다. 그래야만 비로소 사고를 예방할 수 있는 것입니다.
14	사고는 우연히 발생하는 것이 아닙니다. 안전과 관련된 문제를 타협한다면 사고는 필연적으로 일어날 수밖에 없습니다.
15	가장 훌륭한 안전장치는 바로 위험으로부터 조심하는 여러분 자신입니다. 최고의 방어는 훌륭한 공격력입니다. 안전은 바로 여러분에게 가장 좋은 무기입니다.
16	주변을 둘러 보십시오. 안전하지 못한 위험들을 발견할 수 있습니다. 사고 예방을 위해 여러분의 모든 감각을 이용하십시오.
17	안전!, 잊지 말고 기억하십시오. 또한 안전을 기억하는 것을 잊지 마십시오.
18	안전, 품질 그리고 생산성 모두 중요합니다. 그러나 이중에서 안전은 항상 첫번째가 되어야 합니다.
19	안전을 지키지 않으면 고통을 겪게 됩니다 그러나, 안전을 지키면 행복합니다.

20	여러분이 일하는 작업현장을 안전하게 만들어 보십시오. 사고와 관련해서 변명하는 것은 용서 받을 수 없습니다.
21	매일 작업 시작 전 안전경고 표지를 읽고 확인하십시오. 그리고 불안전한 작업환경을 발견하면 바로 조치하십시오.
22	일터에서 "안전"을 지키는 것은 성공으로 가는 지름길입니다. 반면에 안전을 지키지 않으면 패배자가 됩니다.
23	타인의 눈을 의식하지 마십시오. 여러분은 여러분 자신을 위해 안전을 지켜야 할 의무가 있는 것입니다.
24	안전 절차를 무시하는 것은 죽음의 지름길로 가는 것과 같습니다. 안전은 회사의 가장 소중한 자산인 여러분을 지켜줍니다.
26	★★팀/OOO 팀장 지난 한 주 동안 실시한 중대산업재해 예방 감사에서 100% 만점을 취득한 것에 대해 감사하게 생각합니다. OOO 팀장이 보여준 리더십은 다른 팀장에게도 귀감이 되었습니다.
27	★★팀/OOO 팀장 지난 한 주 동안 실시한 중대산업재해 예방 감사에서 퍼펙트(100%) 점수를 받은 OOO 팀장의 노력에 감사합니다. "ALL SAFE" 구현을 위한 OOO 팀장의 노력은 관리자가 갖추어야 할 리더십의 좋은 예입니다.
28	지난 한 주 동안 실시한 중대산업재해 예방 감사에서 OOO/XXX 팀장이 맡고 있는 ★★★/ OOO 팀이 만점을 받았습니다. "ALL SAFE" 한 작업현장 구현을 위한 OOO 팀장의 노력에 큰 박수를 보냅니다.
29	지난 한 주 동안 실시한 안전보건경영시스템 감사에서 OOO/XXX 팀장이 맡고 있는 ★★★/ OOO 팀이 우수한 점수를 얻었습니다. "ALL SAFE" 한 작업현장 구현을 위한 OOO 팀장의 노력에 큰 박수를 보냅니다.
30	기본안전수칙: "2 미터 Rule"을 반드시 준수한다. [XXX년 O월, 현장에서 ★★ 작업 중, 상황(상태) 에서 추락하여 사망한 사고는 2미터 Rule을 지키지 않아 발생한 사고였습니다.
31	안녕하십니까 안타깝게도 어제 XXX (사업부) OO 팀(협력업체) 중대 재해(근로손실사고) 로 오늘 O월 O일은 무사고 O일째 입니다. 이 사고는 OOO 기본안전수칙을 지키지 않아 발생한 사고입니다 여러분 다시 한번 간곡히 호소합니다. 여러분의 가족은 여러분이 매일 안전하게 귀가하는 것을 믿고 있습니다. 새로운 각오로 안전하고 건강한 하루가 되시기를 바랍니다.
32	11월 1일 OO 현장에서 ★★ 작업 중 사망하는 사고가 발생하였습니다. 이 사고는 XXX 기본안전수칙을 지키지 않아 발생한 사고입니다. 지금 바로 여러분 작업현장을 확인하십시오.
34	안녕하십니까 저는 여러분과 함께 일하는 것을 자랑스럽게 생각합니다. 오늘은 무사고 50일째(100,150—— 를 달성하였습니다. 여러분의 가족은 여러분이 매일 안전하게 귀가하는 것을 믿고 있음을 부디 명심하십시오. 오늘도 안전하고 즐거운 하루 되시기 바랍니다.

35	기본안전수칙: "록아웃 텍아웃 절차를 반드시 준수한다. [XXX년 O월, 현장에서 ★★ 작업 중, 상황(상태)에서 감전하여 사망한 사고는 록아웃 텍아웃 절차를 지키지 않아 발생한 사고였습니다.]
36	안전은 여러분을 기다리고 있는 가족의 마음입니다.
37	다음은 어느 건설회사의 슬로건입니다. — 품질은 플러스, 환경은 영원히, 그리고 안전은 "바로 지금"입니다.
38	가족을 사랑하는 진정한 마음은 안전으로부터 시작됩니다. 가족과 함께 하는 즐거운 주말 되시길 바랍니다.
39	여러분 자신뿐만 아니라 여러분의 동료들을 보살피십시오. 안전은 팀원 전체의 노력에 의해서만 달성될 수 있습니다.
40	"우리는 아직 안전하지 못하다"라고 하는 겸허한 자세를 취하십시오. "「사고의 기억」을 잊지 마십시오". 이것은 우리가 더 안전해질 수 있는 비결입니다.
41	최근의 경영환경 변화에 따라, 여러분 소속 작업자들이 새로운 환경에 부담 없이 적응할 수 있도록 격려하십시오. 변화는 그들이 더 안전해질 때 가능합니다.
42	안전 절차를 무시하는 것은 죽음의 지름길로 가는 것과 같습니다. Safety는 회사의 가장 소중한 자산인 여러분을 지켜줍니다.
43	안전은 사고가 없는 것입니다. 안전은 위험을 식별하는 것입니다. 안전은 상식입니다. 따라서 안전은 우리모두의 의무입니다.
44	관리감독자의 책임은 안전에 대한 필요 요건들을 이해하는 것입니다. 안전 정보나 자료를 받아 숙지하고 어떻게 적용할 지를 판단해야 합니다
45	작업자를 안전하게 감독하기 위해서는 여러분이 가진 시간들을 어떻게 사용하고 있는지를 관리해야 합니다. 그래야 안전에 많은 시간을 투자할 수 있습니다.
46	성공적인 안전 계획은 모든 사람들의 아이디어가 반영된 것입니다. 안전문제에 대해 결정을 해야 한다면 작업자들의 목소리를 들어보십시오. 그들의 제안을 진지하게 받아들이도록 하십시오.
47	내가 말한대로 해! 이 지시는 가정에서는 잘 통하지 않습니다. 그리고 작업현장에서도 역시 효과가 없죠. 아이들에게는 부모로써, 작업자에게는 관리감독자로써 — 스스로 실천하는 모범을 보여야 합니다.
48	다른 사람의 안전제안을 잘 듣는 편입니까? 이 점에 대해 여러분은 스스로를 어떻게 평가하겠습니까? 또, 여러분의 작업자는 여러분을 어떻게 평가할까요?
49	"안전"은 돈과 같이 모을 수 있거나 은행에 예금할 수 있는 것이 아닙니다. 매일매일 우리는 제로 베이스에서 시작해야 합니다 그리고 우리는 하루내내 안전하게 "안전"을 만들어 나가야 합니다.
50	여러분들은 작업자가 책임의식을 갖고 작업에 임하도록 해야 합니다. 또한, 그들이 안전과 관련된 모든 룰을 배우고 충분히 이해할 수 있도록 해야 합니다.
51	매일 작업 시작 전 안전경고 표지를 읽고 확인하십시오. 그리고 불안전한 작업환경을 발견하면 바로 조치하십시오.
52	관리감독자 여러분은 위험을 항상 경계해야 합니다. 또한 위험한 요소들을 제거하거나 줄일 수 있는 방법들을 꾸준히 찾아야 합니다.

53	관리감독자 여러분은 안전문제에 대해서 만큼은 양보를 해서는 안됩니다. 항상 원칙을 고수해야 합니다
54	타인의 눈을 의식하지 마십시오. 여러분은 여러분 자신을 위해 안전을 지켜야 할 의무가 있는 것입니다.
55	안전규칙을 지키는 것과 개인보호구 착용은 항상, 여러분의 첫번째 약속이 되어야 합니다.
56	여러분의 안전은 여러분 가족에게 "최고의 선물"입니다.
57	동(東), 서(西), 남(南), 북(北) - 모든 면에서 안전은 항상 우선되어야 합니다. 동(東), 서(西), 남(南), 북(北) - 안전이 중요하지 않은 곳은 없습니다
58	여러분의 팀원 모두가 이 달의 안전인이 될 수 있습니다. 안전에 대한 부정적인 생각을 갖는 팀원이 "제로"일 때 말입니다.
59	안전미팅을 좀 더 흥미롭게 하는 방법을 찾고 싶다면, 가끔은 초청인사를 초대해 보십시오. 여러분에게 소속된 작업자들에게 안전 메시지를 전달할 수 있는 기회를 흔쾌히 승락할 많은 사람들이 주변에 있습니다.
60	안전추진활동의 Key-Man은 『현장의 관리직』 즉, 현장을 책임지고 있는 관리감독자 그리고 관리자 여러분입니다.
61	아차사고를 포함해서 여러분의 작업현장에서 발생하는 모든 사고에 대해서 근본원인이 밝혀질 때까지 조사하십시오. 그러면 여러분은 더 이상 똑같은 사고를 경험하지 않게 될 것입니다.
62	여러분의 작업자가 사고를 당했다면, 여러분은 재해자의 가족을 만나서 여러분이 사고예방을 위해 할 수 있는 모든 것을 다 했다고 솔직하게 말할 수 있습니까?
63	『나는 작업자의 안전과 건강을 지키기 위해 모든 일을 합리적으로 처리하고 있다.』 라고 솔직하게 말할 수 있습니까? 만일 여러분 소속 작업자가 사고를 당하게 되면 여러분은 이런 질문을 받게 될지도 모릅니다.
64	훌륭한 관리감독자는 "안전"을 어떻게 달성하고 언제 지켜야하는지와 더불어 분명한 안전지침을 제공합니다.
65	여러분의 생명은 소중합니다. 작업을 할 때에는 반드시 안전벨트를 착용하고 작업하십시오
66	여러분 작업자들이 얼마나 자주, 그리고 어떻게 그들이 맡고 있는 작업을 체크해야 하는지 알려주십시오. 어느 정도의 업무성과가 적합한지 이야기하고 그들이 좀 더 능숙해지기 위해선 어느 정도로 향상되어야 하는지 말해 주십시오.
67	어떤 변화가 제자리를 잡을 때까지는 커뮤니케이션 채널을 유지하도록 해 두는 한편, 문제점이나, 해결 방안 등에 대하여 피드백을 받도록 유념해 주시기 바랍니다.
68	변화하지 않고서는 어떤 향상도 기대할 수 없습니다. 여러분의 작업장에서 발생한 변화에 작업자들이 능동적으로 참여할 수 있도록 격려하십시오. 안전해질 수 있는 좋은 커뮤니케이션 수단을 이용해 보십시오.
69	여러분은 우리 작업자들이 불가피한 작업환경 변화에 능동적으로 대처할 수 있도록 안전교육과 훈련을 지속적으로 업그레이드해야 합니다.

70	여러분의 안전 메시지를 작업자들이 정확하게 이해할 수 있도록 하십시오. 다음은 훌륭한 안전 메시지의 특징들입니다. · 간결하다 / · 명쾌하다 / · 잘 정리되어 있다 / · 기술적 용어는 설명한다 / · 전문적인 용어보다는 일상적인 용어를 사용한다.
71	연장근무를 하게 되면 작업자는 그만큼 더 많은 위험에 노출됩니다. 여러분의 작업자가 연장 근무를 하지는 않습니까? 여러분은 그들이 더 많은 위험에 노출될 지도 모른다는 사실을 알아야 합니다. — 불시에 작업 현장을 방문해 보십시오.
72	몇 분 동안이라도 신입 직원과는 매일 만나서 이야기해보고 그들이 지켜야 할 Safety 의무사항에 대해 말해 주십시오. 만약 어떤 문제가 있다면 솔직하게 이야기하십시오. 특히, 기본안전수칙에 대해서 말해보십시오.
73	작업자와 함께하는 안전미팅을 활성화하기 위해서는 먼저, 현장 안전에 대한 종업원의 인지능력을 조사해 보는 것입니다. 이것은 우리 작업자가 현장의 위험을 찾아내고 그 해결책에 대해 생각해 볼 수 있도록 해줍니다. 위험인식 교육이 훌륭한 예가 될 수 있습니다
74	작업자, 관리자 및 관리감독자가 참여하는 안전미팅은 사고를 줄이고 작업현장의 안전문화를 강화할 수 있는 증명된 훌륭한 방법입니다. 따라서, 여러분은 소속 부서의 안전미팅을 활성화해야 합니다.
75	설 명절 잘 보내셨습니까? 이제 여러분들은 빠른 시간내 원래의 자리와 역할로 돌아와야 합니다. 그래야만 안전하게 일을 시작할 수 있습니다. 여러분이 근무하는 작업장 주변을 한번 더 돌아보십시오. 혹시 안전하지 못한 작업조건이나 작업행위는 없습니까? – 점검하십시오. 여러분의 동료 또는 여러분 자신이 아직까지 작업에 집중하지 못하고 있지는 않습니까? – 확인하십시오. 관리감독자는 연휴를 끝내고 현장 안전관리에 만전을 기하고 있습니까? – 현장 방문 점검을 강화하십시오.
76	먼저, 온 가족과 함께하는 즐겁고 뜻깊은 설 명절이 되시길 기원합니다. 안전은 회사에서 근무할 때는 물론이며, 어느 순간에서도 방심하지 않고 매일매일 지키는 것이 중요합니다. 여러분이 어디에서 무엇을 하시던지 항상 안전하도록 주의하시고 즐겁고 뜻깊은 설 명절 보내시기 바랍니다.
77	문서화된 안전절차나, 안전표지는 작업자들이 그것들을 충분히 이해하지 못한다면, 그들에게 도움이 되지 않습니다. 관리자 및 관리감독자, 여러분들은 안전과 관련된 메세지를 효과적이고 분명하게 작업자에게 전달해야만 합니다. 간결하고 직선적인 안전 메시지는 사고를 줄이는 데 크게 기여합니다.
78	당일의 위험을 해결하고 내일의 위험을 예방할 수 있는 계획을 세우도록 하십시오. 미리미리 문제점들을 찾아보고 그것들이 발생하기 전에 제거하는 습관을 갖도록 하십시오.
79	관리감독자로서 여러분은 업무를 계획할 때, 앞을 내다보는 습관을 가져야 합니다. 잠재해 있는 위험이 무엇인지 또 그것들을 어떻게 다루어야 하는지를 말입니다. 주기적으로 더 안전해 질 수 있는 계획을 찾아보도록 하십시오.

80	"무엇이 힘들어", "이것도 몰라", "뭐가 문제야", "가망 없군" – 이런 말들은 작업자들에게 상처가 됩니다. 그리고 상처는 쉽게 지워지지 않습니다. 혹시 여러분이 작업현장에서 이런 말들을 사용하고 있지는 않습니까? 안전은 소중한 커뮤니케이션입니다.
81	여러분 작업자들이 안전미팅에 관심을 가질 수 있는 방법들을 찾아보십시오. 여러분이 맡고 있고 있는 작업현장을 비디오로 촬영해서 잘된 점과 위험한 사항을 비교하면서 보여주는 것은 어떨까요?
82	작업자의 안전은 1일 24시간 내내 우리회사에서 가장 중요한 일입니다. 이것은 그들이 안전하게 작업하기 위해서가 아니라 그들이 안전하게 생활해야 하는 이유 때문입니다.
83	가장 훌륭한 안전장치는 바로 위험으로부터 조심하는 여러분 자신입니다. 최고의 방어는 훌륭한 공격력입니다. 안전은 바로 여러분에게 가장 좋은 무기입니다.
84	여러분은 작업자들이 안전하게 일을 할 수 있도록 지도해야 할 막중한 책임을 가지고 있습니다. 따라서, 작업에 방해가 되는 사항들을 사전에 해결해 주는 것 또한 여러분의 중요한 책임입니다.
85	여러분의 구성원이 몸소 체험하고 느낀 생생한 이슈들을 가지고, 보다 생산적이고 흥미있게 안전에 관한 모임을 진행하도록 하십시오.그리고 결정된 사항은 즉각 현업에 반영토록 합시다.
86	관리감독자 여러분은 현장 근무자들이 쉽고 편하게 그들의 아이디어를 이야기 할 수 있는 기회를 만들어 주고 또 격려해야 합니다. 그 이유는 안전과 관련한 훌륭한 아이디어의 대부분이 그들에게서 나오기 때문입니다.
87	안전을 강조할 때 말로서만 지시하거나 또는 가르치려만 하지 말고, 작업자들의 참여를 이끌어 내도록 하십시오. 안전모 착용을 강조하고자 할 때에는 "누구 한 사람이라도 다치면 모두가 불행해 지지 않겠는가"라고 말해 보십시오. 훨씬 설득력이 있지 않습니까?
88	안전벨트, 안전화, 안전모 등 아무리 좋은 보호 장구가 지급된다 하더라도, 제대로 착용하지 않으면 무용지물이 되고 맙니다. 안전에 관한 궁극적인 책임은 작업자 각자에게 있음을 잘 설명하고 납득시켜 주시기 바랍니다.
89	무재해는 한두 사람의 노력으로 이루어지는 쉬운 일이 결코 아닙니다. 그렇기에 우리 모두 힘을 합쳐 도전해 나갈 만한 더더욱 값진 목표인 것입니다. 임직원 여러분! 올 한해도 "ALL SAFE"를 위해 최선을 다해 주시길 당부드립니다.
90	올 한해 동안 "ALL SAFE"를 위해 최선을 다해 주신 구성원 여러분 대단히 감사합니다. 내년에도 여러분 모두가 더 안전하고 행운이 가득한 해를 맞이하시길 진심으로 기원합니다.
91	만약 여러분이 안전에 대한 정확한 예방대책을 모른다면 누구에게든지 물어보십시오. 미루지 마십시오. 또한 추측하지 마십시오. 잘못된 판단은 큰 희생을 초래합니다.
92	일상생활 속의 스트레스에 여러분은 어떻게 대처하고 있습니까? 적절한 휴식과 충분한 수면, 규칙적인 운동과 식이요법 등은 여러분에게 활력을 가져다 줄 것입니다.
93	여러분은 여러분 소속 작업자가 개인 보호구를 정확히 착용하고, LOTO 절차를 충실히 이행할 것을 늘 강조해 오고 있습니다. 그러나 여러분 스스로 솔선수범해야만 이런 모든 것들이 가능합니다.
94	한 해를 마감해야 하는 한 주가 되었습니다. 마지막 한 주도 안전하고 건강한 하루하루가 되시길 바랍니다.

95	가족을 사랑하는 진정한 마음은 안전으로부터 시작됩니다. 가족과 함께 하는 즐거운 성탄절 되시길 바랍니다.
96	여러분! 여러분의 동료가 불안한 방법으로 작업을 할 때 어떻게 그것을 인지해 낼 수 있습니까? 또한 불안한 작업행위를 발견했을 때 어떻게 해야 합니까?
97	우리 모두는 안전한 작업장을 실현하겠다는 굳건한 의지를 가지고 쉼 없이 실천해 나가야 하겠습니다.
98	만약 여러분이 안전에 대해 타협한다면, 그것은 바로! 생명을 타협하는 것입니다.
99	한 해를 마무리하는 시즌이 되었습니다. 이때는 모든 사람들이 연말/연시 분위기에 기분이 들뜨게 됩니다. 이런 저런 송년회 모임에 술자리가 많아지게 되면서 자연히 과음을 하는 횟수도 늘어나게 됩니다. 우리 직원들이 일하는 작업현장도 주위의 이런 분위기에 따라 어수선해지게 되고 작업자들은 일에 대한 집중력을 잃고 안전을 소홀히 하게 됩니다. 이런 이유들 때문에 회사 전체를 보더라도 이 기간 동안의 사고발생율은 훨씬 높으며 사망/중대사고도 더 많이 발생했습니다. 구성원 여러분, 이럴 때일수록 여러분은 작업하는 매 순간마다 기본안전수칙을 지키기 바랍니다. 또한 안전장비를 반드시 사용하시기 바랍니다. 관리자 및 관리감독자는 현장방문을 더 강화해야 합니다. 그리고 안전하게 작업하도록 작업자들을 격려하시기 바랍니다. 우리 직원 모두가 건강하고 더 안전하게 연말/연시를 보내는 것 – 저의 바람입니다.
100	안전을 지키는 것은 "다음" 부터가 아니라, 바로 "지금"입니다.

별첨 4

자격증

② 미국 화재폭발조사 자격 CFEI(Certified Fire and Explosion Investigator, NAFI)

NATIONAL
CERTIFICATION BOARD

THE UNDERSIGNED HAS BEEN EVALUATED AND FOUND TO MEET THE STANDARDS OF THE NATIONAL CERTIFICATION BOARD. THIS CERTIFICATION HAS BEEN DULY LISTED IN THE NATIONAL CERTIFICATION REGISTRY OF THE

NATIONAL ASSOCIATION OF FIRE INVESTIGATORS, INTERNATIONAL

Jeongmo Yang
Certified Fire and Explosion Investigator

Number: 21714-12509
Effective: 12/22/2016

THE NATIONAL ASSOCIATION OF FIRE INVESTIGATORS, INTERNATIONAL IS A NON PROFIT ORGANIZATION INCORPORATED IN JUNE, 1961. ITS PRIMARY PURPOSES ARE TO INCREASE THE KNOWLEDGE AND IMPROVE THE SKILLS OF PERSON ENGAGED IN THE INVESTIGATION OF FIRES, EXPLOSIONS, ARSON, SUBROGATION, AND RELATED FIELDS, OR IN THE LITIGATION WHICH ENSUES FROM SUCH INVESTIGATION.

NATIONAL ASSOCIATION OF
FIRE INVESTIGATORS, INTERNATIONAL
857 TALLEVAST ROAD
SARASOTA, FL 34243

③ 영국 안전보건자격 NEBOSH IGC(National Examination Board of Safety and Health)

 nebosh

NEBOSH International General Certificate in Occupational Health and Safety

This is to certify that

Jeong Mo Yang

was awarded this qualification on

03 July 2015

with Distinction

Sir Bill Callaghan
Chair

Teresa Budworth
Chief Executive

Master log certificate No: 00285741/706281
SQA Ref: R368 04

The National Examination
Board in Occupational
Safety and Health
Registered in
England & Wales No. 2698100
A Charitable Company
Charity No. 1010444

Management of international health and safety

A unit of the:
NEBOSH International General Certificate in Occupational Health and Safety
NEBOSH International Certificate in Construction Health and Safety
NEBOSH International Certificate in Fire Safety and Risk Management

Jeong Mo Yang

achieved this unit on

03 July 2015

Sir Bill Callaghan
Chair

Teresa Budworth
Chief Executive

Master log certificate No: IGC1/00285741/703876
SQA Ref: UE48 04

The National Examination
Board in Occupational
Safety and Health
Registered in
England & Wales No. 2698100
A Charitable Company
Charity No. 1010444

395

별첨 4 자격증

Health and safety practical application

A unit of the:
NEBOSH International General Certificate in Occupational Health and Safety
NEBOSH National General Certificate in Occupational Health and Safety

Jeong Mo Yang

achieved this unit on

03 July 2015

Sir Bill Callaghan
Chair

Teresa Budworth
Chief Executive

Master log certificate No: GC3/00285741/705809
SQA Ref: UE47 04

The National Examination
Board in Occupational
Safety and Health
Registered in
England & Wales No. 2698100
A Charitable Company
Charity No. 1010444

별첨 4 자격증

Controlling workplace hazards

A unit of the:
NEBOSH International General Certificate in Occupational Health and Safety
NEBOSH National General Certificate in Occupational Health and Safety

Jeong Mo Yang

achieved this unit on

03 July 2015

Sir Bill Callaghan
Chair

Teresa Budworth
Chief Executive

Master log certificate No: GC2/00285741/704631
SQA Ref: UE46 04

The National Examination
Board in Occupational
Safety and Health
Registered in
England & Wales No. 2698100
A Charitable Company
Charity No. 1010444

참고문헌

Roughton, J., & Mercurio, J. (2002). *Developing an effective safety culture: A leadership approach*. Elsevier.

Roughton, J., Crutchfield, N., & Waite, M. (2019). *Safety culture: An innovative leadership approach*. Butterworth-Heinemann.

Hughes, P., & Ferrett, E. (2013). *International Health and Safety at Work: The Handbook for the NEBOSH International General Certificate*. Routledge.

Hollnagel, E. (2016). *Barriers and accident prevention*. Routledge.

Antonsen, S. (2017). *Safety culture: theory, method and improvement*. CRC Press.

Caldwell, C. L. (2017). *Safety culture and high-risk environments: a leadership perspective*. CRC Press.

Mathis, T. L. (2013, June). Steps to safety culture excellence. In *ASSE Professional Development Conference and Exposition*. OnePetro.

Reason, J. (2016). *Managing the risks of organizational accidents*. Routledge.

Woods, D. D., Dekker, S., Cook, R., Johannesen, L., & Sarter, N. (2017). *Behind human error*. CRC Press.

Glendon, A. I., Clarke, S., & McKenna, E. (2016). *Human safety and risk management*. Crc Press.

Reason, J. (2017). *The human contribution: unsafe acts, accidents and heroic recoveries*. CRC Press.

새로운 인간공학 (권영국). 2021. 도서출판 디자인.

안전관리론 (정진우). 2018. 청문각

습관의 힘 (강주헌). 2013. 갤리온.

스키너의 심리상자 열기(조증열). 2005. 에코의 서재.

안전경영, 1%의 실수는 100%의 실패다 (이양수). 2015. 이다 미디어.

안전이 묻고 심리학이 답하다 (문광수, 이종현). 2022. 좋은땅.

친밀한 위험들 (이충호). 2020. 이담.

안전경영학 카페 (이충호). 2015. 이담.

생각을 바꿔야 안전이 보인다 (유인종). 2020. 도서출판 새빛.

사람을 보면 안전이 보인다 (이성호). 2022. 박영사

Yates, W. D. (2017). *Safety professional's reference and study guide*. CRC Press.

Perrow, C. (1999). *Normal accidents: Living with high risk technologies*. Princeton university press.

Dekker, S. (2016). *Just culture: Balancing safety and accountability*. crc Press.

Dekker, S. (2017). *The field guide to understanding 'human error'*. CRC press.

Taylor, J. B. (2010). *Safety culture: assessing and changing the behaviour of organisations*. Gower Publishing, Ltd..

Whittingham, R. B. (2004). *The blame machine: Why human error causes accidents*. Routledge.

Dekker, S. (2014). *Safety differently*. London: CRC Press.

McKinnon, R. C. (2013). *Changing the workplace safety culture*. CRC Press.

McSween, T. E. (2003). *Values-based safety process: Improving your safety culture with behavior-based safety*. John Wiley & Sons.

Krause, T., & Hidley, J. H. (1990). The behavior-based safety process.

Shawn M. Galloway, & Terry L. Mathis. (2019). Lean Behavior-based safety BBS for today's realities.

Barsalou, M. A. (2014). Root cause analysis: A step-by-step guide to using the right tool at the right time. CRC Press.

색인

A

ABC 절차   212
accident   255
AcciMap   269
ALARP   120
Alcoa   34
AP(authorized person)   164
ASA   225
ASSA   225
Assurance review auditor 과정   199

B

Balanced Scorecard   348
BBS Program   212
B. F. Skinner   212

C

COACH   222
CP(competent person)   164

D

Deming   369

E

ECFA   286
ECFCA   288

F

FCP, facility control person   164
FRAM   265
Fred A. Manuele   364

H

hazard   118
HFACS   238
HFACS−OGAPI   241
HFACS−OGI   241
Hollnagel   342

I

incident   255

J

Job Safety Analysis   168

L

LOTO 절차   165

M

man−made disaster model   235
My Safety 프로그램   61

N

near−miss   255

O

O'Neill   34

P

PHSERs   133

1996년 LG그룹에 입사하여 현장 안전보건 관리를 시작으로 안전분야에 입문하였다. 2000년 승강기 분야 글로벌 외국계 투자회사의 본사에서 안전문화 구축, 안전기획, 국내와 해외(일본, 말레이시아, 태국, 필리핀, 베트남, 중국, 인도, 싱가포르, 대만 등)사업장을 대상으로 안전보건경영시스템 운영과 중대산업재해 예방 감사 수행, 경영층과 관리자 대상 안전 리더십 교육 그리고 감독자를 대상으로 위험인식 수준 향상 교육을 시행하였다.

2008년 영국 BP의 JV회사 발전소 현장 안전보건 책임자로 근무하면서 선진적인 위험성평가, 사고조사, 행동기반안전관리(behavior based safety), 안전작업허가(permit to work) 그리고 공정안전관리(process safety management)를 하였다.

2013년부터 SK 계열회사에서 안전정책 수립, 안전보건경영시스템 구축, 안전기획, 중대재해처벌법 대응, 시스템적 사고조사 방법 적용, 행동기반안전관리 프로그램 운영, 인간 실수 저감 교육, 위험인식 교육 시행 등의 업무를 하고 있다.

관심분야

인간 실수(human error) 개선, 안전탄력성(resilience), 시스템적 사고조사(Accimap, FRAM & STAMP), 행동기반안전(behavior based safety), 위험성평가(risk assessment) 등

학위 및 관련자격

- 공학박사(안전공학)
- 미국 안전전문가 자격 ASP(Associate Safety Professional, BCSP)
- 미국 화재폭발조사 자격 CFEI(Certified Fire and Explosion Investigator, NAFI)
- 영국 안전보건자격 NEBOSH IGC(National Examination Board of Safety and Health)
- 산업안전기사(한국산업 인력관리공단)

활동

- 인간공학연구회장(서울과학기술대학교, 2021~)
- 공공기관 안전등급 심사위원(기획재정부, 2021.1~7)
- 한국시스템안전학회 이사(2022~)

논문

- 양정모. (2018). 행동기반안전관리 프로그램이 안전행동과 안전분위기 및 만족도에 미치는 영향. 서울과학기술대학교 석사학위 논문
- 양정모, & 권영국. (2018). 행동기반안전관리 프로그램이 안전행동, 안전 분위기 및 만족도에 미치는 영향. Journal of the Korean Society of Safety, 33(5), 109-119.
- Yang, J., & Kwon, Y. (2022). Human factor analysis and classification system for the oil, gas, and process industry. Process Safety Progress.
- 양정모. (2022). 산업재해 예방에 긍정적인 영향을 주는 안전풍토 수준 향상에 관한 연구, 행동기반안전관리프로그램, HFACS-OGAPI 및 시스템적 사고조사 기법 적용을 중심으로. 서울과학기술대학교 박사학위 논문

새로운 안전문화: 이론과 실행사례

초판발행   2023년 1월 5일

지은이   양정모
펴낸이   안종만 · 안상준

편 집   배근하
기획/마케팅 최동인
표지디자인   BEN STORY
제 작   고철민 · 조영환

펴낸곳   (주) **박영사**
           서울특별시 금천구 가산디지털2로 53, 210호(가산동, 한라시그마밸리)
           등록 1959. 3. 11. 제300-1959-1호(倫)
전 화   02)733-6771
f a x   02)736-4818
e-mail   pys@pybook.co.kr
homepage   www.pybook.co.kr
ISBN   979-11-303-1649-9   93530

정 가   26,000원